国家自然科学基金重大项目（41590844）课题研究成果

国家规划：SD模型与参数

——城镇化与生态环境交互胁迫的动力学模型与阈值测算

顾朝林　田　莉　管卫华　彭　翀
鲍　超　曹祺文　赵　娜　吴宇彤　等 编著

清华大学出版社
北 京

内 容 简 介

本书从国家高质量发展规划入手，论述巨型区域规划的定量研究、数学模型系统和系列参数，按照中国的人口、经济、社会、交通构建城镇化系统动力学模型（System Dynamic Models），在此基础上进行了水资源、土地资源、能源、生态系统胁迫条件下的国家发展仿真模拟研究。全书共九章，主要包括：高质量发展的新时代与规划转型、城市与区域定量研究进展、城镇化与生态环境交互胁迫的系统功能模块设计、城镇化与生态环境效应与驱动力分析、多要素—多尺度—多情景—多模块集成的城镇化与生态环境交互胁迫的动力学模型、城镇化与生态环境 SD 模型阈值及其计算实验、城镇化—生态环境 SD 模型的冗余和弹性分析、基于生态环境—能源约束的中国城镇化过程模拟和资源环境—能源约束下城镇化 SD 模型软件系统。

本书适合国土空间规划及相关科研机构研究人员、大专院校师生，尤其适合城市与区域研究、宏观规划和政府决策者以及研究人员阅读。

图书在版编目（CIP）数据

国家规划：SD模型与参数：城镇化与生态环境交互胁迫的动力学模型与阈值测算 / 顾朝林等编著. — 北京：清华大学出版社，2020.9
ISBN 978-7-302-56153-8

Ⅰ.①国…　Ⅱ.①顾…　Ⅲ.①城市化—环境系统—动力学模型—研究—中国　Ⅳ.①X321.2

中国版本图书馆CIP数据核字（2020）第151836号

责任编辑：刘一琳
封面设计：陈国熙
责任校对：赵丽敏
责任印制：杨　艳

出版发行：清华大学出版社
　　　　　网　　　址：http：//www.tup.com.cn，http：//www.wqbook.com
　　　　　地　　　址：北京清华大学学研大厦A座　　　　　邮　　编：100084
　　　　　社 总 机：010-62770175　　　　　　　　　　　邮　　购：010-62786544
　　　　　投稿与读者服务：010-62776969，c-service@tup.tsinghua.edu.cn
　　　　　质量反馈：010-62772015，zhiliang@tup.tsinghua.edu.cn
印 装 者：北京博海升彩色印刷有限公司
经　　销：全国新华书店
开　　本：185mm×260mm　　　印　　张：17.25　　　字　　数：356千字
版　　次：2020年9月第1版　　　　　　　　　　　印　　次：2020年9月第1次印刷
定　　价：158.00元

产品编号：088811-01

　　进入 21 世纪以来，中国城镇化过程面临着日益严重的资源约束与生态环境胁迫，城镇化与生态环境的矛盾日趋严峻。最近的研究发现，人类活动尤其是大规模的城镇化过程是当下生态环境变化的重要影响因子，城镇化与生态环境之间存在交互促进、交互胁迫的复杂影响，这些影响具有全球性、区域性、长期性、不确定性，是一个复杂的科学问题。厘清城镇化与生态环境及其各要素之间影响的途径和机理，是认识、抵御、适应城镇化与生态环境变化的重要基础。但该方面研究依赖于基础研究知识的积累、监测数据的获取与模拟分析能力的提升。长期以来，自然科学家在生态环境变化（如气候变化、水文与水资源变化、土地覆盖变化、大气环境变化等）方面进行了卓有成效的定量模拟，有的领域甚至建立了精确的预报科学。社会科学家在城镇化过程及其与社会经济系统的关系等方面也开展了美轮美奂的定量模拟，虽然该类模拟由于城镇化及社会经济发展过程本身具有很多不确定性，模拟精度难以与生态环境变化的预测精度相媲美，但是随着方法手段的不断改进，其对国家和区域发展战略及政策制定的科学价值是不可估量的。

　　由于目前各国家研究力量参差不齐，数据分析与模拟预测的能力有限，很难开展系统、有效的城镇化与生态环境胁迫研究。在我国，作为国家规划的核心内容——城镇化与生态环境的交互作用研究，长期以来也存在严重不足，尽管人们已开始对生态环境系统与社会经济系统的相互作用关系进行了大量研究，但多从水资源、土地资源、能源等生态环境的个别要素与社会经济各要素之间的关系进行定量模拟，对城镇化与生态环境交互胁迫的系统模拟处于薄弱环节，尤其是通过多学科交叉、多要素耦合、多模块集成和多情景模拟的定量研究几乎还处在空白状态。因此，构建巨型地区多要素—多尺度—多情景—多模块集成的城镇化与生态环境交互胁迫时空耦合动力学模型和阈值模型，核算城镇化与生态环境互载互胁的临界阈值，反算资源环境保障程度阈值，具有十分重要的现实与科学意义。

本书是国家自然科学基金重大项目"特大城市群地区城镇化与生态环境交互胁迫研究"第四课题"动力学模型与阈值测算"的主要研究成果，通过水资源、土地资源、能源等重要生态环境要素作为城镇化外部以及城镇化过程的系统内部主控要素，构建多要素—多尺度—多情景—多模块集成的时空耦合系统动力学模型，定量分析水资源与生态环境、土地资源与城乡建设和经济发展、能源和气候变化与城镇化的交互影响，针对城镇化与环境生态系统之间存在的"不确定性高""随机性强"与"破坏性大"等问题，对国家城镇化与生态环境交互胁迫过程进行中长期预测模拟，通过互载互胁的临界阈值调整和模拟，形成了2020—2050年国家城镇化过程与社会经济发展、资源环境容量（主要包括水资源、土地资源）以及能源约束的国家发展多情景模拟优化方案，为国家可持续能力、改善人居环境、推动产业结构升级、优化国土空间格局的国家规划提供决策参考。

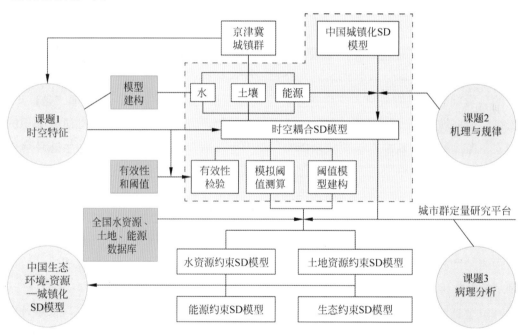

图 1   课题 4 研究内容及其与相关课题关系示意

本课题以特大城市群地区城镇化与生态环境交互胁迫的时空特征（课题 1）及病理分析（课题 3）为基础，遵循特大城市群地区城镇化与生态环境交互胁迫的近远程耦合机理与规律（课题 2），在现有中国城镇化系统动力学模型基础上，强化特大城市群地区城镇化与生态环境交互胁迫研究，将水资源、土地资源、能源等重要生态环境要素作为国家城镇化过程的系统内部主控要素，重构巨型地区城镇化与生态环境交互胁迫的多要素—多尺度—多情景—多模块集成的时空耦合系统动力学模型，并利用城镇化与生态环境交互胁迫的时空特征及病理分析数据库进行城镇化与生态环境交互胁迫系统动力学模型的有效性检验和模拟阈值测算及阈值模型建构，搭建定量研究巨型地区城镇化的系统科学平台，为空间决策可视化（课题5）平台提供研究数据支撑。

本项研究主要在已有中国城镇化研究SD模型基础上，强化生态环境要素对大城市群的主控作用研究，分别构建水资源、土地资源、能源等生态环境的主控要素与城镇化的交互胁迫模型，并进行单要素阈值模拟。在国家尺度，重构城镇化与生态环境交互胁迫的多要素—多尺度—多情景—多模块集成的时空耦合系统动力学模型，并采用1978—2019年数据进行模型的有效性检验，确定模型模拟参数和阈值获取方法和途径；通过确定有效性、强壮和敏感性的SD模型，运用多要素—多尺度—多情景—多模块集成的城镇化与生态环境交互胁迫动力学模型，按照2020—2050年间国家发展目标进行多情景多方案模拟，测算国家层面经济、社会、资源、环境和生态等重要指标阈值和参数，为国家规划提供决策参考。

本课题研究工作按照"筛选系统要素主控变量—构建系统功能模块—构建系统动力学（SD）模型—SD模型可信度检验—求解临界阈值—SD模型系统调试国家发展多方案多情景模拟"的技术路线展开。清华大学、中国科学院地理和资源研究所、华中科技大学、南京师范大学和华中师范大学约35位老师和研究生组成课题研究组，进行了为期四年的研究，发表英文学术论文50余篇，中文学术论文100多篇，出版学术专著5部，获得软件著作权6项。这本专著是在上述课题主要研究成果的基础上，对国家规划层面的研究成果的系统化编著。由于时间和学术水平的限制，不当之处，敬请读者批评指正。

2020年6月5日

目 录

第1章 高质量发展的新时代与规划转型①

顾朝林　高　喆　顾　江　曹根榕　翟　伟　曹祺文　汤　晋　易好磊

进入 21 世纪，中国正迈向 2021 年和 2049 年两个"一百年"、实现伟大民族复兴目标的关键时期，也是我国经济从高速度发展向高质量发展的过渡时期。这个时期的特征体现为：快速的人口结构变化和老龄化；城镇化和城乡人口迁移转向城市间和城市群内人口迁移变化；从基于投资、消费和出口的经济增长拉动转变为人力资本、技术创新和生产效率的增长驱动；还有需要应对来自日益紧迫的生态—环境—可持续发展压力以及气候变化的响应。在这样的高质量发展时期，我国人口可能越过拐点进入下降通道，但是城镇化还处在加速期，与之配套的基础设施从整体上看进入平台阶段。因此，理性、系统、科学地编制国家高质量发展规划具有重要意义。

1.1 新时代国家发展大背景

1.1.1 高质量发展的基础和前提

1. 经济发展持续向好的趋势没有改变

（1）经济总量巨大

改革开放以来，中国经济步入腾飞阶段。中国在 2009 年成为全球最大的商品出口国，2013 年跃居全球第一大商品贸易国，在全球商品贸易总额中的占比从2000年的1.9%

---

① 本章部分内容发表于 2020 年《经济地理》，40 卷第 5 期，为国家发展和改革委员会基础设施发展司委托课题《面向高质量发展的基础设施空间布局研究》的阶段成果，写作过程也得到贾金虎、武廷海帮助，特此鸣谢。

增长到 2017 年的 11.4%；世界主要 186 个国家和地区中，有 33 个国家 / 地区的第一大出口目的地是中国，65 个国家 / 地区的第一大进口来源地是中国。中国在 2014 年已经成为全球第一大经济体（按购买力平价计算）；2018 年中国 GDP 总量突破 90 万亿元（按名义 GDP 总量来计算）达到美国 GDP 的 66%，约占全球总量的 16%（麦肯锡，2019）。

（2）经济增长率稳定

中国制造业，占全球制造业的比例从 1% 激增到 25%，完成了 12.7 万 km 铁路、13 万 km 高速公路和 2.5 万 km 高速铁路建设，约 8 亿人口摆脱了贫困；2017 年移动支付交易超过 200 万亿元规模稳居世界第一；无论作为外商直接投资（FDI）的目的国还是对外投资来源国均跻身全球前两位。

（3）迈步上台阶

根据国内外多家机构和专家研究，"十四五"期间，中国的人均 GDP 将跃上万美元台阶，进入 1 万 ~ 2 万美元的准发达国家区间。根据光华思想力课题组测算，到 2035 年，按 2018 年的名义价格，中国 GDP 预计能达到 210 万亿元，相当于从经济意义上再造一个中国。

2. 城镇化和城市发展的动力依然强劲

未来 10 年，中国城镇化仍然具有较大发展空间和潜力。

（1）城镇化水平逐步提高到 70% 左右。"十四五"期间，中国的城镇化率将达到 65% ~ 70%，沿海地区可能 75% 以上，标志着中国将基本实现城镇化。中国的城市人口近 10 亿，将实现从农业大国走向城镇化国家的巨变。到 2025 年中国的城镇化水平预计将在 66.5% 左右（《2018 年联合国人口展望修订版》）。2019 年 10 月中国社科院城市发展与环境研究所及社科文献出版社共同发布的《城市蓝皮书：中国城市发展报告 No.12》预计，到 2030 年我国城镇化率将达到 70%。多家研究机构和专家预计 2035 年

表 1-1 中国城镇化水平预测（2020—2050 年）   %

2020 年	2035 年	2045 年	2050 年	数据来源
		78.3	80.0	《2018 年联合国人口展望修订版》
	70.0 ~ 72.0		75.0 ~ 80.0	（Gu et al.，2015
55.9	70.12（2030）			（Sun et al.，2017）
60.34	68.38（2030）		81.63	（高春亮，等，2013）
55	62（2030）		68	（陆大道，等，2009）

资料来源：（1）Gu C, Guan W, Liu H, 2017. Chinese urbanization 2050：SD modeling and process simulation. Science China Earth Sciences，47（7）：818-832.

（2）Sun D, Zhou L, Li Y et al.，2017. New-type urbanization in China：Predicted trends and investment demand for 2015—2030. Journal of Geographical Sciences，27（8）：943-966.

（3）高春亮，魏后凯，2013.中国城镇化趋势预测研究［J］.当代经济科学，35（4）85-90：127.

（4）陆大道，樊杰，2009.2050：中国的区域发展［M］.北京：科学出版社.

（5）《2018 年联合国人口展望修订版》，2045 年城镇化水平将达到 78.3%，2050 年达到 80.0%.

中国城镇化接近饱和状态，在 2045—2050 年期间将达到发达国家城镇化水平的 80% 左右（表 1-1）。

3. 中等收入群体和消费需求日趋显著

截至 2018 年，中国已有近 3 亿人口进入中等收入群体。预计到 2025 年，中等收入人口占总人口比例将达到 40%，人口规模为 5 亿~6 亿，可能成为世界上规模最大的中等收入群体（图 1-1）。

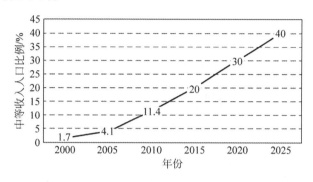

图 1-1　中国中等收入群体增长趋势（2000—2025 年）

资料来源：国务院发展研究中心.

4. 融入世界经济和再全球化趋势明显

（1）国际影响力持续扩大

近年来，随着中国对外直接投资和企业"走出去"，传统友谊国家巴基斯坦和非洲国家以及尼泊尔、蒙古国、朝鲜和太平洋岛国都将逐步成为受中国发展深度影响的国家和地区。例如，在 2013—2017 年，埃及从中国获得的外商直接投资相当于其国内投资总额的 13%。中国未来不仅仅视这些国家和地区为国际贸易伙伴国，也将是中国最大的基础设施融资输出和国外援助区。

（2）全球供应链更加稳固

在半导体和飞机制造等行业中，中国企业在国内和国际市场占据的份额都很小，而且高度依赖外国技术。根据 2017 年的统计，中国的手机销量占到全球销量的 40%，电动车销量占到 64%，半导体消费占到 46%。然而，根据"摩根士丹利资本国际指数"（MSCI）的统计，美国信息技术领域有 14% 的营收来自中国。以集成电路和光学设备领域为例，中国的进口额高达国内产值的 5 倍。从"十四五"期间看，要改变这种信息制造业依赖美日韩供应链状态的可能性不大。然而，亚洲一些地区和国家对中国大陆经济的依存度持续上升。除了港澳台地区与大陆经济发展关系日益紧密外，日韩、东盟国家、上合组织国家、"一带一路"沿线的中东国家，有些是未来中国制造业的部件、半成品供应地，有些是原料和资源产地，更多的则是商品贸易国。尤其新加坡、马来西亚、菲律宾、哈萨克斯坦等国家将成为对华出口比重较大的国家或者是最大贸易伙伴国家。与此同时，世界自然资源富国也会更加依赖中国发展需求。例如，俄罗斯天然气和石油等能源开发，澳大利亚铁矿、煤炭和金属开采，智利铜矿，巴西大豆和畜产品等，对外出口自然资源的国家发展将越来越依赖中国对自然资源的消费需求。

（3）加快融入全球价值链

由于资本和技术来自发达国家，中国外向型经济一直处在全球价值链的中低端，以劳动密集型的装配为主。近年来，中国的技术创新步伐加快，尤其在光伏面板、高铁、数字支付系统、电动汽车、数字经济和人工智能技术领域有了重要突破，为"十四五"期间中国制造业嵌入或融入全球价值链体系提供了重要机遇。根据《中国制造2025》计划提出的目标，中国本土企业要在23个子领域中的11个领域市场占有率达到40%～90%。

1.1.2　国家高质量发展面临的问题

基于上述高质量发展的基本内涵，在未来一段时间内，推进高质量发展存在如下四个方面的问题。

1. 经济问题

（1）增速下行压力加大

自20世纪80年代中国对外开放以来，中国经历了长时段前所未有的经济高速增长期（年均增长率10%以上），直至2010年才回落到10%以下。普遍认为：中国经济的年增长率很可能从目前的6.4%继续下滑。2018年以来，国际经济增速下行压力加大，结构性、体制性、周期性问题相互交织，很多地区和产业出现居民收入增速放缓和就业率下降的迹象。

（2）服务贸易增长快但份额小

中国服务贸易2017年出口额2270亿美元，服务进口额高达4680亿美元，跃居全球第二大服务进口国。尽管2017年服务进口额相当于2005年的三倍，中国服务贸易额占全球份额仅为6.4%。国企债务在中国企业债务中的占比高达70%，但只贡献了略高于20%的工业产出。

2. 人口问题

（1）总人口已经进入下降通道

中国是世界上人口最多的国家，人口的变化是未来基础设施投资的重要依据。概括起来，最近的10年，中国人口将出现两个明显的变化。

（2）劳动力数量逐年减少

蔡昉（2019）认为，改革开放以来，中国从原来"农业内卷化阶段"挣脱出来进入到了剩余劳动力红利阶段，即：农村剩余劳动力转移到非农业部门，用比较廉价劳动力持续供给的方式实现经济增长（Booke，1933；Lewis，1954）。2010年之后，我国的劳动年龄人口出现负增长（图1-2），导致廉价劳动力拉动的经济增长因为劳动力短缺，经济发展进入到刘易斯拐点，即：由于没有充分的廉价劳动力供给，经济增长驱动力主要在于提高劳动生产率，人力资本也就成为经济增长最重要的因素。也就是说，中国农村的剩余劳动力不再大量存在。根据中规院、国家计生委、人民大学联合预测，从2012年开始，我国每年将减少劳动年龄人口200万~300万。

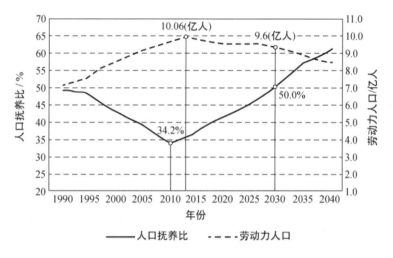

图 1-2　中国劳动力人口、人口抚养比示意图

（3）人口老龄化速度不断加快

2018年我国60岁以上的人口是2.49亿，占总人口的比例已经达到了17.9%，65岁以上人口占总人口比例接近15%，已经进入轻度老龄化社会。特别是沈阳这样的老工业城市老龄化很快，上海等综合"成熟"型城市，老龄化程度已经达到30%以上。在农村地区的人口老龄化会由于轻壮劳动力流出而提前出现。由于一对夫妇只生一个孩子的计划生育政策的集中影响，这一比例还在快速上升。预计到2025年，我国60岁以上人口占总人口的比例将达到20%以上，65岁以上人口比例将接近18%。毫无疑问，中国老龄化的程度会继续加深，老龄化将是未来的长期趋势。

（4）城市人口增速趋缓

目前约30%的城市人口数量已经减少，特别是在东北地区的城市和资源型城市。预计中国城市人口将在2045年左右达到峰值，在2045—2050年间中国城市总人口进入下降通道。2008—2018年间，中国新增城镇居民2.1亿人，但2020—2025年间新增城镇人口约8150万，2025—2030年估计新增城镇人口6130万，2030—2040年间新增城镇人口将只有6560万人。到2045—2050年，中国城镇人口将开始呈绝对下降趋势（表1-2）。

表 1-2　中国城镇人口增长预测

时段	新增城镇人口 / 万人	减少的农村人口 / 万人
2020—2025 年	8150	6719
2025—2030 年	6130	5894.8
2030—2035 年	4180	4944.4
2035—2040 年	2380	3988.1
2040—2045 年	860	3168.5
2045—2050 年	−90	2981.5

资料来源：Urban Population at Mid-Year by 1950–2050，UN Population Division 2018.

（5）移民规模一直很小

1990—2017 年间，移民海外的中国人约占全球移民总数的 2.8%，移民到中国的外国人约占全球移民总数的 0.2%。

3. 社会问题

新增就业主体发生变化。根据 2017 年数据，中国新增农民工 481 万（资料来源：《2017 年农民工监测调查报告》），全国普通高校毕业生 795 万（资料来源：教育部），10 年前的城市提供大量劳动密集型的制造业的岗位和一般生产服务业岗位来解决就业的方式已不合时宜。

4. 空间问题

（1）全国经济重心进一步南移

由于东北地区、山东省、山西省经济发展停滞或衰退，中部地区、西南地区四川、重庆、贵州、云南经济发展较快，全国和区域交通基础设施通达性进一步改善，特别是高铁网建设使城市群之间的快速连接得以形成，都市圈和城市通勤圈、城市经济圈不断扩展，持续很久的东中西地域差异正在转向南方增长快北方增长慢的巨大差异，北方地区（尤其东北地区）以及远离中心大城市和城市群核心区的农村地区，青年人口流失和随之带来的人口老龄化问题越来越严重。2018 年，北方地区经济总量占全国的比重为 38.5%，比 2012 年下降 4.3 个百分点。长三角、珠三角等地区已初步走上高质量发展轨道。一些北方省份增长放缓。各板块内部也出现明显分化，有的省份内部也有分化现象。

（2）发展极化现象日益突出

经济和人口向大城市及城市群集聚的趋势比较明显。北京、上海、广州、深圳等特大城市发展优势不断增强，杭州、南京、武汉、郑州、成都、西安等大城市发展势头较好，形成推动高质量发展的区域增长极。

（3）东北和西北地区发展相对滞后

2012—2018 年，东北地区经济总量占全国的比重从 8.7% 下降到 6.2%，常住人口减少 137 万，多数是年轻人和科技人才。一些城市，特别是资源枯竭型城市、传统工矿区城市发展活力不足。

1.2　国家高质量发展及其发展特征与国家规划需求

1.2.1　高质量发展基本内涵

中国经济自 1978 年改革开放以来进入快速增长阶段。2008 年世界金融危机后，全球经济进入衰退期，我国的经济发展也进入从高速增长到高质量增长的轨道。高质量发展，是我国政府针对全球经济进入衰退、中国经济发展从高速度转向高质量的一种创新性提法，目前尚无严谨的科学概念定义。

从政府文件和领导讲话看，我国政府提出的高质量发展，语义非常丰富。根据既有文献，关于高质量发展可以归纳为三类。

（1）广义的高质量发展视角。基于"创新、协调、绿色、开放、共享"五大发展理念和社会主要矛盾，高质量发展不仅包括经济质量和效率的提升，也包括制度、社会、生态等方面的要求。推动高质量发展，就要建设现代化经济体系（何立峰，2018）。

（2）聚焦我国社会主要矛盾变化和新发展理念的高质量发展。高质量发展，就是能够很好地满足人民日益增长的美好生活需要的发展，就是体现新发展理念的发展，是创新成为第一动力、协调成为内生特点、绿色成为普遍形态、开放成为必由之路、共享成为根本目的的发展（杨伟民，2018）。

（3）聚焦经济高质量和生产要素培育的高发展质量视角。王一鸣（2018）认为，人们对发展质量的认识，经历过从经济增长到经济发展、从经济增长质量到经济发展质量的过程。经济增长取决于生产要素的积累，而经济增长质量取决于生产要素使用效率的提高。经济发展在经济增长之外还包含了结构、社会、生态等因素。与之相对应，经济发展质量在经济增长质量的基础上，还要考虑经济结构协调、人民生活水平提升及资源环境改善。

1.2.2　高质量发展的基础设施内涵

高质量发展的基础设施内涵，国际社会还没有一个共同明确的定义，已有的观点从不同的切入点给出了不同解读。

亚太经合组织（APEC）将"财政健全性""透明性""经济性""开放性"作为敦促成员国推进高质量基础设施开发的核心原则。

李纪宏（2019）也将城市基础设施高质量发展概括为七个方面——前瞻性（适度超前建设）、包容性（从以经济发展单一目标向全面支撑城市功能和市民便捷生活转变）、示范性（在信息化、大数据、可持续发展方面做出示范）、协同性（落实区域协同与行业协同）、系统性（发挥好基础设施作为重要城市资源的作用）、引导性（加强基础设施与城市功能、城市生活、城市空间布局的衔接）及动态性（在人口规模、城市空间以及发展需求都出现新的变化时，主动对既有规划进行科学调整和优化）。

尚升平（2018）将高质量发展的基础设施与近年来国际社会倡导的可持续基础设施的内涵与外延高度结合起来，提出可持续基础设施的四个方面：

（1）经济可持续，包括项目财务绩效，对当地产业的影响及对当地经济的拉动。

（2）社会可持续，包括员工权益保护，职业健康安全管理，供应链管理，质量管理，社区居民和谐共处。

（3）环境可持续，包括温室气体减排，污染防治，物种保护，生态系统管理，海洋环境保护及资源可持续利用和保护。

（4）可持续治理规范，包括治理体系，信息披露，可持续发展报告，考核体系及应急管理。

罗国三（2019）从绿色发展的角度定义高质量发展基础设施，提出"绿色是底色、智能是基调、安全是底线"。他认为：要将生态环境保护作为基础设施发展的前提条件，集约节约利用土地、廊道、岸线、地下空间等资源，加强生态环保技术应用，彻底转变传统粗放的发展模式。要紧紧把握新一轮科技和产业革命大势，加强人工智能技术在基础设施领域的应用，加快形成适应智能经济和智能社会需要的基础设施体系。要强化底线思维，加强基础设施风险管控、安全评估和安全设施设备配套，提升基础设施保障国家战略安全、人民群众生命财产安全以及应对自然灾害等的能力。

黄子恒（2018）还从融资角度定义高质量发展基础设施，他认为：应减少对预算外"土地财政"的依赖，处理好"新与旧""破与立"的关系，既要体现发展的连续性，又要体现创新的突破性，实现控风险与促发展两者间的平衡。

还有从分行业看高质量发展基础设施，即对每个行业有各自的内涵定义，例如：

（1）高质量发展的交通基础设施：按照国家战略调整和需要，进行精准布局，提高发展质量和水平。

（2）高质量发展的能源基础设施：建设要进行转型，着力构建绿色低碳化能源基础设施系统。

（3）高质量发展的城市地下管网设施：要加强管网质量提升，提高污水处理效率。

（4）高质量发展的通信信息设施：要加强新型基础设施数字互通、产业互融及监管协同，加强对平台数据和个人信息的保护。

（5）高质量发展的物流业基础设施：低成本、高效率、高服务水平、绿色化发展。

综上所述，不难发现，对高质量发展基础设施内涵的理解，可以从"适度超前且经济、社会上可持续""健康的财政融资""绿色包容""透明开放"等多方面解读。

1.2.3 高质量发展的基础设施特征

冯维江（2015）认为，高质量发展基础设施表现在三方面：

（1）具有前瞻性，即基础设施供给所创造的需求应适度超前于当地原有的需求水平。这一方面意味着它不是一种绝对的标准，不能过于超前，另一方面意味着它不能只是正好与现有需求匹配。

（2）具有生产性，也即有助于当地接入更大规模、更加开放的经济贸易网络，从而促进当地经济增长。那种只是靠孤立的大工程投资本身来拉动的经济增长是暂时或不可持续的。

（3）具有包容性，也即高质量基础设施的兴建还应当遵循帕累托改进的原则，不能因为它的兴建，而让一部分人绝对地受损。

1.3 国家高质量发展新需求

中国进入新时代，经济从高速增长到高质量发展，基础设施也会从过去纯物质资本的投资转向物质资本、人力资本、自然资本的全要素投资，而且更加注重幸福、高品质和可持续性、提高生产力和资源效率以及财富累积等方面。

1.3.1 传统物质基础设施需求

中国城市人口将在 2035 年之前达到峰值，城市发展也会顺应经济增长放缓而减速，城市经济从传统制造业转向高科技和服务业以及改变消费者偏好，这将产生强大的城市发展向心力增长。一旦这些向心力开始占据主导地位，过去低效率和过度建设的城市空间将转向重建。这些趋势也意味着城市投资的重点从数量变为质量，向最大化人民福祉的转变，而不再是仅仅保护地方的繁荣。传统的"铁公基"（铁路公路基础设施）将转向新一代传统物质基础设施，例如城际铁路、地铁、地下管线。毫无疑问，提高基础设施自身的生产力和使用效率也成为重要内容。

1. 硬基础设施的现代化

过去 40 年间，中国建设了世界一流的国家高速公路网、机场、港口、高速铁路和城市道路等基础设施，以及充足的住房和城市新区，但与之配套的停车场、物流设施还很不足，城市交通拥堵成为常态。随着中国成为一个城镇化为主的国家（80%），特别是乡村振兴战略取得成效，预计城乡经济增长率的差距将会缩小。经济增长放缓对城市地区既有正面的影响，比如，环境得到改善；也有负面的影响，比如，财政资源减少、家庭收入增长放缓等。"十四五"期间，以巨型区—城市群—大都市圈—地方中心城市—县镇村为特征的居民点体系网络逐步建成。与此同时，城市人口增长放缓，将对中国城市和整体空间格局造成巨大的影响，尤其是在"十四五"和"十五五"计划期间，会因为城镇化地区的主要实体空间转型和重建表现为持续的城市增长区和逐步衰退的工业化城镇化地区，历时会达 15～20 年之久。硬基础设施投资将出现两大变化：首先，城市空间发展将转向已建成区发展，并逐渐取代自 20 世纪 70 年代末以来出现的大都市发展的强大离心力和离心发展（郊区化、远郊开发区、新城和新区），面向存量空间的基础设施更新改造将成为重要的内容；其次，国家巨大的经济发展动力，将进一步重塑国家城市体系结构，全球城市区、巨型城市、城市群、都市圈和国家乃至地区中心城市将得到快速增长。这种城镇化新趋势，必然催生重新规划和布局国家硬基础设施，国家高速铁路网和航空枢纽网、大区高速公路网、城市群和都市圈轨道交通网，以及大城市地区快速通勤交通体系。此外，更有效地组织城市群、大城市地区以及城市之间基础设施，一方面通过实体基础设施投资实现城镇化地区的互联互通，另一方面打破地方保护、面向都市圈通勤创造高效流动的综合劳动力市场也非常重要。

2. 数字基础设施

中国拥有超过 8 亿网民，规模居全球之首，但中国的宽带数据流动总量位居全球第八，仅为美国的 20%。虽然中国近年来跨境数据流有所增长，但总体流出规模非常有限，不能满足全球化和"一带一路"倡议的实际发展需求。由于中国的城市和巨型城市区域通常拥有良好的实体基础设施，但是这些基础设施的信息化、智能化和充分利用还有很多问题。因此，围绕建设网络强国、数字中国、智慧社会，高度重视软基础设施数字化建设和更新改造，助力中国经济从高速增长转向高质量发展。主要包括：

（1）利用互联网产生互联网＋产业，例如高端制造业、IT 制造业、清洁能源、电商、游戏、金融科技等。

（2）围绕产业变革、产业互联网配套建设现代数字基础设施，如 5G 基站、云计算设备等。

（3）老旧城区智能化智慧化改造，如可转移养老金的医保保健设施、宜居城市服务设施、分布式（水、电力、燃气和供热）智能服务设施、循环经济（废物）设施，等等。

3. 完善农村的基础设施

在中国，城市建成区仅占全国国土面积的 2% 左右，面广量大的是农村地区。快速的城镇化，一方面，由于城市蔓延不断蚕食传统乡村地区；另一方面，由于人口外移、产业衰败，导致农村地区"无人化"倾向明显。"十四五"期间，应依托国家乡村振兴战略，积极投资农村地区基础设施，充分发挥各自的地区优势，宜粮则粮，宜特则特，延伸粮食和特色农副产品产业链，提升价值链，打造供应链，不断提高农业质量效益和竞争力。与此同时，随着中国 80% 的人口即将居住在城市，城市的压力将会转嫁到农村、特别是城市附近的农村地区。日益富裕的城市对高品质的食物（特别是水果、蔬菜和不同种类的肉类，如更多的牛肉）、生态服务、自然资源（如水）、娱乐和第二家园提出了更高的要求，通过改善农作物的储运和市场准入，减少生产和消费环节的食物浪费，实现粮食和农产品安全和现代高效农业相统一。在城市腹地地区，根据不断变化的都市食物消费偏好（如市场化园艺农产品和牛肉产品），投资现代化农业基础设施，发展都市农业及其生产模式，提升城区、城郊和城市腹地地区的市场化园艺农业，为城市提供生态服务、休闲和第二居所等功能。

4. 满足国家安全需要

随着中国经济深度融入世界经济，尤其"一带一路"倡议的推进，将逐渐打开一个接一个新的市场和新的需求。同时要解决中国海外资产保护，也需要中国的外交、信息、情报、安全、国防以及投射能力等综合系统全方位供给能力的提升，这也会延伸出很多在安全、投射、信息、军工等领域新的基础设施需求。

1.3.2 人力资本提升需求

中国进入新时代，人力资本的优先权将转移到高素质劳动力配备，这就不仅仅要在高等教育基础设施持续投资，也需要加大对公共卫生基础设施的投资，还要扩大应对人口老龄化，进一步挖掘劳动力资源的基础设施投资。与此同时，只有当人们健康时人力资本才会有效。因此，对公共卫生和解决环境污染的投资至关重要。

1. 教育设施

中国现已成为全球第一大留学生和游客来源地（留学生总计 60.84 万人，为 2000 年的 16 倍；2018 年中国出境游达到近 1.5 亿人次，为 2000 年的 14 倍）。相比之下，2017 年来华留学和旅游的人数分别仅占全球留学生总数的 3% 和全球出境游人次的 4%。中国学生海外留学目的地一直高度集中，仅澳大利亚、英国和美国三国就吸引了约 60% 的中国留学生。

2. 文化设施

2017 年全球票房前 50 强的电影中，有 12% 的影片至少在中国拍摄了一部分内容，而 2010 年仅有 2%。不过，尽管投资甚巨，但中国尚未对全球范围内的主流文化产生显著影响。中国电视剧的出口额仅为韩国的 1/3，而中国十大顶尖音乐人在全球领先的某流媒体平台上的订阅总量仅为韩国十大顶尖艺人的 3%。近年来，中国正在积极为全球文化娱乐产业提供融资，辅之以有竞争力的制作设施，已经吸引了越来越多的影片来华拍摄。

1.3.3 自然资本保育需求

改革开放以来，中国持续推进三北防护林、沿海防护林、长江流域防护林、退耕还林、国家储备林、速生丰产林建设等生态建设重大工程，全国森林覆盖率达到 22.96%，森林面积 2.2 亿 hm^2，森林蓄积 175.6 亿 m^3，尤其人工林面积 0.8 亿 hm^2，蓄积 34.52 亿 m^3，人工林面积居世界首位。高质量发展和绿色发展是新时期经济发展的两个关键目标，并且两者之间存在紧密的关联性（钟茂初，2018）。在未来一段时间，加大对自然资本的管理，特别是可再生自然资源管理的绿色基础设施投资，对生态安全格局、生态系统、生物多样性进行绿色基础设施投资，对修复被破坏的生态系统、减少过度污染、保护生物多样性都具有重要意义。

1. 满足持续发展需要

在未来一段时间，中国基础设施除了关注满足生产发展的基本需求外，更要关注生活和生态延展出来的福祉、增长质量和可持续性需求。在传统认识中，通常把绿色发展等同于污染治理、环境保护，理解为对传统工业化模式缺陷的修补或纠偏。这样看来，绿色发展确实没有多少增长动力，甚至被看成是经济增长的代价。如果换一个角度，把绿色发展看成与传统工业化模式相竞争并更具优越性的一种新发展模式，绿色发展就可以被重新定义为新的增长方式，可以以更低的成本、更优的资源配置提供更有利于人类全面发展的产品和服务。

2. 应对气候变化需求

自 2006 年以来，中国一直是全球第一大碳排放国，如今已占到全球年排放总量的 28%。中国不仅签署《巴黎协定》并践行承诺，即在 2005—2020 年间将碳排放强度减少 40%~45%（该目标已于 2017 年底达成），也为解决国内能源、空气质量等问题持续努力。仅在可再生能源开发投资方面，2017 年共计投入了约 1270 亿美元，占全球投资总额的 45%，相当于美国或欧洲（均为 410 亿美元）的 3 倍。但是，根据世界银行的数据，2016 年中国的 PM2.5 浓度中值（一项空气污染指标）是经合组织（OECD）平均水平的 3.7 倍。中国政府，作为《联合国气候公约》（以下简称"公约"）首批缔约方和政府间气候变化委员会（IPCC）发起国之一，中国政府一直积极参与和推动着气候变化的国际谈判和《公约》进程。2015 年向政府间气候变化委员会提交了中国国家自主决定贡献文件承诺，国家"十三五"期间"单位 GDP 能源消耗年均累计下降 15%，单位 GDP 二氧化碳排放年均累计下降 18%"的目标。根据中国对《巴黎协定》自主贡献承诺的"二氧化碳排放 2030 年左右达到峰值，单位 GDP 二氧化碳排放比 2005 年下降 60%~65%"等目标测算，当全国人均 GDP 达到 14000 美元发展水平时，中国整体上应达到碳峰值而进入绝对量减排阶段。据此，人均 GDP 已经达到 14000 美元发展水平门槛的省区、城市，应率先达到碳峰值并进入绝对量减排阶段；人均 GDP 即将跨过 14000 美元发展水平门槛的省区、城市，应依次达到碳峰值而进入绝对量减排阶段。传统的城市与区域规划，绿色和蓝色空间经常被浪费，不仅没有实现预期的积极、环保和气候适应性影响，甚至造成负面的环境影响。具体而言，绿色空间的常见形式是规模过大的矩形公园，并且通常与绿地系统脱节，因此利用率明显不足。随着中国人口增长放缓、农业生产力提高、城市变得更加密集，以及可用于绿色用途的土地增加，都将增加环境服务的机会。

3. 面向绿色发展的基础设施

习近平总书记 2018 年 5 月在全国生态环境保护大会上讲话时指出，加强生态环境保护建设是高质量发展的生态要求。绿色发展是构建高质量现代化经济体系的必然要求，是解决污染问题的根本之策。绿色基础设施的构建要重点关注如下三个方面：

（1）绿地空间。城市生活质量的重要元素，尽可能采用廊道形式，它们与生态走廊相连时，绿地对城市质量的贡献最大。

（2）线性绿色系统。尽量延伸到城市之外，与交通和娱乐、排水和生物多样性相关联。

（3）巨型公园。应该通过低影响开发和综合智能城市水管理项目（如海绵城市）连接到绿色网络系统中。

1.3.4 新时代新消费需求

今后一段时间，将是中国中等收入群体人数急剧增长的时期。中等收入社会群体多业和双城居住模式，度假和旅游行为，消费热点频繁转移等特点，也对城市空间供给、出行供给提出了新的要求（图1-3）。据瑞信的测算，2000—2018年这18年间，中国的中产阶级的财富增长了330%，增长的速度高居全国之首。预计到2020年我们中国人均财富在1万～10万美元的成年人口将会达到全国成年人口的50%。根据2018年全球财富报告，我国进入全球最富裕10%人群的规模达到8940万，仅次于美国的1亿零247万，居全球第2位。2018年中国财富管理市场的规模124万亿元，个人可投资的资产规模约190万亿元。根据各方的一致预测，中国从当下到2030年这段时间的消费增长可能将高达约6万亿美元，相当于美国与西欧的总和，约是印度与整个东盟国家的两倍。到2035年，中国人均GDP将趋近2.2万美元（按现在汇率）或是3.5万国际元（按购买力平价）。按后者计算，与现在韩国的水平大致相当。居民消费率将从现在的38%增加到58%；服务消费占总消费的比例将从目前的44.2%增长到60%以上。毫无疑问，面向中等收入社会群体新消费需求的基础设施将成为推动经济增长的重要动力。所谓"新消费"，一方面包括传统消费升级与品牌化、文化体育和健康等公共服务类消费的普及化，以及信息消费等新型消费的科技化和互联网化，另一方面也包括伴随着个性化和定制化的需求出现的新类型消费基础设施。

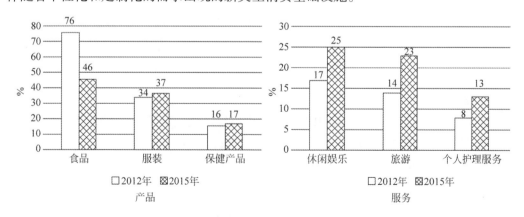

图1-3　中国中等收入群体消费需求的变化

资料来源：麦肯锡2016年中国消费者调查报告.

1. 满足基本社会服务需求

中国进入新时代，传统的基础设施需要在信息化基础上升级和现代化，也需要在面广量大的社会需求中兼顾公共服务的均等化，为"十四五"基础设施提供了足够大投资与需求层面的想象空间，其中主要内容包括科、教、文、卫、体等新的公共服务设施和与海外互联互通的基础设施。

（1）教育和培训基础设施。中国将拥有超过5亿的"90以后"，2.5亿～3亿受过大学教育的劳动力人口，高质量的劳动力将为产业升级提供创新和人力资本的保障。

（2）医疗和健康设施。健康服务包括一些公共服务的均等化、日常化成为未来消费的主动力，二胎经济、银发产业、养老医疗这些都是未来有重大增长的机会点。

2. 满足生活品质追求需求

第一，住房和社区品质变得越来越敏感。中国建造了足够多（在某些情况下是太多）的住房、城市基础设施等。但在住房单元、建筑物和社区层面的质量往往不足，例如，建筑物的质量（包括建筑物的能效）、城市设计、社区和城市级本地设施（学校、医院等）的选址、出行的便利性（包括步行的方便性）等方面都还存在欠缺，不能完全满足人们无障碍、高效出行的需求。良好的城市住宅小区设计将包括改善建筑物的选址、间距、大小、高度和空间配置，以及建筑物周边的便民设施等。

第二，新一代互联网设施越来越具有依赖性。例如跨境电商，作为一种便于中国消费者获取海外商品的渠道，近年来正在快速增长。根据艾瑞咨询的统计，2015—2017年，中国的跨境电商零售进口额几乎翻了一番，达到1110亿元人民币（约合170亿美元）。

第三，信息消费科技化、互联网化，以及休闲化、娱乐化也是潮流，包括O2O、移动支付、文化旅游以及娱乐休闲，还有体育产业都会有较好的发展机会。再如社交媒体的高质量也会影响社会群体对其居住地和生活与工作的城市环境类型偏好的改变。因为这些消费性基础设施会影响人们对住房市场、迁移行为以及就业地点的选择。例如有些人会从"择业而城"转向"择城而业"选择自己的居住空间，甚至有人喜欢城市环境和新经济而主动选择在深圳、杭州或成都居住。

3. 满足舒适性迁移需求

（1）自由贸易和购物区。中国可以通过进口更多优质商品来满足中产阶级消费者日益增长的期望，同时刺激国内消费。

（2）大型航空枢纽和商用航空机场。中国如今已经是全球最大的出境旅游客源地，中国公民在新加坡和泰国的出游消费分别相当于两国国内个人消费的7%～9%。中国留学生也对其他经济体产生了重要影响，例如澳大利亚2017年对华教育出口额高达100亿澳元（这还不包括中国留学生的日常生活开支）。此外，还有出国体检、美容、看病需求量的不断增加。

（3）第二居所地。随着中国人变得越来越富裕，他们在选择居住工作或一年中度过部分时光的城市／地区或者是城市中的社区时，对城市／地区的舒适环境（本质上就是一个地方的吸引力）越来越敏感。气候对城市的舒适性迁移具有最大的吸引力，景观、环境质量等也有很大的吸引力。近年来，中国也开始出现了这种势头，尤其是从东北迁移到三亚等温暖的城市，但通常是季节性的。在未来，青岛、昆明、上海、三亚、厦门和杭州等城市，对特定人群（寻求更适宜的气候和更高生活品质的人群）吸引力将逐步增加，这种舒适性迁移的趋势很可能会加速。

4. 满足金融体系国际化

中国进入新时代，也迎来从加工贸易到一般贸易的提档升级。"一带一路"倡议加快了中国企业"走出去"的步伐，面向亚太和其他新兴市场地区输入工程、服务、商品、资本和货币，分散贸易对手风险，更有效地进行外汇投资、积极参与全球货币竞争，最终实现人民币国际化，将成为未来一段时间中国服务贸易业发展的重要内容。然而，中国金融业的市场结构、经营理念、创新能力、服务水平远不适应经济高质量发展的要求，尤其中国的金融体系相对封闭，消费者在分配资产时的选择很有限，由此增加了房地产价格上涨、回报率承压等一系列风险。倘若中国的金融体系与全球市场进一步对接，中国的消费者、企业和投资者或可拥有更多选择，资源配置效率也将有所提升，仅仅开放金融服务业，其经济价值就可达 5 万亿～8 万亿美元（麦肯锡，2019）。

5. 满足审美价值提升

随着中等收入人群的不断增加，人们的价值观念也会出现巨大的变化，文化与审美价值也在提升。文化设施和文化活动也成为新型的国家基础设施。要推动文化产业高质量发展，健全现代文化产业体系和市场体系，推动各类文化市场主体发展壮大，培育新型文化业态和文化消费模式，以高质量文化供给增强人们的文化获得感、幸福感。在未来一段时间内，一些文化设施，例如，重要城市文化遗产、文化价值空间的需求不断增长、潜力巨大。历史文化地区、工业遗产、乡村地区的吸引力持续增加。空间文化活动等，还有类似北京国际设计周等为特殊社会群体服务的活动也变成为社会时尚。

1.4 国家规划的转型与发展

1.4.1 增长与发展转型

1. 发展范式转型

一个国家总需求由消费、资本形成和净出口三部分组成。我国自 1978 年改革开放以来进入快速增长阶段，GDP 年均增长率高达 9% 以上，长期依循投资—出口—消费"三驾马车"发展范式推进经济增长和发展，形成了经济增长严重依赖投资和净出口拉动的局面，导致经济结构严重失衡的局面。一方面，过高的投资率导致生产能力增长过快，超出消费需求，导致产能过剩，投资效益下降；另一方面，过快的净出口增长，早期表现为对内需求不足的补充，但在全球经济危机的背景下，外部需求下降，会进一步加剧经济危机。2008 年世界金融危机以后，中国外向型经济体系受到巨大的冲击，开始从投资—出口—消费"三驾马车"发展路径转向创新—内需—人力资本投资的新发展范式转型。

2. 发展理念改变

习近平总书记 2017 年 12 月 18 日在中央经济工作会议上的讲话提出："中国特色社会主义进入了新时代，我国经济发展也进入了新时代"。进入新时代，推动高质量发展，是中国政府针对全球经济进入衰退、中国经济发展从高速度转向高质量的一种创新性提法，是保持经济持续健康发展的必然要求，是适应我国社会主要矛盾变化和全面建成小康社会、全面建设社会主义现代化国家的必然要求，是遵循经济发展规律的必然要求。中国经济增长动力从规模导向进化为价值创造，经济增长正在从粗放型向集约型转变，经济主体从黑色发展转向绿色发展为主（表 1-3）。

表 1-3　工业革命以来人类社会发展过程

	黑色发展	可持续发展	绿色发展
发展背景	人类从古典文明迈向现代文明	人类初步反思现代文明对于自然的巨大破坏	人类全面改变文明与自然的关系，进入绿色文明阶段
哲学渊源	人类中心主义	修正的人类中心主义	"天人合一"思想和马克思主义自然辩证法
主导国家	美国、英国、法国、德国	美国等西方发达国家	中国等新兴南方国家
发展阶段	高投入，高排放，高消费	高投入，高排放，高消费，有限控制生产环节	低消耗，低排放，生态资本不断增加，增长与排放脱钩
发展目标	经济增长	人类可持续发展	社会、经济、自然三大系统和谐、可持续发展
主要产业增长	工业	工业、服务业	

3. 发展目标变化

按世界银行公布的数据，2014 年的最新收入分组标准为人均国民总收入 1045 美元及以下为低收入国家，1046 ~ 4125 美元为中低等收入国家，4126 ~ 12735 美元为中高等收入国家，12735 美元以上为高收入国家。2019 年，中国人均国民总收入首次超过 10000 美元，位列中高等收入国家。根据国内外多家机构和专家研究，2021—2025 年期间，中国人均 GDP 将进入 10000 ~ 20000 美元的准发达国家区间。根据光华思想力课题组测算，到 2035 年，按 2018 年的名义价格，中国 GDP 预计能达到 210 万亿元，届时中国总人口估计到达 14.5 亿人，人均 GDP144827.58 元人民币，相当于 20394.5165 美元，已经超过世界平均和中高收入国家人均 GDP 的水平（表 1-4）。

表 1-4 中高收入国家主要社会经济指标

社会经济指标	测算单位	中高收入国家	中国	世界平均
人均 GDP	美元	8000.32	10000.00（2019）	10721.42
第一产业增加值占 GDP 比重	%	7.32	7.1（2019）	5.90
第二产业增加值占 GDP 比重	%	35.85	39.0（2019）	30.50
失业率（失业人数占劳动力总数的比例）	%	5.88	5.0（2019）	5.93
65 岁和 65 岁以上的人口占总人口的百分比	%	8.31	12.6（2019）	8.10
2013 出生时的预期寿命	岁	74.32	77.00（2019）	71.21
高等院校入学率（占总人数的百分比，2011）	%	30.50	45.70（2017）	31.04
人均医疗卫生支出（2013）	美元	465.89	541.10（2017）	1041.93
高科技出口占制成品出口的百分比（2013）	%	21.20	26.97（2017）	17.05
每百万人拥有研究与开发研究人员（2010）	人	812.01	1176.58（2017）	1268.32
研究与开发经费占 GDP 的比例（2010）	%	1.23	2.18（2019）	2.06
GDP 单位能耗（2012）	美元/千克石油当量	6.57	5.23	7.61
人均二氧化碳排放量（2011）	吨	5.71	7.14（2018）	4.94
森林面积覆盖率（占土地面积的百分比，2013）	%	28.8	22.96（2019）	30.8
最大城市人口占总城市人口的百分比	%	12.32	2.93（2019）	16.33
100 万人口以上城市的人口占总人口的百分比	%	26.13	23.17（2017）	22.39
城镇化水平（城镇人口占总人口比例）	%	61.83	60.60（2019）	53.39
每 100 人互联网用户（2014）	人	47.72	59.2（2019）	40.69

资料来源：世界银行数据库.

毋庸置疑，中国正在朝高收入国家水平迈进。对照世界银行高收入国家发展指标，中国在人均 GDP、第一产业增加值占 GDP 比重、第二产业增加值占 GDP 比重、人均医疗卫生支出、每百万人拥有研究与开发研究人员、森林面积覆盖率、城市首位度（最大城市人口占总城市人口的百分比）、城镇化水平、互联网用户普及率等方面还存在较大距离（表 1-5）。

表 1-5 高收入国家主要社会经济指标

社会经济指标	测算单位	高收入国家	中国
人均 GDP	美元	37755.82	10000.00（2019）
第一产业增加值占 GDP 比重	%	1.20	7.1（2019）
第二产业增加值占 GDP 比重	%	19.10	39.0（2019）
人均医疗卫生支出（2013）	美元	4456.19	541.10（2017）
每百万人拥有研究与开发研究人员（2010）	人	3559.60	1176.58（2017）

续表

社会经济指标	测算单位	高收入国家	中国
森林面积覆盖率（占土地面积的百分比，2013）	%	34.5	22.96（2019）
最大城市人口占总城市人口的百分比	%	18.87	2.93（2019）
城镇化水平（城镇人口占总人口比例）	%	80.65	60.60（2019）
每100人互联网用户（2014）	人	80.61	59.2（2019）

资料来源：世界银行数据库.

1.4.2　生产与消费转型

1978 年以来，由于外向型经济导向，中国最终消费增长长期滞后经济增长，最终消费率从 20 世纪 80 年代中期的 65% 下降到 2007 年的 48.8%，同期资本形成率却从 35% 左右上升到 42.3%，净出口也从几乎为 0 上升到 8.9%。尤其国内消费需求长期处在低迷状态。顺应中国经济发展从投资—出口—消费的"三驾马车"模式转向"人力资源投资—科技创新—扩大内需"的新模式，消费将成为中国未来发展的最主要驱动因素。

1. 生产的时代

由于生存环境限制、天然食物不足和人口数量自然增长，人类社会实际上一直处在不断地满足人类自身生存需要的生产发展过程中，也可以称为"生产的时代"。

（1）小生产时代。在人类掌握农牧业知识后，围绕农产品生产、畜牧业的发展，形成了以农牧生产为主，兼有农副产品加工的小生产时代。其特征是：手工业只作为农牧业附属存在；以户为生产单位，产品在一个生产单位封闭式生产就可以完成。

（2）机器生产时代。18 世纪中叶，英国人瓦特改良蒸汽机之后，由一系列技术革命引起了从手工劳动向动力机器生产转变的重大飞跃。在原来工场手工业的基础上，大规模使用机器生产替代传统的纯人力生产，一方面大大节省了劳动者数量或生产时间，也极大地提高了生产的效率。由于机器的发明及运用成为了这个时代的标志，历史学家称这个时代为"机器时代"。随后，机器生产方式从苏格兰向英国乃至整个欧洲大陆传播，第一次形成了与人类自身需求无关联的蒸汽机、煤、铁和钢重工业部门。

（3）大生产时代。进入资本主义时期，以商品经济为主。为了提高劳动生产率，在机器生产的基础上，将社会化分工整合到生产过程中，一个产品不再是一个生产单位生产，而是经过多个生产单位联合生产。充分发挥地域优势、运用科技创新能力提高生产效率，利用区位优势布局产业和市场，提高产品的市场竞争力，成为人类社会的大生产时代（Era of Mass Production）。

2. 消费的时代

在日本，三浦展（2014）按照消费习惯的变迁，将人类消费分成四个时代：

（1）第一消费时代。"二战"以前，面向精英阶层、少数中产阶级享受的消费时代。

（2）第二消费时代。20世纪50—70年代石油危机前，标准化机器大生产带来以家庭为中心的大众消费时代。

（3）第三消费时代。20世纪80年代信息技术发展，弹性化生产成为可能，人类从大众消费转向彰显个性的消费时代，产品的品牌化、差异化、多元化将人类自身的物质消费需求引向在物质需求基础上的非物质化消费时代。

（4）2011年，日本"3·11大地震"，让日本民众幡然醒悟，已经被摧毁的物质，即便恢复原貌也没有价值和意义。建立在物质消费基础上的第三代消费也会让人类感到不快乐和不幸福。灾难后的日本领先跨入了第四消费时代，即：回归自然、重视共享的消费时代。优衣库转型后的崛起和无印良品的盛行，昭示着日本迈进了第四消费时代。人们的消费理念，已经从崇尚时尚、奢侈品、注重质量和舒适度，转向回归内心的满足感、平和的心态、地方的传统特色、人与人之间的纽带上来。

3. 新消费时代

2019年，中国人均GDP跨过10000美元门槛，消费连续6年成为经济增长的第一推动力，中国无疑进入了一个新的消费时代。然而，由于家庭收入的差异，社会分异造成了同一社会同时出现"消费升级"和"消费降级"现象。在中国，你可以随便看到："消费升级"的繁荣现象，大家都在海淘、手机打车、移动支付、高铁头等舱爆满、五星级酒店客房入住率上升、境外人均购物消费额领先全球；你也能看到很多普罗大众拼团购买最便宜质量又一般的商品、出行选择骑自行车、收入的一半用来租房等的"消费降级"的社会现象。中国人口基数巨大，占全国人口20%的中高收入人群，逼近美国人口总量，造就了"消费升级"；另外占全国人口80%的中低收入者，收入增长是缓慢的，大多被住房贷款所累，这些低收入人群依然对大众商品、廉价产品情有独钟，形成了"消费降级"景观。如果说，拼多多的崛起，带有明显的"第二消费时代"的特征；网红电商的崛起，越来越多的人开始追求通过消费来建立更互动的人际关系，是"第三消费时代"的典型特征；那么，2017年"共享"入选中国媒体十大流行语，Airbnb、共享单车、各类拼车App，在让生活更便捷的满足消费需求的同时，却渐渐淡化"消费过程"中拥有权，"不在乎天长地久，只在乎曾经拥有"成为中国"第四代消费"的主流消费观。

1.4.3 规划对象的转移

现代规划不同于古代规划。古代的规划工作几乎和人类开始定居同时出现，以人类相似的基本"美感"为基础，反映出对空间有序、布置对称、等级分明等空间秩序感的喜好。现代规划，不再仅仅以美学原则为基准，而是将保障公共利益作为目标；现代规划，是工业化大背景的城市化问题"经世致用"之道。现代规划，也不仅仅是人类聚落地的规划，而是城市—区域一体的城市与区域规划。

1. 规划 1.0：建设规划

19 世纪的工业革命是现代城市形成和发展的最直接动力。工业革命不仅改变了城市社会结构、法律制度和价值观，而且在资本主义大生产的冲击下，引发了西欧城市在组织制度、社会结构、空间布局、生活形态等方面的全面深刻变化。城市要素和空间布局等均不折不扣地成为资产阶级追逐资本的"垄断工具"，社会矛盾激化、道德沦丧、城市环境恶化……来自不同学科的先驱们对当时资本主义城市中的各种尖锐矛盾进行了诸多思考与探索性尝试，从多个角度提出了医治"城市病"的药方。在这些先驱者中，后来有一部分人被称为"规划师"，在大众的视野中，他们被看做是社会的拯救者，例如埃比尼泽·霍华德、勒·柯布西耶、弗兰克·劳埃德·赖特就是其中耀眼的"明星"。1901 年，英国利物浦大学开启了现代城市规划学科的新纪元。19 世纪末，英国城市最早出现了涉足于贫民区改造、实施城市公共卫生项目的政府规划部门。20 世纪 30 年代美国经济大萧条，给建设规划注入基础设施建设、经济复苏和降低失业率、大都市地区发展和社区改造等新内容。尽管今天规划的根基还在建设，但社区规划、改善城市公共卫生条件、建设公共绿地及休闲设施也成为规划部门的重要工作。

2. 规划 2.0：总体规划

中国规划继承了西方现代规划的传统和学科发展脉络，在建筑学基础上不断发展和壮大。在"改革开放"前的计划经济时期（1949—1965 年），我国没有土地利用规划和环境保护规划，国民经济五年计划是对重大建设项目、生产力分布和国民经济重要比例关系等作出安排，城市总体规划是"对一定时期内城市性质、发展目标、发展规模、土地利用、空间布局以及各项建设的综合部署和实施措施"。对城市总体规划而言，在全面学习沿用苏联规划模式的基础上，确定了我国城市总体规划编制以落实国民经济计划到生产和生活领域，编制内容相对简单，也具体可行，与国民经济计划分工明确。但到"文革"时期，城市规划被废止。

1978 年十一届三中全会确定"改革开放"政策，1979 年建立了深圳、珠海、汕头 3 个经济特区，又在 1980 年和 1988 年分别建立厦门经济特区和海南经济特区，拉开了我国对外开放的序幕，也为规划编制注入新的活力并提出新的要求。为了吸引国外资本、技术、管理和企业，营造良好的投资环境，满足中国应改革开放"问题导向型规划"和"发展目标导向型规划"的需求，我国规划学者和规划师开始学习西方国家的规划理论和方法，在经济、建设、土地、环境等政府事权分立的制度框架条件下，为了激发资本、土地、劳动力、技术和政策对经济和社会发展的拉动作用，编制国民经济和社会发展计划、城市总体规划和土地利用规划，共同为我国的改革开放、吸引外资、构筑外向型经济体系贡献各自的专业智慧。这一时期，国民经济计划，开始关注科技、教育等社会要素，国民经济计划也易名为国民经济和社会发展计划，"发展"也从片面追求工业特别是重工业产值产量的增长转向注重农轻协调发展、注重经济和社会的"全面发展"，国民经济和社会发展计划编制也从经济规划转向综合规划。城市总体规划，主要编制经济特区、经济技术开发区、高新技术开发区及其相关的城市总体规划，由于缺乏上层次的区域规划，规划师必须学习经济和社会分析，将产业、用地、重大基础设施纳入城市规划，创造了中国特色的城镇体系规划，为营造好的投资环境贡献专业知识。

1992 年邓小平南方谈话后，外国直接投资和城市土地市场化掀起"开发区热"，中国城市、沿海地区进入大发展时期，对外开放的范围和规模进一步扩大，形成了由沿海到内地、由一般加工工业到基础工业和基础设施的总体开放格局，增长拉动型规划成为主流。2001 年中国加入 WTO 组织，东南沿海发展成为世界工厂，内地劳动力和自然资源向沿海地区流动，大城市的人口和经济社会活动过度集聚给城市的运行造成了巨大的压力。由于空间增长的需求强烈，这一时期，国民经济和社会发展规划开始遵循"以人为本"的科学发展观，按照统筹城乡发展、统筹区域发展、统筹经济社会发展、统筹人和自然和谐发展、统筹国内发展和对外开放的要求，更大程度地发挥市场在资源配置中的基础性作用，为全面建设小康社会提供强有力的体制保障。城市总体规划，作为"增长的机器"的工具，也从过去城市建设的蓝图转向城市发展的蓝图，甚至城市总体规划编制不再是为了建设城市而是为了"营销城市"的土地。2006 年第三轮土地利用规划修编，也按照"全局、弹性和动态"的理性发展观念，从经济、生态、社会三方面构建节约集约用地评价指标体系，对特定区域的土地利用情况进行时空分析及潜力分析，为其规划中的各项控制指标分解以及建设用地的空间布局分配提供依据。这样，土地利用规划也走向了基于土地资源利用的区域综合规划之路。

3. 规划 3.0：空间规划

2008 年世界金融危机，基于经济全球化大背景，中国经济下行压力增大，开始进入"新常态"转向绿色发展和转型发展，即：经济增长动力从规模导向进化为价值创造，不再为了增长而牺牲环境、浪费资源。简言之，经济增长正在从粗放型向集约型转变。然而，国民经济和社会发展计划以增长拉动为主，GDP 和人均 GDP、财政收入年均增长率、出口总值、利用外资额等成为规划的预期目标。城市总体规划由于以开发区、新区为核心，也从过去城市建设的蓝图转向城市发展的蓝图，规划内容繁多，编制和审批时间过长，淡化了城市总体规划的战略性内容。土地利用规划也从农村土地规划转向城乡土地利用规划，通过土地用途分区，按照供给制约和统筹兼顾的原则修编了土地利用总体规划。土地利用规划运用土地供给制约和用途管制，在开发规模和开发地点选择发挥重要作用。三个规划（"三规"），一方面由于市场机制显得乱了方寸，另一方面都涉及城市整体发展但都未获事权分管出现规划内容重叠、一个政府几本规划多个战略的格局。

2011 年，中共中央、国务院发布《全国主体功能区规划》，明确了未来国土空间开发的主要目标和战略格局，中国国土空间开发模式发生重大转变。2014 年中共中央、国务院印发了《国家新型城镇化规划（2014—2020 年）》，提出：加强城市规划与经济社会发展、主体功能区建设、国土资源利用、生态环境保护、基础设施建设等规划的相互衔接。推动有条件地区的经济社会发展总体规划、城市规划、土地利用规划等"多规合一",推动国民经济和社会发展规划、城乡规划、土地利用规划、生态环境保护规划等多个规划的相互融合,解决现有的这些规划自成体系、内容冲突、缺乏衔接协调等突出问题。2014 年国家发改委、国土部、环保部和住建部四部委近日联合下发《关于开展市县"多规合一"试点工作的通知》,提出在全国 28 个市县开展"多规合一"试点。这项试点要求按照资源环境承载能力,合理规划引导城市人口、产业、城镇、公共服务、基础设施、生态环境和社会管理等方面的发展方向与布局重点,探索整合相关规划的控制管制分区,划定城市开发边界、永久基本农田红线和生态保护红线,形成合力的城镇、农业和生态空间布局,探索完善经济社会、资源环境和控制管控措施。

4. 规划 4.0：基础设施 + 环境规划

鉴于国家的转型发展和新消费时代的到来,国家规划也将在"生产—消费—基础设施"环节中发挥至关重要的作用。规划作为"公共政策"工具,也将依循为建设、生产、消费和流通的转型嬗变。可以预计,未来的规划将逐步从现在的空间协调转向基础设施布局和建设美丽中国的环境规划。

1.4.4　走向定量规划

在西方,规划理论的流变与社会变迁息息相关(戴伯芬,2006)。如前所述,现代规划体系是战后特定历史时代的制度安排。在 20 世纪 60 年代,人文社会科学的计量革命以及城市与区域问题的复杂性,艾萨德《区位和空间经济：关于工业区位、市场区、土地利用、贸易和城市结构的一般理论》(Isard,1956)、"区域间线性规划模型 I"(Isard,1958)的工作推动了系统的规划[①]和理性规划的发展(Cullingworth,1999;戴伯芬,2006),1958 年芝加哥和 1962 年伦敦都开展了大都市交通模型研究(Ridley and Tressider,1970),哈格特(Peter Haggett)和乔利(Ronald Chorley)关于区位分析(Haggett,1965)、网络分析(Haggett and Chorley,1969)还形成了剑桥学派(The Cambridge School),到 1969—1971 年间英国关于次区域(Sub-region)研究也做得有声有色(Wilson,1969;Peaker,1976)。20 世纪 60 年代,对英美为代表的西方规划来说,打破学科界线引入空间经济理论与语汇,采用计量和系统分析方法以及交通运输

---

① 一般系统论源起美籍奥地利理论生物学家贝塔朗菲(Ludwig von Bertalanffy)。系统的规划理念最早可以追溯到 20 世纪 60 年代英国的麦克劳林和查德威克的工作(这个也是作者在书里面说的),后来法卢迪(Faludi)做了进一步发展。从传承上来说理性规划是在英国,美国是实用主义规划发祥地。詹姆斯·查德威克(James Chadwick),(1891 年 10 月 20 日—1974 年 7 月 24 日),英国物理学家;1935 年因发现中子获诺贝尔物理学奖。第二次世界大战中,曾到美国从事核武器研究。

模型等工具，建构区域科学等弥补传统规划的不足，可以说进入到推崇专家技术规划的黄金时代，一大批规划师倾向于选择大胆而令人兴奋的思想来实现他们宏大规模的规划实践，费城规划院长埃德蒙 N. 培根（Edmund N. Bacon）以"城市更新，重建美国城市"（Urban Renewal, Remaking the American City）登上了《时代》杂志的封面。然而，非常不幸的是，这些新思想与新方法对规划和规划师的过度冲击，即使在公认的规划最灿烂辉煌的时刻，也不得不正视它们的失败。进入 20 世纪 70 年代，亚非拉民族解放运动和西方发达国家的民主社会运动，推动了新马克思主义城市理论和激进主义规划的崛起。到 80 年代，信息技术大发展，推进了新媒体与大众文化的流行，后现代主义思潮应运而生，规划在经历 70 年代的理性和科学规划论战、80 年代新左派（新马克思主义）与新右派（自由主义）的交锋，后现代主义规划横空出世，强调自由浮动的表达和多样性话语，最终宣告了规划的科学和理性时代终结（Harrison，2008）。概括这一时期规划理论发展，主要是人文社会科学理论的融合，主要包括：激进主义规划（批判理论与马克思主义）、新自由主义规划、实用主义规划、倡导性规划、女性主义规划、后现代主义规划、后政治规划、后结构主义与新规划空间、协作规划的方法以及后殖民主义规划理念等。

中国城市建设的历史悠久，6000 年的城市文明具有特有的东方城市规划和建设的理论和方法。19 世纪西方工业革命的成功和城镇化问题催生了现代城市规划学科的建设和发展，中国三次工业化过程的失败和低水平的城镇化状态，关于城市规划和建设的中国城市规划的话语渐渐丧失，中国的现代城市规划就是在各种西方规划思潮的冲击下慢慢形成的。中华人民共和国成立不久，苏联援助 156 项工程，从能源、汽车、重化工、机械加工到医疗和高等教育体系，开启第三次现代化和第四次工业化浪潮，而且取得巨大的成功，从而也在苏联专家的指导和帮助下重新建立中国自己的城市规划体系。城市规划，被看作是国民经济计划的空间落实，全盘接受了苏联社会主义城市规划的理论和方法，强调规划是对国民经济计划所确定的具体建设任务进行空间布局和建设安排（孙施文，2019），对规划理论的探索进展不多。1958—1961 年"过度城镇化"迫使采取"调整、巩固、加强和改善"政策，陆续撤销了 52 个城市，动员了近 3000 万城镇人口返回农村，建立了中国城乡分离的户籍制度以阻断农村人口向城市的迁移和流动，结果导致中国的城镇化和工业化进程戛然而止，中国的现代城市规划陷入第一次危机，"三年不做规划"，规划机构被解散和规划管理部门被合并。改革开放以后，尤其 1990 年以后的中国融入全球化，面对汹涌来临的西方商品、资本、技术、文化的输入，中国的城市规划一开始只能是"慌不择路"，后来是向国外学习，在建设规划范式的基础上分别吸收了发展规划、规制规划的内容形成了独具特色的中国城市规划体系（孙施文，2019）。但是，高速的经济增长，越来越严重的资源—环境—生态胁迫，缺乏清晰的政府部门之间的事权划分，城镇化进入高速发展时期自身产生的问题，城镇数量翻了两番，全国县及县以上的新城新区数量达到3500多个，侵占农田耕地达到亿亩，建设了一些"空城"和"鬼城"，大城市的交通、住房、环境、公平等问题大量出现，对中国城市规划的质疑导致中国现代城市规划陷入第二次危机。

为什么中国现代规划的发展历程不如国外路途平坦？为什么中国现代规划制度始终处在变革途中而且没有尽头？适合中国国情的规划理论和方法缺失是最主要的原因。本书试图从定量规划的视角给出一个答案。

第 2 章

城市与区域定量研究进展

顾朝林　张　悦　翟　炜　管卫华　李　强　赵　娜　刘　晨

中国城镇化正在进入加速发展时期。关于中国城镇化的过程、最终状态、驱动因子越来越得到人们的关注。但相关研究大多基于定性的分析，缺乏理性研究和深入的定量研究。本章试图就世界各国的城镇化研究中的定量研究进行综述，揭示城市与区域定量研究的进展，为国家规划的定量研究提供科学依据。

2.1　数理模型和模拟方法

数学模型在城市和区域规划领域的应用，可追溯至 20 世纪中叶。当时运用的模型以数理统计模型为主，例如简单的统计模型等（张伟等，2000）。关于城镇化过程的研究，定量分析方法大致分为时间序列回归分析和逻辑斯蒂方程（Logistic Function）。

2.1.1　早期的定量分析

从劳利模型（Lowry，1964）建立以来，城市和区域规划研究开始注重数学模型的应用，并且模型构建以演绎为主（张伟等，2000），而计算机的迅速发展也使得模型的应用更加广泛。1980 年前后城市与区域规划模型的方法趋于完善，除去概率论和数理统计模型，其他方法如运筹学、数学物理、模糊数学等方法也在城市与区域规划分析中广泛应用，其中区域人口分布、产业结构演化、市政和基础设施配置、城镇空间相互作用、交通方式和交通网络、城市增长过程模拟等成为国外城市和区域定量研究的新亮点（Zeleny，1980；Batten，1982；Allen et al.，1984；Pumain et al.，1986）。

2.1.2　时间序列回归分析

进入专门的城市和城镇化定量研究，主要采用时间序列回归分析和 Logistic 方程两种方法。国内外早期的城镇化研究，尤其城镇化水平预测主要采取时间序列预测法，依靠历史资料的时间数列进行趋势外推研究，常用于时间序列预测的方法有算术平均法、加权序时平均法、移动平均法、加权移动平均法、趋势预测法、指数平滑法等（Wilson，1974）。在中国，许学强等（1986）在研究城镇化的省际差异时进行了城镇化水平的时间序列分析；简新华等（2010）通过定性分析和时间序列预测法，预测 2020年中国的城镇化率将达到 60% 左右。此外，还有学者利用 MGM–Markov 模型（石留杰等，2010）、GM（1，1）模型（白先春等，2006）、ARIMA（陈夫凯等，2014）、灰色 Verhulst 模型（曹飞，2014）、神经网络模型（丁刚，2008）等进行中国城镇化水平预测。刘青等（2013）则在指数平滑、灰色预测与回归预测 3 种方法基础上，建立了 IOWHA 算子组合预测模型。

2.1.3　逻辑斯蒂方程

逻辑斯蒂方程属于多变量分析，是社会学、生物统计学等统计实证分析的常用方法[①]。1975 年美国城市地理学家诺瑟姆采用逻辑斯蒂方程进行发达国家的城镇化水平回归分析，发现城镇化水平满足逻辑斯蒂方程并提出了"诺瑟姆曲线"，即：城镇化进程呈现一条被拉平的倒 S 形曲线（Northam，1975）。在中国，顾朝林较早采用逻辑斯蒂曲线模型进行中国城镇化研究（顾朝林，1992），采用 1949—1985 年全国城镇人口数据，获得中国城镇人口的逻辑斯蒂回归方程：

$$P_1 = 75000/\left(1 + e^{96.15915 - 0.048107t}\right) \tag{2-1}$$

$$P_2 = 115000/\left(1 + e^{96.15915 - 0.048107t}\right) \tag{2-2}$$

逻辑斯蒂回归模型的相关系数 $R = -0.94545223$。曾经预测 2010 年城镇化水平达到 61%、2030 年 65%、2040 年 69% 和 2050 年 73%（表 2-1）。

表 2-1　早期的中国城镇化水平预测

年份	全国人口 / 万人	市镇人口 / 万人	城镇化水平 /%
2020	137940	84452.4	61.24
2030	143680	93986.2	65.41
2040	146110	101036.6	69.15

---

① 逻辑斯蒂方程，即常微分方程：$dN/dt = rN\left(K-N\right)/K$。式中：$N$ 为种群个体总数，t 为时间，r 为种群增长潜力指数，K 为环境最大容纳量。诺瑟姆把城镇化进程分为三个阶段：（1）城镇化起步阶段。城镇化水平较低，发展速度也较慢，农业占据主导地位。（2）城镇化加速阶段。当城镇化水平超过 30% 时，人口向城市迅速聚集，进入了快速提升阶段。（3）城镇化成熟阶段。当城镇化水平进入 70% 时，城镇化增长率呈现缓慢下降阶段，并渐渐逼近最大容纳量。

年份	全国人口 / 万人	市镇人口 / 万人	城镇化水平 /%
2050	144970	105949.2	73.08

资料来源：全国人口采自世界银行 1984 年预测方案（B）（顾朝林，1992）；市镇人口预测来自顾朝林（1992）（348~350 页）。

然而，饶会林（1999）利用诺瑟姆曲线实证分析了 1949 年以来中国的城镇化进程，认为中国城镇化进程并不符合标准的 S 形曲线规律。2000 年以来，逻辑斯蒂回归模型的研究重新开展起来。李文溥等（2002）、屈晓杰等（2005）、陈彦光等（2006）等假定标准的 S 形曲线中城乡之间人口增长率差距始终保持不变，借助 Logistic 模型的理论分析和城市系统指数模型的特征尺度修正和完善了诺瑟姆曲线。方创琳等（2008）、王建军等（2009）的研究进一步肯定中国城镇化过程可以用诺瑟姆曲线描述。方创琳等（2009）用 Logistic 曲线模型预测到 2020 年中国城镇化水平为 54.45%，2030 年的城镇化水平为 61.63%，2050 年城镇化水平将达到 70%。陈彦光（2011）基于 Logistic 函数发展了第三种模型，这 3 种函数分别刻画单对数关系、双对数关系和分对数关系，各有不同的建模条件和适用范围，反映的动力学特征也不一样。陈明星等（2011）发现诺瑟姆曲线中的加速阶段实际包含了加速和减速的两个子阶段（Chen，Ye，Zhou，2014），马晓河等（2011）以中国 1978—2008 年城镇化发展变化的历史数据为基础，利用 Logistic 曲线预测到 2030 年中国城镇化水平将达到 65.69%。曹飞（2012）运用结构突变理论和 Logistic 模型结合预测到 2030 年中国城镇化水平将达到 70% 左右。

2.2 数量经济模型研究

值得指出的是，无论 CA 类模型、MAS 类模型还是相关的城市动力学模拟，仍然只是对某个城市或区域进行模拟，仍然缺乏可靠的经济学理论基础，以致陷入"规则"困境和"行为"困境，从而影响了模型对真实的城市增长复杂性的解释能力。数量经济模型弥补了这些缺陷。

2.2.1 可计算一般均衡模型

约翰森(Johansen，1960)运用经济学一般均衡理论建立可计算一般均衡(Computable General Equilibrium，CGE)模型，并作为政策分析的有力工具。经过 50 多年的发展，已在世界上得到了广泛的应用，并逐渐发展成为应用经济学的一个分支。CGE 模型分析的基本经济单元是生产者、消费者、政府和外国经济。在此基础上，通过 CGE 模型实现市场均衡及预算均衡：

（1）产品市场均衡。产品均衡不仅要求在数量上，而且要求在价值上。

（2）要素市场均衡。主要是劳动力市场均衡，假定劳动力无条件迁移，不存在迁移的制度障碍。

（3）资本市场均衡。使投资＝储蓄。

（4）政府预算均衡。政府收入—政府开支＝预算赤字。

（5）居民收支平衡。居民收入的来源是工资及存款利息。居民收支平衡意味着：

$$居民收入—支出＝节余。$$

（6）国际市场均衡。外贸出超 CGE 中表现为外国资本流入，外贸入超表现为本国资本流出。

2.2.2　宏观经济模型

经济增长与城镇化水平存在相关性，这已经被许多学者证明，据此城镇化研究也构建了宏观经济模型。根据城镇化水平与经济增长存在相关性，诺瑟姆（Northam，1975）最早采取线性关系建立经济计量模型进行城镇化水平预测。在中国，周一星（1982）采取对数模型进行回归分析，张颖等（2003）采用双曲线函数进行回归分析，这些为中国城镇化与经济增长关系进行了开拓性的研究。陈明星等（2009）采用全球尺度象限图的分类方法进行城镇化与经济发展水平关系研究，也发现二者呈对数模型关系，并基于世界不同国家在 1980—2011 年间的城镇化与经济发展数据，进行了城镇化与经济发展的互动关系研究。陈明等（2013）通过中国与其他国家的人均 GDP 与城镇化水平之间关系分析预测，2020 年中国城镇化水平可以达到 59%～60%，2030 年则可以达到 68%～70%。后来的研究明确提出没有证据表明城镇化速度与经济增长速度之间存在相关性（Chen et al.，2014），并定量分析了 1960—2010 年间的中国城镇化演化过程，从世界格局来看，总体上我国城镇化与经济发展水平基本协调，但是近年来城镇化呈现冒进态势（Chen et al.，2013）。中国特色新型城镇化发展战略研究课题组（徐匡迪等，2013）通过对农业劳动力向非农产业转移数量，以及对全国新出生人口和新进入劳动年龄的农村人口数量分析，测算出 2020 年我国城镇化水平将达到 60%，2033 年将达到 65%。高春亮等（2013）将曲线拟合法、经济模型法和城乡人口比增长率法结合进行城镇化水平的预测，预计到 2030 年中国城镇化水平达到 68.38%，到 2050 年达到 81.63%。

2.2.3　空间一般均衡模型

在中国，薛领等（2003）尝试将 CGE 模型引入城市研究领域，构建了空间一般均衡模型（Spatial Computable General Equilibrium，SCGE），并通过 SCGE 将各城市的模拟模型连接成"城市群系统"进行研究；沈体雁（2006）则通过有效集成 CGE 模型、GIS 空间分析和网格动力学模型，开发出多区域可计算一般均衡模型系统，并试图建立多维度、多尺度、可运行的中国城市体系模拟模型框架；李娜等（2010）基于 CGE 模型模拟认为，如果各地区实施同一碳税政策，对区域经济的影响存在着区域差异，尤其能源富集地区、欠发达地区的经济损失较大，对发达地区则产生正面影响；解伟（2012）等以 2008 年南方雨雪冰冻灾害为例，基于 CGE 模型评估了交通中断对湖南省的间接经济影响；赵晶等（2013）构建了黑龙江省的区域静态 CGE 模型，对近几年供水投资实际增长规模设计了 3 种投资方案。

2.3 元胞自动机与智能体模型

城市研究工作者最初依据城市发展的规律，采用数学或物理学方法建立城市与区域模型。城市模型在计算机技术的支持下，成功地应用于城市和城镇化研究，其中元胞自动机（CA）模型和智能体（Agent）模型最具代表性。

2.3.1 基于自组织的分形城市模型

在 20 世纪年代，国内外相关研究开始运用自组织与协同理论的系统方法和建模思路，开展了人口分布、产业演化、设施分布、空间模式交通行为与城市模拟等研究（Zeleny，1980；Batten，1982；Allen et al.，1984；Pumain，1986）。人工智能科学（AI）的发展也进一步推动了复杂系统理论应用于城乡地理空间的研究（陈彦光，2003），诸如耗散结构城市、协同城市、分形城市、网络城市等原型城市模型等，有效提升了城乡社会系统协同研究的理论层次。

2.3.2 元胞自动机模型

尽管在 20 世纪 40 年代末美国数学家斯塔尼斯拉夫·乌拉姆（Ulam，1961）和约翰·冯·诺依曼（Neumann，1944）就发明了元胞自动机（Cellular Automata，CA）概念，并利用 CA 模拟了复杂动态系统，20 世纪 60 年代末英国数学家约翰·H.康威采用 CA 模型设计了著名的生命游戏（the "Game of Life"），但直到 20 世纪 70 年代美国的 Tobler（1979）才将 CA 模型用于模拟底特律城市发展。20 世纪 80 年代以后，由于 3S 技术和互联网、计算机技术的飞速发展，城市与区域模型的研究在原有区域科学和规划理论的基础上进入了模型分析的新时代，城市与区域模型也从确定性模型转向随机性模型，从静态模型转向动态模型（张伟等，2000）。

为了更加深入地揭示城市增长的空间动力机制和复杂性，不仅需要探讨城市系统各个竖向变量之间的相互作用，而且也要剖析城市内部横向地理空间单元之间的相互作用关系。在国外，基于栅格的地理信息处理技术和编程技术相结合，发展出元胞自动机（CA）分析方法。Couclelis（1988）应用 CA 模型研究了啮齿类动物种群复杂的空间动态过程，并将其研究成果应用到大都市的宏观结构和微观行为研究；Phipps（1992）将 CA 模型应用于人口、城镇和生态系统并探索从地方到全球尺度的复杂结构。

到 20 世纪 90 年代, Batty 等（1994）应用 CA 原理发表了著名的"从细胞到城市"一文，正式开启了 CA 城市模型的研究；White 等运用 CA 模型分析城市土地利用分形形态的演化过程（White et al., 1993），并应用约束型 CA 模型进行城市土地利用动态高分辨率建模研究（White et al., 1997），发展了基于空间参考的城市动态分析和可视化工具，并进行了大量的城市增长计算机模拟案例研究（图 2-1）。

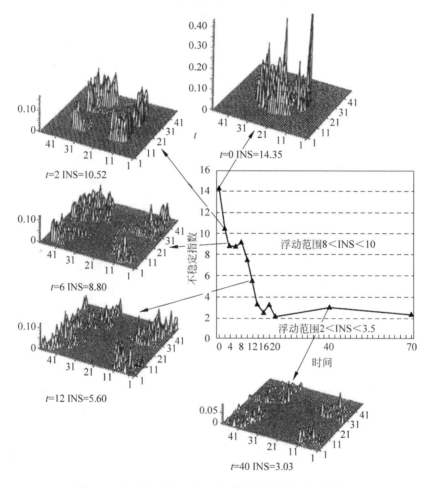

图 2-1　元胞自动机（CA）城市时空模型研究案例

到 20 世纪 90 年代中期，CA 模型迅速成为城市增长模拟的主流模型（Batty，1994），已经有许多研究集中在城市规划领域（Itami，1994；White et al.，1997；Sui and Zeng，2001；Chen et al.，2002；Xian and Crane，2005）。Wu 等将 CA 模型、GIS 和层次分析法结合模拟城市建成区用地演变过程（Wu，1998；Wu et al.，1998）；Li 等（2000）则将 CA 模型与 GIS 相结合构建了可持续城市发展模型。许多文献认为，CA 模型基于自组织原理将城市看作复杂系统，可以避免许多传统研究方法的缺陷（Clarke et al.，1997），许多学者的研究工作也已经证明 CA 模型在评估城市发展时具有重要价值（Wagner，1997；Batty et al.，1999；Li and Yeh，2000；Wu，2002）。进入 21 世纪，Portugali（2000）运用自组织和协同原理，系统阐述了自组织城市的概念，提出基于元胞空间自由智能体框架的 FACS 模型；Batty（2005）结合地理信息系统的建模方法，主张运用分形城市、元胞自动机和智能体等科学范式，理解混沌边缘等城市现象的动态性、渐进性与复杂性，采用自下而上可视化的多情景分析，模拟城市空间增殖的模式和状态。此外，还有一些研究集中在城市规划（Itami，1994）和工程遥感（Chen et al.，2002）领域，有些研究证明了 CA 模型在评估城市发展中具有重要价值（Wagner，1997；Batty et al.，1999；Wu，2002）。

在中国，周成虎等（1999）出版了专著《地理元胞自动机研究》；黎夏和叶嘉安等（1999，2001，2002）分别探索了约束性单元自动演化 CA 模型、神经网络的单元自动机 CA 模型以及主成分分析与 CA 模型结合，进行城市空间模拟和优化；张显峰等（2000）探索了 GIS 和 CA 模型的时空建模方法；陈彦光等（2000）进行了 CA 与城市系统的空间复杂性模拟研究；杜宁睿等（2001）进行了 CA 在城市时空演化过程中的模拟研究。此外，还有何春阳等（2002）用 CA 模型进行城市空间动态研究，武晓波等（2002）将 CA 模型用于海口城市发展模拟，王红等（2002）将 CA 模型应用于南京城市演化预测研究等，CA 模型方法在中国城市扩展模拟研究中已得到广泛应用。此外，利用 CA 模型可以更注重监测和模拟时空变化，张新生等（1997）、赵文杰等（2003）等学者都引入 CA 方法进行了中国城市扩展模拟研究。然而，由于城市系统的复杂性和 CA 模型更注重空间模拟时空变化，对城市发展演化的自然、社会、经济、基础设施等驱动因素解释不够，导致 CA 模型应用研究的深度和广度受到影响。

2.3.3 智能体模型

自从 20 世纪 50 年代人工智能创始人麦卡锡提出智能体思想以来，智能体理论与方法取得了很大进展，并被应用到许多领域。所谓智能体，是一个运行于动态环境的具有自治能力的主体，可以是个人、企业、计算机系统或者程序，其根本特性是具有智能性和社会交互性，为复杂系统的模型化研究奠定了科学基础（Glansdorff and Prigogine，1971）。由于智能体具有智能性和社会交互性，可作为复杂系统的模型化研究基础（Glansdorff et al.，1971）。虽然 Agent 的定义至今还存在争议，但该领域的研究仍然层出不穷（Wooldridge et al.，1995）。在不断地研究探索过程中，Franklin 等（1996）、Epstein（1999）、Torrens（2004）、Macal 等（2005）逐步对此概念进行诠释。Brown 等（2004）采用智能体分析模型对城市绿带的使用效率进行了模拟及评估；Crooks（2006）将智能体模型和 GIS 结合进行城市研究。在国内，关于单一智能体模型在城市研究的应用主要有：应申（2011）将视域引入智能体研究，通过 Agent 个体在微观城市空间的行为模拟，分析城市人流运动与城市布局之间的关系；梁育填等（2013）以广东省为研

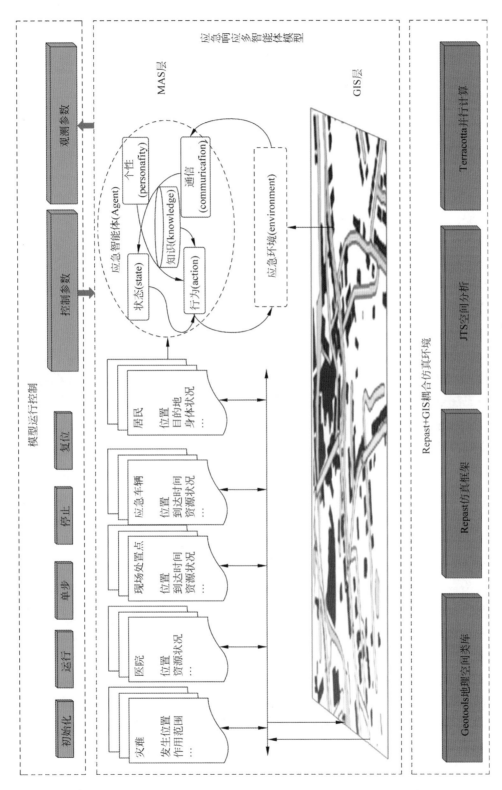

图 2-2　多智能体系统模型案例

究区域，模拟珠三角地区企业向广东省东西两翼和粤北山区迁移的产业空间变化格局；肖琳等（2014）基于 Agent 模型，构建城市扩张占用耕地模型，探索了政府、居民和农民不同主体采取的决策行为。

2.3.4 多智能体系统模型

由于突破了传统人工智能研究单纯注重个体智能而忽视集体智能的局限性，多智能体系统（Multi-agent System，MAS）也成为复杂系统研究的新工具（Wooldridge and Jennings，1995；项后军，周昌乐，2001）。相关的城市与区域研究，也从单一智能体模型向多智能体模型系统转变（项后军等，2001）。多智能体的优势不仅在于能呈现全局产生的动态过程，还可研究空间格局内在机制，从而弥补 CA 模型关于空间演化动力机制解释的不足。在国外，美国圣塔菲研究所（Santa Fe，SFI）开发了基于多智能体的模拟软件系统 SWARM，该模型系统是一个高效、可信和可重复的模拟平台。基于 SWARM 平台，英国伦敦大学的先进空间分析中心（CASA）和英国 Macaulay 大学的土地利用研究所分别开发了城市土地利用模拟模型。Batty 等（2003）应用多智能体模型模拟人群的拥挤现象。在国内，薛领等（2003）在 SWARM 模型系统中运用多智能体建模方法，研究城市中居民、企业个体的空间结构变化过程；沈体雁和吴波等（2006）也基于 SWARM 平台开发了空间经济学模型，夏冰等（2002）基于多智能体模型进行城市交通诱导系统可视化模拟研究。李强、顾朝林（2015）提出了一种基于多智能体系统和地理信息系统的城市公共安全应急响应动态地理模拟模型，对城市公共安全应急响应复杂动态地理过程进行模拟和仿真再现，从而为应急决策者认识突发事件的复杂过程并进行科学快速应急决策提供技术平台（图 2-2）。

2.4 动力学模型和模拟研究

系统动力学（System Dynamics，SD）采用定性和定量相结合的方式来解决实际问题（王其藩，1994）。Forrester（1969，1970）通过将时间变量引入静态规划方法从而提出了城市系统动力学，构建了城市系统动力学模型，并率先开发了基于计算机的城市动态模拟工具，为城市增长的计算机模拟奠定了基础。Forrester 公司最早进行了自然资源、技术和经济部门之间的相互作用研究（Meadows et al.，1972；Georgiadis et al.，2008）。20 世纪 70 年代，Forrester 公司与罗马俱乐部一起出版《世界动力学》（*World Dynamics*）（Forrester，1971）和《增长的极限》（*The Limits to Growth*）（Meadows et al.，1972）。此后，系统动力学的研究蓬勃发展，被广泛应用到自然科学、社会科学和工程领域。在中国，左其亭、陈咯（2001）最早介绍社会经济—生态环境耦合系统动力学模型，提出为实现生态环境优化调控与科学管理，促进社会经济与生态环境的协调发展，从社会经济系统、生态环境系统以及二者的相互联系定量研究入手，建立经济系统与生态环境系统相耦合的动力学模型，并给出了此模型的一般表达式和耦合计算方法。由于系统动力学具有定性与定量分析相结合，避免主观臆断，变单纯的静态为动态模拟（贾仁安等，2002），同时其模型非固定结构，方程形式灵活，可以有多种组合方式等优点（何红波等，2006），能够有效进行系统的动力研究，有助于进行多方案比较分析。在城市与区域研究中，也广泛应用系统动力学模型。

2.4.1　城市单要素研究

在国外，Frederickd 等（2010）认识到经济发展和城镇化给交通系统带来的挑战，如加纳首都阿克拉构建了交通拥堵和空气污染大部分的驱动程序和因果关系，提出交通拥挤和环境健康风险等负外部性及其机制。Arjun（2011）运用系统动力学模型进行拉斯维加斯谷地城市增长与水质量平衡的影响研究。Guan（2011）为了明确地了解经济快速发展带来的环境问题以及各种影响因素在时间和空间之间的协同互动和反馈，在 SD 模型扩展 GIS 的空间分析功能，实现了动态模拟和趋势预测 ERE 系统的开发，该研究提出了动态组合方法 SD–GIS 模型评价重庆市受资源枯竭和环境退化的影响。Qiu（2015）针对北京物流需求在复杂系统背景下运用 SD 模型进行模拟研究。

在国内，周伟等依据城镇化—工业化—二氧化碳排放关系构建城镇化与二氧化碳排放的系统动力学模型，根据中国的产业结构和各行业能源消耗，模拟不同能源消费结构中的二氧化碳排放量（Zhou et al.，2009）。冯等通过 STELLA 平台开发的系统动力学模型进行北京市 2005—2030 年能源消耗和二氧化碳排放量趋势模拟，结果表明，服务业将逐步取代工业成为最大的能源消耗部门，其次是工业和运输部门。童等（Tong and Dou，2014）通过分析安全投资与影响要素的因果关系，采用 SD 模型开发了一套仿真系统，辅助投资安全分级和决策（Feng et al.，2013）。Dace（2015）基于 IPCC 指南采用系统动力学模型，以拉脱维亚为例，从土地管理、畜禽养殖、土壤肥力和作物产量以及元素之间的反馈机制，进行农业温室气体排放量模拟，通过改变某些参数的数值，该模型可以应用于其他国家的决策和措施分析。应等（Ying and Shi，2015）开发了一个系统动力学模型，用于模拟北京大都市的动态物流需求。

2.4.2　城市系统和土地扩张研究

许多研究都报告了系统动力学应用于土地利用变化中的驱动力分析和检验可持续城市发展政策影响（Wolstenholme，1983；Mohapatra et al.，1994；Guo et al.，2001；Liu et al.，2007；Chang et al.，2008）。张荣（2005）把城市可持续发展系统分为人口、经济、资源、环境、社会发展、科技教育 6 个系统，按经济发展是前提和基础，节约资源、保护环境、控制人口是关键，社会发展是目标条件，科技进步和教育是动力，构建城市可持续发展系统动力学模型框架，并以郑州市为例进行了方案优选。何春阳等（2005）综合自上而下的系统动力学模型和自下而上的元胞自动机模型，开发了土地利用情景变化动力学（Land Use Scenarios Dynamics，LUSD）模型，利用该模型对中国北方13省未来20年土地利用变化的情景模拟，结果表明农牧交错地区是中国北方未来20年土地利用变化比较明显的地区，而耕地和城镇用地则是该区域内变化最为显著的两种用地类型。He（2006）等应用相同的模型，采用1991—2004年的数据进行了北京空间扩展研究，并对2004—2020年进行了可持续发展预测，研究结果表明，北京城市扩张与有限的水资源和环境恶化形成两难境地。沈等（Shen et al.，2007）提出 forretter 城市动力学和 CA 结合城市增长管理的时空动态模型，模拟了北京大都会区城市增长。然而，在城市发展的空间格局变化研究中，一些影响城市扩展的空间变量在建模时往往被忽视。

2.4.3　城镇化与生态环境耦合研究

近年来，城镇化与生态环境胁迫研究成为热点。博科曼等（Bockermann et al.，2005）采用计量经济学和系统动力学方法建模进行可持续性研究。宋学锋、刘耀彬（2006）根据城镇化与生态环境耦合内涵，建立了江苏省城镇化与生态环境系统动力学模型，其中包括人口、经济、生态环境和城镇化等4个大的子系统，进一步细分为：总人口、第一产业产出、第二产业产出、第三产业产出、废气储量、废水储量、固体废物储量、耕地面积、人口城镇化水平、城镇住房面积、城镇建成区面积、科技水平、教育水平、医疗水平等14个模块。Zhou（2009）依据城镇化—工业化—二氧化碳排放关系构建城镇化与二氧化碳排放的系统动力学模型，根据中国的产业结构和各行业考虑能源消耗，模拟不同能源消费结构中的二氧化碳排放量。金等（Jin et al，2009）试图将系统动力学方法整合到经济预测中，开发了动态经济预测平台，为城市可持续发展的改善提供决策支持。蔡林（2009）提出了系统动力学绿色 GDP 核算方法，利用人口、资本、生态环境和经济核算4大子模块，将复杂的绿色 GDP 核算内容，统一在一个动态的、预测型的、具有反馈特征的模型之中，为经济增长方式的调整提供了充分的信息和调节手段。佟贺丰等（2010）在构建包括经济、社会、环境三个子系统的北京市系统动力学模型的基础上，阐明了各子系统间的反馈与影响关系，并用数学公式将其表达在模型中，对北京市2020年的相关发展情景进行了模拟和情景分析。Feng（2013）通过 STELLA 平台开发的系统动力学模型进行北京市2005—2030年能源消耗和二氧化碳排放量趋势模拟，结果表明，服务业将逐步取代工业的主导地位，成为最大的能源消耗部门，其次是工业和运输部门。李海燕、陈晓红（2014）采用系统动力学方法，结合黑龙江省东部煤电化基地建设的特点，构建了区域城镇化与生态环境相互耦合系统脆弱性与协调性发展系统动力学模型，发现通过对城镇化进程中的社会、空间、资源、经济与生态环境等各子系统的变量进行合理控制可以实现城市可持续发展。王少剑等（2015）构建了城镇化和生态环境系统综合评价指标体系，然后借助物理学耦合模型，构建了城镇化与生态环境动态耦合协调度模型，定量分析了 1980—2011 年京津冀地区城镇化与生态环境的耦合过程与演进趋势。王等（Wang et al.，2014）从交互胁迫理论视角，通过使用交互胁迫模型（ICM）进行城镇化与生态环境系统研究，提出了一种新的城镇化和生态环境综合评价指标体系。他们通过京津冀地区实证研究发现：双指数曲线的城镇化与生态环境是倒 U 形曲线，S 形曲线演变成初级共生期和和谐发展期，表明快速城镇化对环境已经造成巨大的压力。Dace（2015）基于 IPCC 指南采用系统动力学模型，以拉脱维亚为例，从土地管理、畜禽养殖、土壤肥力和作物产量以及元素之间的反馈机制，进行农业温室气体排放量模拟，通过改变某些参数的数值，该模型可以应用于其他国家的决策和措施分析。

2.4.4　复杂大系统的动力学模型研究

Tian（2014）利用结构方程模型（SEM）探索土地覆盖变化或 LCC、经济、人口的城市土地扩展、土地利用政策和社会经济变化对城市景观动态变化的影响，研究采用深圳经济特区数据进行了四个时期（1973—1979 年，1995—1995 年，2003—1979 年，2003—2009 年）的分析，表明经济比人口、LCC 驱动发挥更重要的作用，而且第二、第三产业的影响比第一产业更强，流动人口比户籍居民的影响更大。Haghshenas 等（2015）选取 9 个可持续交通指标，3 个环境、经济和社会指标，建立了系统动力学模型，进行伊斯法罕历史城市可持续交通研究，实现出行生成、模式共享、供应与需求之间的交通供需平衡，模型结果反映交通网络的发展是伊斯法罕可持续发展的最重要政策。

2.5　多模型复合 / 集成系统研究

2.5.1　CA+SD 复合模型系统

西奥博尔德和格罗斯（Theobald and Gross，1994）将 GIS、CA 和 SD 模型结合起来进行景观的时空动力学分析。吴和韦伯斯特（Wu and Webster，1998）通过 CA 模型与多准则计量经济模型（A Multi-Criteria Econometric Model）的链接模拟城市土地空间变化。怀特和恩格伦（White and Engelen，2000）通过高分辨率集成 CA 模型和区域发展模型进行城市发展研究。沈（Shen et al.，2007）将 Forretter 的城市动力学模型和 CA 模型集合起来（图 2-3），提出了一种用于城市增长模拟的空间建模环境。韩等（Han et al.，2009）以上海为例提出了一个集成的系统动力学和元胞自动机模型用于快速城镇化背景下准确评估城市增长，研究认为在 2000—2020 年间，上海市区预计每年以 3% 的速度增长，到 2020 年建成区将达到 1474km²。在空间上，新增加的城市土地最有可能分布在城市中心或分中心附近，并主要沿东西轴线和南北轴展开，其中公路网规划对指导新城镇化土地的开发起着重要的作用。

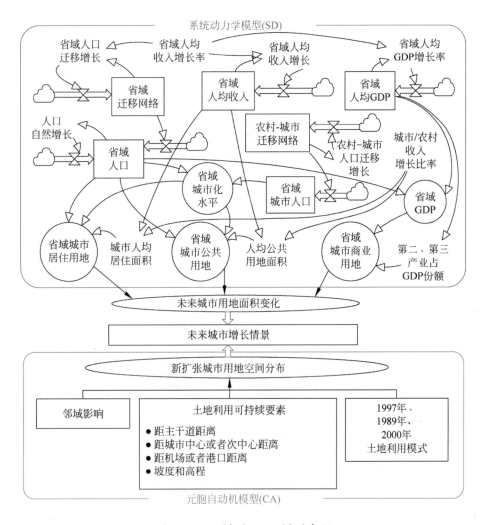

图 2-3　SD 模型 +CA 模型案例

2.5.2　SD+GIS 集成模型系统

最近，一些研究开始将 SD 模型与 3S（RS, GPS, GIS）技术结合在一起（图 2-4），开发出动态、可视、数据不断更新的计算机系统（A Dynamic, Visible, Updating and Computer–Transforming System）（Cai, 2008）。Xu 和 Coors（2012）基于 DPSIR（驱动力、合并的压力、状态、影响和响应）框架和层次分析法（AHP）以及系统动力学仿真模型，构建一个系统化的可持续发展模型，以德国南部德国巴登符腾堡州及其普林尼根区为例，通过 SD 模型和三维可视化系统的地理信息系统集成（GISSD 系统）在 CityEngine 环境下进行三维可视化显示，解释了住宅发展的可持续性指标作用和变化，为城市居住区的可持续发展提供决策支持。

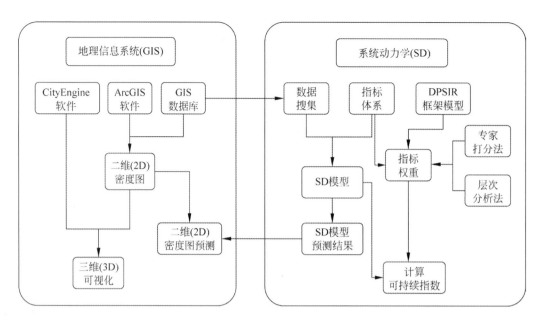

图 2-4　SD 模型 +GIS 案例

综合上述各类模型和方法，可以看出，简单线性回归法简便易行，但缺乏严密的数理逻辑分析基础；时间序列分析方法如自回归移动平均（ARMA）模型和灰色系统（GM）模型均比较适用于短期预测，而不适合中长期预测，因而对于变化趋势固定的时间序列模型不适合于人口城镇化水平的中长期预测（宋丽敏，2007；陈夫凯等，2014；曹飞，2013；黄长军等，2012）。Logistic 模型是模拟城镇化过程曲线的较佳方程，但适用于长时段研究，有时因缺乏对各阶段临界指标的严密分析（更多的是基于经验的假设判断），往往在使用中造成误解（陈明等，2013）。经济计量预测法由于选择影响城镇化水平的经济因素受数据可得性限制，实际进入回归方程的因素偏少，而且利用经济计量方法往往不能直接得到预测值，还需要根据模型中经济因素的发展趋势来估计出城镇化的水平，因而会导致其估计误差被放大（高春亮，2013）。在实际用于预测时，需要依赖时序数据才能建立相应的计量模型，能否科学构建计量模型和采集各项合理参数（能否通过适当的假设检验）成为预测成功与否的关键（丁刚，2008）。对于 CA 模型，除了"规则"的多尺度化、多目标化和"智能化"等需要改进外，还需要与经济模型的集成和与多主体模型的融合才能真正解决实际应用问题（薛领，杨开忠，2002）。尽管多智能体模型代表了人工智能的前沿领域和城市空间增长模拟的发展方向，但由于基于多智能体的城市增长模型在 Agent 空间行为的形式化以及空间智能体的宏观行为与微观行为之间的通信机制等方面仍存在着许多不足。就系统动态学模型看，也存在明显不足：（1）模型多采取宏观变量，不能反映城市的微观特征和个体行为，而微观机制越来越被认为是城市系统复杂性的根源；（2）模型多采取社会、经济变量，但缺失空间变量，难以真正揭示微观主体及其空间格局相互作用，从而引起城市增长的空间演化过程；（3）连续微分方程的求解也是一个问题。

第 3 章　城镇化与生态环境交互胁迫的系统功能模块设计①

田　莉　徐高峰　范晨璟　张　悦　顾朝林　张　阳

　　21 世纪初，随着全球化的不断发展，最早由 Gotmann 于 1961 年提出的新型城市形态"特大城市地区"在全球范围内出现（Hoyler et al.，2008），这种新型城市形态给政策制定者和研究者提出了很大挑战。

　　首先是城市的污染问题，由于历史上的工业活动、繁忙的交通以及城市径流承载的各种人为污染物等影响，包括土壤和地下水在内的城市环境经常受到污染（Hou et al.，2017；2018；Peng et al.，2019）。特大城市地区是一个复杂的系统，包括社会、经济、政治和生态等多个子系统。每个子系统都是不可分割的有机体，其内部相互联系、相互制约，同时受到外部输入的影响。如果一个特大城市地区的任何组成部分发生变化，整个区域的发展都会受到影响。例如，人口增长将对土地和水资源产生巨大影响。

　　其次，由于城市区域人口密度大、人类活动规模大，城市生态系统是脆弱而不稳定的，与自然生态系统相比，城市系统的资源利用效率较低，物质循环是线性的而不是循环的。这也导致大量的物质和能量以废物的形式输出到环境中，产生广泛的环境污染（Zhang et al.，2006）。

　　改革开放以来，中国经历了快速的城镇化和工业化进程，社会经济发展与环境污染之间的深刻冲突日益受到人们的关注。然而伴随经济快速增长的是严重的水资源短缺和空气污染，这两者都引起了国内的广泛关注。为了理解城镇化对生态环境的影响、

---

① 本文原载于：Tian L，Xu G F，Fan C J，Zhang Y，Gu C L，Zhang Y，2019. Analyzing mega city-regions through integrating urbanization and eco-environment systems：A case of the Beijing-Tianjin-Hebei region［J］. International Journal of Environmental Research and Public Health，16（1）：114.

实现可持续发展的目标，建立一个研究社会和生态系统相互作用关系的概念框架变得越来越重要。

3.1 城镇化和全球化及其对生态环境的影响

过去的一个多世纪，世界城市人口从 1900 年的约 2 亿增加到 2014 年的 38.8 亿（UN，2014）。2008 年，全球城市人口首次超过农村人口；截止到 2014 年，全球有超过 54% 的人口生活在城市地区。

由于人类活动会对土地利用产生改变，城镇化在创造了许多以人类为主的景观的同时引起了 24% 的地球表面变化，并对生态系统产生影响（Grimm et al.，2008）。在过去的一百年中，生态系统的变化比人类历史上任何时候都要快（Millennium Ecosystem Assessment［MEA］，2005）。20 世纪 90 年代以前的生态和环境科学研究仅将城镇化进程视为导致生态系统服务退化的原因，认为城镇化对环境造成了消极影响。首先，城镇化减少了生物多样性。在过去的一个世纪里，物种以 1000 倍于历史的速度灭绝（García-Romero et al.，2018）。其次，城镇化加剧污染的集中程度，改变了气候条件。自 1750 年以来，大气中二氧化碳的浓度增加了 32%；其中大约 60% 的增加发生在 1959 年以后，主要由全球快速城镇化阶段生产活动的燃料使用和土地利用变化所致（MEA，2005）。再次，城镇化造成了严重的自然灾害损失。在过去的半个世纪里，洪水和火灾的频率和影响急剧增加。最后，城镇化增加了水文系统的不稳定性（Mahmoud and Gan，2018；Li et al.，2018）。城市建设显著增加了不透水面积，提高了洪水和洪峰流量水平（US EPA，1997），这也导致了沉积物负荷增加、水生 / 河岸生境丧失、河流物理特征变化、基流量减少和河流温度升高等问题，产生了由河流环境污染导致的土壤、地下水和空气污染（Liu et al.，2012；Luo et al.，2018；Duh et al.，2008）。然而，尽管城镇化对生态系统产生了一定负面影响，2000 年以来的一些研究结果表明，城镇化并不总是与环境退化联系在一起。Bettencourt 认为，伴随着经济发展，城镇化也提高了人们的环境意识和保护环境的能力。例如在大城市集聚区，通过新的技术工具和新的制度设计，可以更容易地获得可持续发展的解决方案。实证研究表明，城镇化进程中的经济刺激、人口控制、治理和监管等社会因素可能有助于改善环境（Grossman and Krueger，1995；Stern，2004；Peng，2017）。在发达国家，政府鼓励生产者清理自己的废物或寻求替代生产工艺以减少排放（MEA，2005）；在发展中国家，政府也已有意积极修复环境污染（Song et al.，2018）。环境和经济发展之间的这种复杂关系被称为环境库兹涅茨曲线（EKC）假说：随着现代经济的增长，环境绩效趋于恶化，直到平均收入达到某一临界点（Stern，2004）。尽管库兹涅茨曲线是否存在仍有争议，但实证研究表明，在水污染和空气污染方面，一些环境健康指标确实与经济发展呈现出倒 U 形曲线关系（Tierney，2009）。

21世纪以来，全球化开始在全球范围内对城镇化和生态系统产生巨大影响。这种影响对特大城市地区具有两面性。一方面，全球化促进了市场的合理配置和农村劳动力向城市地区的大规模转移，加快了城镇化进程。同时全球化有助于推广可持续发展和循环经济的理念，推动了全球环境治理（Osburg and Schmidpeter，2013）。此外，全球化带来了创新技术和管理工具的共享，为发展中国家的治理提供了解决方案（Ezcurra，2012）。但另一方面，全球化加剧了资本主义生产的盲目性，推动了资本的全球扩张，并直接导致人类发展问题的恶化。整体来看，全球经济的不平衡发展加剧了生态环境的恶化（Moran et al.，2008）。

总的来说，各国、各地区对城镇化、全球化和生态环境系统之间的关系尚未达成共识，综合定量分析这种相互关系十分困难。

3.2 城镇化与生态环境系统分析框架

在过去的几十年里，社会生态系统、城市新陈代谢、生态经济学等理论以及系统动力学模型等分析复杂城市和生态系统的模型已相继出现，帮助我们理解城市发展和生态环境系统之间的影响机制，并通过模拟不同政策的环境后果协助确定政策的优先次序。目前已经有大量的实证研究应用这些理论和模型（Hamer and McDonnell，2008；Ostrom，2007，2009；Barles，2010；Costanza et al.，2016；Kattel et al.，2013；Venkatesan，2011）。然而，在快速城镇化地区，由于系统各组成部分之间相互作用的复杂性及全球化背景下的外部影响，这些地区的模型建构变得十分复杂，就现有研究而言，仍缺乏分析城镇化和生态环境组成部分之间相互作用的综合模型。

3.2.1 城市作为特殊的生态系统分析框架

从生态系统的角度来看，城市生态研究的重点包括生物多样性、城市新陈代谢和生态系统服务三个角度，研究涵盖小城镇到大都市地区等多样尺度（Pickett et al.，2011）。这些研究将城市生态系统视为整个生态系统的一部分，并强调城市发展对生态系统的影响，城市和生态系统之间的相互作用并不是关注的焦点。

"城市新陈代谢"是这类研究中的代表性模型，它将城市视为一个生态系统，并被定义为"城市中发生的技术和社会经济过程的总体相互作用，导致城市增长、能源生产和浪费减少"（Kennedy et al.，2007）。它包括一个城市与其外部环境之间的物质、资源、能源和服务的生产、转化、消费和交换。城市新陈代谢的概念经常被用于衡量城市或区域的社会经济代谢（Barles，2010），并提供了一个涵盖城市所有活动的整体视角。但是，这些研究没有讨论以人为本的目标。在中国的有关研究中，城市代谢模型揭示了城市与生态系统之间的不平衡，如资源和能源短缺、生态环境退化、城市和区域发展过程中生活质量下降等（Zhang et al., 2006）。城市新陈代谢研究的重点是不同种类的生态系统、能量或生物物理元素的存量和流量，但没有讨论以人为本的目标（Wu, 2014）。

MEA 在分析生态系统的功能时提出了以人为本的目标，并将生态系统服务定义为"人们从生态系统中获得的利益"，包括：①供应服务，如食物和水；②调节服务，如空气和水的标准、气候调节、洪水、疾病和噪声等；③文化服务，包括娱乐、精神、宗教福利；④支持服务，如土壤形成、初级生产和养分循环。这些研究主要关注城市作为生态系统的需求，关注城镇化与生态系统服务的影响（Li et al., 2016）。

3.2.2 城市作为耦合的系统分析框架

近年来，越来越多的学者认识到城市与生态系统之间的耦合关系，开始采用跨学科的方法来分析耦合系统的相互作用及其影响机制，代表性的理论框架包括生态经济学（EE）、社会生态系统（SES）和人类环境系统模型（DPSIR）。

1. 生态经济学模型

20 世纪 80 年代，生态经济学（Ecological-Economics，EE）作为一门现代学科出现，侧重于研究经济增长和自然生态系统在时间和空间维度上的相互依存与共同进化（Xepapadeas，2008）。Faber 将生态经济学的重点定义为自然、公平和时间。在分析和评估生态经济学时，代际公平、环境变化的不可逆性和长期结果的不确定性通常被用作研究标准。与成本效益分析等主流经济学研究方法不同，生态经济学家 Costanza 提出了四种基本类型的资本资产：①建造或制造资本；②人力资本；③社会资本；④自然资本。他认为，城市的规模和分布应该由反映生态极限的社会决策来决定，资源的分配系统必须充分认识到社会和自然资本的价值。尽管生态经济学的分析框架得到很多学者的认可，但也有一些批评认为 EE 模型不能解决主流经济学的底层问题（Toman，1998）。

2. 社会生态系统分析框架

过去的几十年中，社会科学和自然科学在处理社会和生态系统（Socio-Ecological System，SES）方面的协作较少。20 世纪 60 年代以来，社会生态系统的概念一直被用来强调人与自然的融合。研究认为社会和生态系统是通过反馈机制联系在一起的，这种机制既有弹性又有复杂性（Adger，2000）。1990 年，Ostrom 提出了一个多层次、嵌套的框架来分析社会生态系统，包含资源系统、资源单元、治理系统和用户四个核心子系统。近年来，许多研究已经将社会生态系统框架应用于资源分配、环境、污染、用户、社会组织和政府监管的整合（Bots et al., 2015）。同时也有许多研究从气候变化与人类活动的耦合关系出发，并纳入人类和自然成分（Liu et al., 2015），探讨人与自然的相互作用及人口—资源系统的管理（Keune et al., 2013）。尽管社会生态系统是一个快速发展的跨学科领域，但它是复杂的、适应性强的，需要不断测试、学习与发展以应对变化和不确定性（Carpenter and Gunderson，2001）。

3. 人类环境系统框架

人类环境系统框架，也称"驱动力—压力—状态—影响—响应框架"（Driving Forces-Pressures-States-Impacts-Responses，DPSIR），于 20 世纪 70 年代末提出，提供了一个描述人类与环境之间相互作用的框架，是一个可整合环境和社会经济影响的工具。在 DPSIR 框架中，社会和经济发展和自然条件对环境施加压力，导致环境状况的变化。DPSIR 框架对于政策设计具有重要意义，帮助更好地理解多层次和空间尺度的环境问题，并建立与人类活动有关的环境指标。然而，DPSIR 也存在一些缺点，其简单性和线性的研究特征削弱了分析的可靠性（Manap et al.，2012）。

总的来说，在分析复杂和耦合的城市和生态系统时，来自不同领域的学者提出了多样的模型/理论框架来探讨城镇化对生态系统的影响及其相互作用过程（图 3-1），并基于这些框架，在发达国家或城市地区进行了丰富的实证研究。

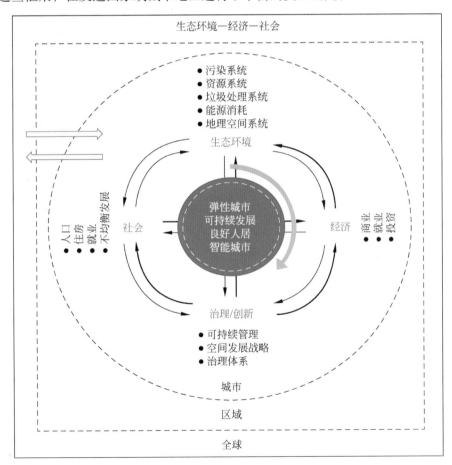

图 3-1　不同尺度下复杂的城市与生态环境系统

3.2.3　城市作为连结系统及城市治理

从城市系统内部看，许多学者发现治理和创新可能对城市和生态系统产生重大影响。Jacobs 在 2016 年整合了包括世界 / 全球城市、城市增长机制、集聚和嵌套城市等多种研究理论，提出了城市连结概念。他认为，政治—政府（国家）、市场—经济（市场）、公民—社会（社会）和地理—自然（地理—空间）等活动的结合共同塑造了特大城市地区的经济和空间利用结果。全面的政策可以带来可持续的城市发展，并通过创造有利条件来提高财政效益。理论同时认为新资本投资、公司和人员的不断流动通常会导致政治分裂、收入不平等和地理分散等问题（Hill and Kim，2000；Jacobs，2013）。Lizarralde 等人还强调了决策议程在增强城市规划的可持续性和弹性方面的重要性（Lizarralde et al.，2015）。

在最近的几十年中，城镇化与生态环境之间相互作用的复杂性引起了广泛关注，有大量不同侧重、不同视角的研究产生，可归纳为以下三种类型（表 3-1）。

表 3-1　已有城镇化与生态系统相关理论

	研究理论	研究要素	研究目标	代表性文献	研究应用
城市作为特殊的生态系统分析框架	城市生物多样性和生态系统	森林、草原和湿地	评估城镇化对生态系统的影响	Hamer and McDonnell，2008；Wei et al.，2014，Aronson et al.，2014	城市森林和景观管理
	城市新陈代谢	材料、资源、能源和服务的生产、转化、消费和交换	测量城市或区域的社会经济代谢	Barles，2010；Zhang et al.，2011	物质和能量循环评估，环境足迹分析
	生态系统服务	供应服务，调节服务，文化服务，支持服务	为人类提供生态、环境、经济、社会和文化利益	Jones et al.，2013；Standish and Miller，2013；Swaffield，2013	生态系统服务市场规划，城镇化影响评估
城市作为耦合的系统分析框架	生态经济学	资本框架	建设或制造资本的平衡生态系统，充分利用人力资本、社会资本和自然资本	Bishop，1993；Costanza，2015；	城市和区域规划方法
		最终目的—中间手段—最终手段	制定一个总体目标，明确衡量可持续发展的进展	Costanza，2015，2016；Sustainable Development Goals（SDGs）（UN，2014）	可持续幸福感模型和测量
	社会生态系统	资源系统，资源单元，治理系统和用户	组织不同的概念和语言来描述和解释复杂的社会生态系统	Ostrom，2007；2009；Grimm et al.，2008	城市环境管理，城市生态网络结构，城市生态系统内部的动力学分析
	DPSIR 模型	驱动力—压力—状态—影响—响应	提高对人类活动对环境影响的理解、指标和适当反应	Manap，2012	捕捉社会经济影响因素，生态系统服务和人类福祉的整合，DPSIR 指示器系统

续表

	研究理论	研究要素	研究目标	代表性文献	研究应用
城市作为连结系统的分析框架	Nexus模型	州、市场、社会和地理空间	沟通国家、市场、社会和地理空间环境	Jacobs，2013	复杂城市生态系统分析，治理促进
	智能城市域模型	自然资源和能源、交通和流动性、建筑、政府、经济和人民	可持续发展与人类日常生活的关系	Nerotti et al.，2014	智慧城市设计、规划和管理，城市社区转型，创新和治理促进
	E-LAUD框架	生态—环境与人类健康—城市设计管理	更好地理解生态系统在城市发展中的互补作用，以及在复杂的人类主导的景观中生态系统的功能和生态复原力	Kattel，2013	生态—环境和人类健康—城市设计管理

此外，城市被视为创新中心，可以推进可持续管理和空间发展战略（Khare et al.，2011）。在 Rotmans 等人的研究中，强调了建构综合治理体系的必要性，这一体系能够分析对城市创造力与可持续发展产生影响的环境、社会文化和经济因素之间的相互作用。同时，治理体系也可作用于提高城市生态系统弹性和复原力，并同时对诸如经济增长、可持续发展、智慧城市建设等现代化发展目标发挥作用（Desouza，2012；Tompkins and Hurlston，2012；Peng et al.，2017）。Kattel 等人提出了基于"生态环境和健康城市"的城市设计管理框架，以便更好地认识生态系统在城市发展中的互补作用，理解复杂的人工环境中生态系统的功能和生态系统复原力，以实现社会和谐发展的目标。

3.3 城镇化与生态环境交互系统的指标

3.3.1 国外城市与区域发展要素研究

为了建立城镇化和生态环境交互系统框架，我们对现有的研究作了广泛的文献综述（表3-2）。

表3-2 国外城市与区域发展要素研究

机构	要素研究
联合国	2015 年，"联合国 2030 年可持续发展议程"批准可持续发展目标（SDG），该议程包括 17 个目标、169 个具体目标和 200 多个指标，涵盖可持续发展的三个方面：社会、经济和环境方面及其相关治理，并解决可持续发展中的一些系统性障碍
世界银行	2017 年，世界银行提出的"世界发展指标 2017（WDI）"，该指标整理了基于各国间可比较的数据，涵盖世界观、贫困与繁荣、人口、环境、经济、国家和市场等六个主要部分，包括 217 个经济体和 40 多个国家组的 1400 多个时间序列指标
国际标准化组织	国际标准化组织提出的 ISO—37120"城市服务和生活质量社区可持续发展指标"，将电信和创新、交通和城市规划视为城市可持续发展的关键因素
日本政府	2014 年，日本政府提出的可持续城市"未来城市"倡议，包括优越的环境技术、核心基础设施和城市复原力建设（JFS，2014）

综合表3-2，可以对下列类型的指标体系进行整理：

（1）全面衡量社会、生态、经济、政治和文化系统并具有国际适用性的指标体系：联合国可持续发展目标、世界银行世界发展目标；

（2）全面衡量社会生态系统并在国家或地区适用的指标体系：日本未来城市倡议2014；

（3）侧重于城市环境中的特定生境或环境的指标体系：城市森林环境指标、城市景观指标等（Chang et al.，2005）；

（4）侧重于分析经济与生态环境之间的关系和流向的指标体系；

（5）侧重于分析经济对社会环境自然供给功能的指标体系。

这些指标基于多样化的发展目标，大多从全球和国家层面进行分析，需要对区域和城市发展的相关系统进行筛选。基于文献和国际标准审查的结果，我们记录了指标出现的频率（图3-2）。在总结了常用的指标后，我们将城镇化系统分为人口、社会、经济、基础设施、治理和创新以及生态环境六类共计36个指标。在生态环境内部，划分为水、土地、空气、能源 / 资源和生物等方面。

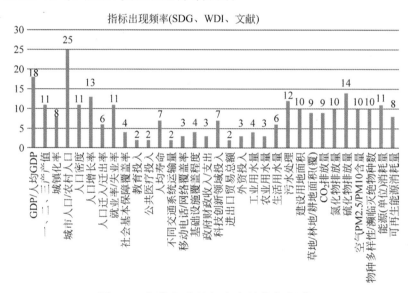

图 3-2　文献和国际标准中的指标频率

资料来源：作者整理.

3.3.2　中国城市与区域发展要素

1. 城镇化与生态环境系统构成内部要素

"城镇化与生态环境系统"是在快速城镇化的背景下，由人口、社会、经济、基础设施、治理和创新等城镇化要素以及水、土地、空气、能源和生物等生态环境要素耦合而成的复杂动态系统，其中：

（1）人口子系统包括城市和农村人口规模、人口密度、人口增长率、移民率和城镇化率等变量；

（2）在社会子系统中，确定了就业/失业、基本社会保障覆盖率、预期寿命、公共卫生保健和教育投资等变量；

（3）经济子系统包括外商投资、进出口贸易总值、国内生产总值、人均国内生产总值、固定资产投资和第一、二、三产业产值等变量；

（4）基础设施子系统包括公路里程、各种交通系统交通量、基础设施覆盖率、手机和网络覆盖率等变量；

（5）治理与创新子系统包括政府收支、环境管理能力和科技创新投资等变量；

（6）生态环境系统包括能源资源、土地利用、生物环境、水环境和大气环境等变量。

此外，在市场环境、外资劳动力支持和气候变化的外部影响下，将外资实际使用、外商直接投资、进出口贸易总额、人口迁入/迁出率、温室气体浓度、农业生产和平均气温纳入指标体系（表3-3）。

表3-3 城镇化与生态环境系统各子系统与变量

	子系统	指标
内部变量	人口统计	城乡人口
		人口增长率
		人口密度
	社会	就业/失业率
		人均预期寿命
		基本社会保障
		教育投资
		对公共卫生保健的投资
	经济	国内生产总值
		第一、第二、第三产业国内生产总值
		城镇化率
	基础设施	公路里程
		基础设施覆盖
		手机/网络覆盖
	治理/创新	不同运输系统的交通量
		财政收入支出
	空气	硫排放
		氮化物发射
		PM2.5/PM10
	生物	物种多样性/濒危物种数量
	用地	建设用地面积
		草原/林地/耕地
	能源/资源	可再生能源消耗
		能源消耗

续表

子系统		指标
内部变量	水	生活用水
		农业用水量
		污水处理
外部变量	全球化	实际使用外资
		进出口贸易总额
	政策	人口出入境率
		农业生产
	气候变化	平均温度
		温室气体浓度

资料来源：作者整理．

2. 城镇化与生态环境系统构成外部要素

（1）全球化

全球化对社会、环境、政府治理和创新产生了重大影响，并重新配置了世界主要节点城市的经济结构、社会结构和空间布局。全球化对地区的积极影响表现在以下四个方面：

① 进出口贸易显著提高了城镇化水平（Wang and Fang，2011）；

② 全球市场联系促进了服务业（特别是金融、物流和生产性服务业）升级，并促进了京津冀自由贸易区、文化创意园以及其他各类法律、社会和文化空间的形成，例如天津自贸区和北京 798 艺术区；

③ 信息产业引发的产业升级重新配置了人口的空间布局，总部经济推动了人才聚集，产业郊区化有助于人口分散；

④ 在人口分布、区域交通、门户功能、生态环境等方面促进了区域的空间整合（Feng and Liu，2013）。

在全球化背景下，特大城市地区所受的外部影响是多样化的。一些研究表明，劳动力流动、市场环境和外资投入与全球化有关（Liu and Yin，2010）。全球城市需要各种文化和娱乐设施支撑的社交网络，这极大地促进了大型购物中心、旅游、体育设施和社会基础设施的建设。大型项目往往成为城市或区域发展的引擎，促进新工业空间的形成，引领城市发展和空间重组（Schulman，2004），并吸引大量劳动力转移。

（2）国家政策

在中国，国家政策对特大城市地区的城镇化和生态环境同样具有重要影响。一方面，国家政策改变了整体市场环境，对区域外投资产生重要影响；另一方面，户籍政策、就业政策和中长期国家战略等国家政策会对移民选择、投资方向（Huang and Dijst，2014）和人类健康（Smith et al.，2015）等方面产生显著影响。同时，作为外部影响因素的全球气候变化，如二氧化碳聚集和气候变暖（Liddle and Lung，2010），会在一定程度上增加热能资源，利于农业生产（Gu et al.，2011）。

3.4 中国城镇化与生态环境交互胁迫功能模块

在中国，随着产业结构的升级，地区城镇化与生态环境的互动开始沿着库兹涅茨曲线发展（Wang et al.，2014）。以京津冀为例，通过分析中国城市和区域面临的问题和挑战，提出如下中国城市或区域城镇化与生态环境交互胁迫功能模块。

3.4.1 区域的城镇化与生态环境系统

1. 基于城镇化与生态环境分析的主控要素

理解复杂系统的一种方法是将它分解成组件并定义它们的边界。考虑到问题的复杂性，我们必须考虑跨尺度因素。例如，在全球层面，外国直接投资和进出口贸易可以促进经济增长，增加对土地资源、水资源的需求并提高污染风险。在区域层面，人口和经济增长以及基础设施投资将不可避免地增加对水、土地和能源的使用需求，而治理可以加剧或减轻这些影响。

2. 基于城镇化与生态环境分析的系统构成

在本研究中，我们将"城镇化与生态环境系统"分为六类子系统，如图 3-3 所示。

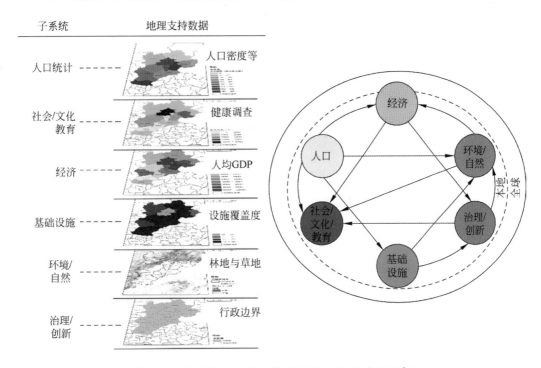

图 3-3 城镇化与生态环境系统的 6 种子系统图解

资料来源：作者自绘．

3.4.2　中国城镇化与生态环境系统构建概念图

由于快速城镇化地区发展的动态性和复杂性，对于这些地区城镇化与生态环境之间关系的综合研究相当缺乏。可事实上，外部和内部因素对这些地区的发展产生了巨大的影响。与发达地区相比，城市与生态系统的矛盾更加突出，系统协调的需求更加迫切。同时这些地区更容易受到诸如全球化、劳动力迁移和国家投资等外部环境的影响。此外，人口、社会、经济和治理之间的内在互动会在很大程度上对生态环境产生影响。考虑到快速城镇化地区的多样性和特点，必须从内部和外部两个角度建立一个适合于评估、分析和预测城镇化与生态环境系统之间潜在相互作用的概念框架（图 3-4）。

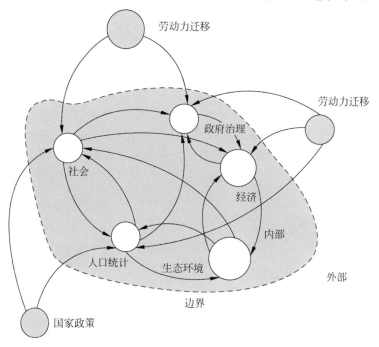

图 3-4　中国城镇化与生态环境系统构建概念图

资料来源：作者自绘 .

3.4.3　城镇化与生态环境系统内外交互作用

上述六个子系统与外部影响因素相互联系，形成一个完整的"城镇化与生态环境交互系统"。在这个模型中，各子系统之间存在着一种混杂外部因素影响的动态反馈关系，例如在全球化背景下，经济子系统对就业/失业率、政府收入和支出、科技创新以及人口移入和移出都有重大影响；产业发展产生污染物，对环境产生负面影响。在人口子系统中，城市人口规模不仅会影响经济规模、污染物和交通流量，还会对社会保障提出更高的需求。在基础设施子系统中，运输造成的污染对大气环境产生不利影响。在治理和创新子系统中，政府支出在经济、生态、社会和基础设施子系统中发挥着主导作用。而在生态子系统中，土地和能源政策为经济发展提供了各种机会。

在各子系统中，变量之间也存在着各种各样的因果反馈关系（图3-5）。基于变量之间的影响分析，可如下描述各因果关系：

（1）在人口子系统中，城市和农村人口规模是一个关键变量，未来的人口增长可以根据城镇化率和人口增长率来计算；当城镇化水平上升到一定程度后，人口的迁入和迁出率下降，城市人口停止增长；

（2）在社会子系统中，增加教育投资可以提高就业率，增加公共卫生保健投资和扩大基本社会保障覆盖面可以延长预期寿命；

（3）在经济子系统中，外商直接投资、进出口贸易总值和固定资产投资不仅影响第一、二、三产业的产值，而且对国内生产总值和人均国内生产总值的变化也有贡献；

（4）在基础设施子系统中，增加基础设施覆盖可以提高流量和网络覆盖；

（5）在治理和创新子系统中，政府收入和支出可以对科技创新产生直接或间接的影响；

（6）在生态环境系统中，在土地利用因素中，城市增长不仅引起各种类型土地利用的变化，而且导致生物多样性的变化；在水环境因素中，各种用水变量影响污水处理变量，造成水污染；在大气环境因素中，各种污染物排放变量导致空气质量的变化。

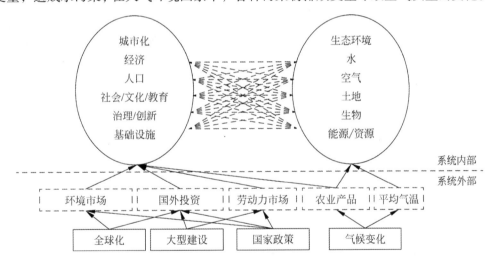

图 3-5　城镇化与生态环境子系统的内部联系与外部流入

资料来源：Wang 等编著（2014）.

3.4.4　区域的城镇化与生态环境系统流程图

在分析系统各部分之间复杂的交互关系时，可采用人工神经网络（ANN）或系统动力学（SD）等模型进行分析（Lian，2008；Feng et al.，2013）。系统动力学模型是一种理解复杂系统随时间变化的非线性行为的方法，也是一种计算机辅助的策略分析与设计方法。模型从定义动态问题开始，逐步建立模型和政策影响之间的连结。系统动力学模型的基础是城镇化和生态环境系统的各组成部分之间存在许多循环的、相互联系的、有时是滞后的关系，这些关系塑造了各组成部分的行为。系统动力学模型已被广泛应用于许多领域，尤其有助于研究相互依存的人口、经济和生态系统。基于上述不同子系统和变量之间的相互作用评估，可以绘制一个流程图，然后根据子系统的特征和规律构建系统动力学模型（图3-6）。

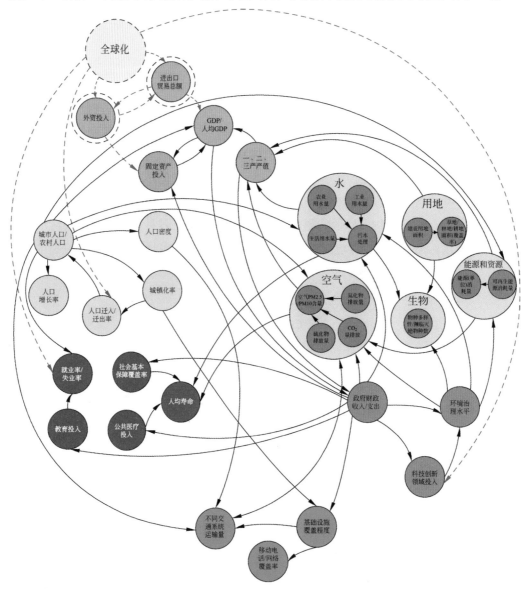

图3-6　京津冀地区城镇化、生态环境系统 SD 模型流程图

资料来源：作者自绘.

（翻译：于江浩　田　莉）

第 4 章　城镇化生态环境效应与驱动力分析

顾朝林

最近的研究发现，人类活动尤其是大规模的城镇化过程是当下生态环境变化的重要影响因子，城镇化带来了巨大的社会、经济和环境变化，为可持续发展提供了机会。因为城镇化，可以"有潜力更有效地利用资源，创造更多的可持续土地利用和保护自然生态系统的生物多样性[①]"。

4.1　城镇化的生态环境效应[②]

城镇化，在保持城市进步和改善人类住区的同时，充分利用其正面影响；城镇化，也可能对社会公平、公共卫生和自然环境产生负面影响。然而，由于城镇化过程具有综合性，有时也存在整合效应。简单地说，整合效应，就是在某种状态下具有对社会和经济发展的正效应，如果处理不当会对社会和经济发展产生负效应。

4.1.1　城镇化的正效应

1. 自然和地理形态改变

城镇化过程中可能会过度开发自然资源，特别是土地资源，对自然环境产生了重大影响。城镇化通过以下方式改变了自然地理：地形和地貌的变化使建成区的景观变平

---

①　UNFPA，United Nations Population Fund，2016. Urbanization. http：//www.unfpa.org/urbanization.

②　本节引自：Gu C L，2019. Urbanization：Positive and negative effects［J］. Science Bulletin，64（5）：281–283.

坦。特殊的地形和地貌条件改变了当地的城市气候区，形成了热岛（Heat Islands）和混浊岛（Turbid Islands）。城市空间的扩张，也经常破坏原有的河流系统。在某些情况下，自然水文系统的破坏导致了城市洪涝灾害。而且，城市建筑垃圾还会降低城市土地质量，从而影响生物多样性。这些城镇化的自然和地理影响，如果不能得到有效缓解，将影响人类的生存和发展。

2. 城市群集聚经济效应

城市地区经济活动的聚集促进了集聚经济效应。马歇尔（Marshall，1890）指出，城市区域的空间接近性带来了集聚经济的三个好处。首先，城镇化允许进入大量的劳动力资源，企业可以轻松地找到具有适当技能和专门知识的劳动力。同样，这些来自农业部门的剩余劳动力，也被吸引到可提供大量匹配工作的城市地区。其次，城镇化允许信息交流。即使在信息技术时代，面对面会谈仍然是最有效的交流方式，特别是对于一些涉及具体和细微的交易信息。城市地区为信息和知识提供了正式和非正式的交流机会。最后，城镇化允许投入共享。随着经济活动变得越来越专业化和复杂化的状态下，许多公司需要接触上游和下游供应商和客户，它们有时"不需要真正拥有，而只需要曾经拥有"，城市为共享经济提供了非常适合的环境。

城市地区的生产力源自集聚经济，这是企业和企业通过靠近客户和供应商以降低运输和通信成本而获得的收益。因此，大城市往往代表着多元化的集约经济。研究发现，大城市刺激了新的、高增长公司的创建。

3. 城市与区域空间结构塑造

国家或区域发展的动力来自经济增长，最终反映到人口分布的空间变化，进一步表现为城镇体系的空间形态演化，即：从居民点聚集开始，集聚不经济导致空间滞涨，进入边缘新城或交通沿线的点状或线状突破，再到网状结构发展，最后形成核心—半边缘—边缘地域空间结构。

这种城镇化过程对城市与区域空间结构的影响可以从两个空间层面来描述。一个是大都市区/城市的空间结构和功能结构，另一个是巨型区的结构。空间结构由两个力决定，一是集聚经济力，二是负面的城市经济外部性或集聚不经济的代价。后者的例子包括交通拥堵、空气污染、自然环境恶化以及劳动力和土地价格上升。这两方面力量的持续相互作用最终塑造了城市或大都市地区的空间形态。

在城市或大都市地区，当集聚不经济现象占主导地位时，人口和经济活动会从中心城市向外转移，这通常称为郊区化，洛杉矶就是这类城镇化的著名例子。当然，在人口和经济活动扩散到一定的程度后，空间蔓延的不经济又可能会再次促进人口和经济聚集，集聚经济优势重新发挥作用。这就是"再城镇化"（Re-urbanization）和城市中心区绅士化现象，从而部分扭转郊区化的趋势。在城市和大都市地区，大城市和小城市都可以随着不断的郊区化而扩展，有时它们还会合并形成城市走廊（Urban Corridor）和巨型区（Mega-region）。当集聚经济优势占主导地位时，这些在空间和功能上的新配置是相互联系的；当集聚经济的负外部性占主导地位时，原有的空间和功能结构就会崩溃，这种变化在许多紧缩城市的地区（Shrinking City Region）很明显，例如美国的大湖区。

4. 房地产增值和城市富裕化

人们生活在城市，主要在于城市可以提供与邻近性和可及性相关的空间优势。结果，随着城镇化进程的继续，土地价值不断上升，也推高了城市设施及其运营成本的增加，比如房价、工资、医疗和教育费用、通勤费用等。在中国，城市建成区面积从 1990 年的 12856 平方公里增加到 2015 年的 52102 平方公里，年均增长 6.8%；每平方米城市土地出让价格从 1995 年的 9676 元到 2001 年的 14398.78 元，上涨了 48.80%；再到 2005 年的 35528.80 元，比 1995 年上涨了 3.67 倍；2015 年达到 144200 元，是 1995 年的 14.9 倍，2005 年的 4.06 倍。当然，土地价格的上涨创造了开发商和消费者对住房价格持续飙升的期望。在 20 世纪 90 年代后期，上海浦东新区的优质房价为每平方米 1000~2000 元人民币，2007 年升至 13000 元人民币，平均上涨了 8.7 倍；在 2016 年更是高达 33023 元人民币，较 20 世纪 90 年代上涨了 22 倍。苏州的平均房价在 2001 年仅为每平方米约 500 元人民币，但到 2016 年已上升到超过 15300 元人民币，上涨近 30 倍。与此同时，房屋的租金也有上涨。2016 年第一季度，住房平均租金价格上涨至每月人民币 6000 元，比 2008 年高出 100% 以上（Gu et al.，2017）。

4.1.2 城镇化的负效应

1. 社会—文化结构和生境变化

城镇化也是文化转型的过程，乡村主导文化被城市主导文化所取代。所谓乡村文化是指通常的血缘、亲密关系和公共行为；而城市文化则具有疏离血统、建构陌生关系和竞争行为的特征。当今世界城市蓬勃发展，在快速发展的城市中，许多问题应运而生，例如农村地区凋敝、城市交通拥堵、房价急升、供水不足、能源短缺、环境污染、社会动荡、物质和能源流的投入与产出不平衡，还有生产和生活的供需失衡。在城市地区，这些不平衡发展，导致资源的巨大浪费、生活质量下降和生活成本上升，并最终阻碍了城市的可持续发展。此外，也有一些社会问题，如收入不平等、失业、无家可归和犯罪率上升，甚至细菌、动物和生物界，都会因为城镇化改变了它们栖息地和对生物环境的适应性（Yu et al.，2017）。

2. 环境与公共卫生问题

尽管快速的城镇化显著改善了人们的生活水平、生活方式和社会行为，可以通过改善公共卫生和环境卫生来改善公共健康问题，但城镇化也可能对公共健康产生负面影响。首先，由于城市居民饮食较农村居民摄入更多的脂肪、糖和盐，导致肥胖、糖尿病和其他慢性疾病的风险增加。其次，由于城镇化推进，城市生活节奏快于乡村地区，城市生活精神压力加大，还有城市居民不健康的生活方式，体力活动被忽视，这些公共卫生问题共同作用，导致精神疾病、心血管病、高血压、糖尿病的人数增加，提高了城市地区的死亡率，也降低了预期寿命。宫鹏等人（Gong，2012）发现工业化，特别是在重工业主导的经济体中，可能导致环境污染和更坏的公共卫生结果，例如癌症风险上升。海恩斯（Haynes，1986）对中国省级癌症发病率和城镇化程度的研究表明，各种类型的癌症与城镇化水平密切相关。另外，由于城市居民暴露在高度空气污染物时间长于乡村地区，如二氧化氮（NO_2）、一氧化碳（CO）和直径小于 2.5 微米（PM2.5）的颗粒物，会导致免疫细胞中 CpG 位点的 DNA 甲基化，增加咳嗽、哮喘和肺癌的风险。刘等人（Liu，2017）的研究也表明，在中国的城镇化进程中，非传染性疾病的影响持续增长。不仅如此，城镇化与突发公共卫生事件的关系也越来越密切。在全球人口急剧城镇化的时期，医疗技术和公共卫生在高速发展的同时，迅速聚集在城市的人群也在将烈性传染病的风险放大，尤其在特大城市、全球城市乃至世界城市将面临巨大的公共卫生安全风险。世界卫生组织 2005 年设立了"国际突发公共卫生事件（PHEIC）"机制，15 年间宣布了 6 次，其中 5 次是在最近 6 年宣布的。也就是说，平均一年多就发生了一次肆虐全球的大规模疫情。2007 年发布的《构建安全未来：21 世纪全球公共卫生安全》报告指出，自 1967 年以来，至少有 39 种新的病原体被发现，"新传染病史无前例地以每年新增一种或多种的速度被发现"。近几十年来，超大型城市区不断涌现，城市功能高度密集和混合，人口流动性不断加强，使得一些枢纽型城市成为国际突发公共卫生事件的主要触发源或传播节点。2019 年 12 月武汉发现新冠肺炎疫情，随着疫情的扩散，纽约、伦敦、米兰、马德里、东京等世界城市或大城市成为重灾区。

3. 气候变化与城市热岛效应

快速的城镇化过程，通过改变碳循环和其他生物地球化学进程，为气候变化做出了贡献（Lankao，2007）。大量的城市人口和企业通过运输、家庭和工业活动产生大量的碳排放。城市地区贡献了全球最终能源使用中二氧化碳排放量的 80%（Dhakal，2009；Seto et al.，2014）。例如，在 1999—2008 年间，中国的城镇化水平从 30.9% 上升到 47.0%，同时中国也成为世界上最大的二氧化碳排放国（IEA，2009）。城镇化和土地利用变化也会产生城市热岛（UHI）效应。根据周的研究，在中国东南沿海地区，由于城镇化，最近每 10 年平均地表温度上升 0.05℃（Zhou et al.，2004），这一增幅远大于同期其他地方的增加量（Li et al.，2018）。OECD（2008）环境工作报告曾经列出 21 世纪 70 年代气候变化导致 20 个沿海巨型城市沉陷海底的全球社会经济情景。

4. 城市地质灾害与生态退化

快速的城镇化过程，也会导致地下水长期过度开采和地下水位持续下降。地面沉降直接增加城市防洪的难度。地面沉降还可能引起其他问题，如海水入侵、建筑物损坏、地下管道破裂、降低桥梁通航净空高度和城市道路开裂。在最近40年间，上海由于地面沉降在防潮、防洪和城市安全防灾方面多支出2900亿元（Gu et al.，2011）。此外，地下水的过度开采还会导致土壤退化、生物多样性丧失和严重的生态危机，从而可能威胁人类的生存和可持续发展（Fang and Ren，2017）。

很明显，城镇化过程改变了自然和地理以及人类社会的状态，加剧了各种积极的和消极的影响。正面的影响主要来自经济效益，例如城市集聚效应和城市土地增值效应。负面的影响基本上是环境和生态效益，例如环境和公共卫生问题、气候变化和城市热岛以及城市地质灾害和生态破坏。对于社会利益，既有积极的影响也有消极的影响，例如不断塑造城市空间结构，使城市和空间适应城市人口增长的需要，但带来了交通拥堵、房价暴涨、城市病和城市居民公共卫生疾病等问题。由于这些原因，政府在启动城镇化政策时，需要平衡城镇化带来的经济、社会和环境效益，有时候不是城镇化水平越高越好，需要找到适合的健康城镇化道路。

4.2 城镇化过程 [①]

城镇化是一个过程。在此过程中，产业结构开始侧重于第二产业和第三产业发展，而不再是第一产业，这也是大多数劳动人口从农业人口变为非农业人口的过程。在这个过程中，现代社会视为自然、原始、封闭和落后的农业文明向以现代工业和服务业转变，并发展先进和现代的城市基础设施和公共服务设施为标志的现代城市文明。当然，这也是新城市居民改变和改善其思维定式、生活方式、行为模式、价值观和文化素质的过程。因此，城镇化是一个复杂而多元的过程，涉及人口从农村向城市的迁移，农村土地转变为城市土地，城乡居民点的空间重构以及治理和管理的改变（Gu et al.，2012）。这是一个全面而系统的社会变革过程，包括城乡之间人口流动的变化、生活方式的变化、经济结构和生产模式的变化以及社会结构、组织和文化的变化。通常，城镇化的过程可以概括为以下四个方面。

4.2.1 经济发展

经济发展推动城镇化进程，改变城市形态，并影响生产技术、公民生活方式和社会价值。由于规模经济以及所有权集中和集权化的好处，城市是这种生产方式的核心，是生产、分配和交换过程的焦点，因此，城镇化被视为工业化与发展的必要组成部分（Knox，2009）。由于地形和自然资源等条件，这些相互依存的经济变化过程成为

---

① 本节引自：Gu C L，2019. Urbanization：Processes and driving forces［J］. Science China–Earth Sciences，62（9）：1351–1360.

城镇化的最重要因素。一般而言，经济发展水平与城镇化水平之间存在很强的相关性（图 4-1）。经济合作与发展组织（OECD）大多数国家 / 地区的城镇化水平都达到 70% 或更高，比利时、德国、冰岛和英国的城镇化水平最高，均在 89% 以上，人均 GDP 超过 40000 美元；2017 年，冰岛的人均 GDP 甚至达到 7 万美元。另一方面，世界上大多数经济较不发达国家的城镇化水平较低。非洲（布隆迪、厄立特里亚、埃塞俄比亚、马拉维、卢旺达和乌干达）以及南亚和东南亚部分地区（不丹、柬埔寨、尼泊尔和斯里兰卡）的城镇化水平最低，不到 25%，那里的人均 GDP 不足 1000 美元。与此同时，经济发展水平越低的国家城镇化推动力越强。世界上大多数较不发达国家的城镇化水平较低，目前正经历着前所未有的城镇化速度。在非洲部分地区，2000—2005 年间，最高的城镇化水平平均年增长率超过 5%。相反，一些高度城镇化的国家，例如意大利、瑞典和瑞士，同期的城镇化水平年平均增长率小于 0.2%（Knox，2009）。

4.2.2　人口变化

城镇化也是人口继续向城市中流动，非农业产业（制造业和服务业）集中和发展，人类社会结构逐步转变的过程。城镇化是指人口集中在城市或市区的现象或过程，以及特定区域内城市居住区人口密度的增加。作为人口学统计过程，生活在所有城市地区的人口比例不断增加，并且这些人越来越集中在较大的城市。人口变化包括两个重要方面：

（1）人口再生产。城市的经济福利，通常会自动调节人口与城镇化之间的关系。例如，出生率主要依靠人们的感知和对经济机会的期望。

（2）人口迁移。具有良好生活福利设施的城市可以吸引大量的移居者，具有国际化港口和机场的大的城市和城镇可以吸引过量的移民。因此，人口变化与城镇化具有非常密切的相互依存关系。

第二次世界大战后，在大多数国家中，城镇化经历了一个长期的人口连续变化过程。随着人口从农村迁移到城市地区以及从较小的城市迁移到较大的城市，城市人口稳步增长。这个过程结束就会是一个几乎完全城镇化的社会形成，即：一个国家的绝大多数人口仅生活在少数几个大城市中。例如，比利时的城镇化水平达到 98%，而以色列、日本和荷兰达到 91% ~ 92%。2018 年，丹麦、瑞典、新西兰、澳大利亚、美国和韩国的城镇化水平达到 83% ~ 88%。然而，在这些发达国家和地区，人口总和生育率却持续下降，总人口出现负增长，进入了老龄化的城市社会。根据联合国统计，在 1950—2015 年间，美国的总和生育率从 3.3 降至 1.9。日本也从 3.0 下降到 1.4，这意味着日本总人口将从 2008 年的 1.28 亿峰值下降到 1 亿以下。与此同时，广大发展中国家，由于城市地区良好的基础设施和教育、医疗等社会服务设施，吸引了大量的农村人口流入城市地区，开启了发展中国家的城镇化进程。由于工作岗位不足，房价太贵，贫民窟与城镇化过程相伴生。

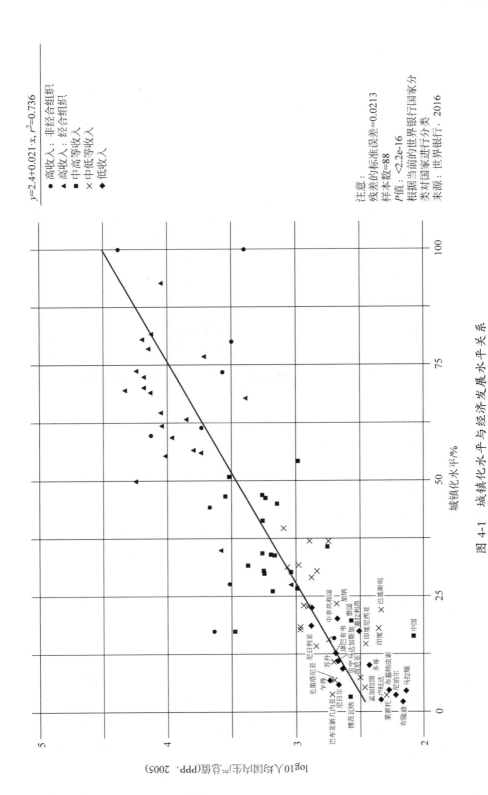

图 4-1　城镇化水平与经济发展水平关系

资料来源：World Resources Institute，2017 World Resources Report：Towards a More Equal City.

比较发达国家和发展中国家的城镇化，可以发现，前者（如意大利、瑞典和瑞士）年均增长率不到 0.2%，但一些非洲国家城镇化年均增长率可能会超过 5%。自 21 世纪初以来，世界城镇化主要发生在发展中国家（Muggah，2012）。到 2020 年，发展中国家的城市人口将超过农村地区。到 2025 年，发展中国家的城市人口将占总人口的 54%（UN，2014）。然而，由于发展中国家的经济发展和增长动力不足，约 36% 的城市人口居住在贫民窟中（Liu，2012）。例如，拉丁美洲和加勒比地区的城镇化水平已达到 77%，但大多数居民居住在贫民窟。即使在中国的明星城市深圳，1500 万流动人口中的 71% 居住在城市边缘的城市村（Ye，2015）。在人口密集、破旧拥挤的贫民窟生活也引发高死亡率。

中国是人口最多的发展中国家，在 1949—2018 年间，中国大陆总和生育率从 6.0 下降至 1.6，并且即使在 2016 年再次实施二胎政策时，2017 年生育率也仅为 1.62，后来几年总和生育率则是不升反降，不仅远低于全球平均总和生育率 2.45，而且低于高收入国家的 1.67，低于中国台湾地区的 1.18，中国香港特别行政区的 1.20，以及新加坡和韩国的 1.24。目前，法国和德国都已成为超级老龄化社会。1982 年，中国年龄在 65 岁及 65 岁以上的老龄人口占总人口的 5%，但到 2001 年这一比例已超过 7%，这意味着中国也步入了老龄化社会。到 2017 年，中国 65 岁及以上老年人占总人口的比例迅速上升到 11%。2019 年，中国总人口为 14.0 亿，城镇化水平为 60.6%。按照 6.5% 的年 GDP 增长率和每个家庭的二胎政策，预计到 2023 年中国将进入深度老龄化社会（14%），在 2030 年中国的城镇化水平将达到 67%，到 2033 年左右中国将成为超级老龄化社会（20% 或更多），在 2035 年中国的城镇化水平达到 70%。预计到 2050 年，中国的城镇化水平会达到 75%（Gu et al.，2015），但 80 岁及以上人口占总人口的比例将达到 8%（World Bank，2018）。

4.2.3　社会转型

与上述人口统计过程相关的是社会的结构变化，这也是经济发展和城市人口增长的结果。一方面，城镇化是一个社会转型过程，可以将农业国家转变为工业和城镇化国家。首先，快速的城镇化进程使世界经济拥有大量的非熟练劳动力，从而为农村剩余劳动力提供广泛的就业机会，尤其轻工制造业部门吸收了大量的劳动力从事加工制造。其次，城市可以提供正式的就业岗位（Formal Employment），也能创造大量的非正式就业机会（Informal Employment）。这是城市在某些新部门中占有可观份额所产生的现象。最后，通常来说，一些较大的城市地区可以成为社会转型的中心：城市环境中的原始价值观、态度和行为模式被修整。但是，随着城市的向外扩张（如郊区化，Suburbanization），新郊区促进了工业、住宅、娱乐和商业区的繁荣。另一方面，城镇化也是创造和建设新城市社会的过程。"二战"以后，西方发达国家的上述城镇化过程出现：城市蔓延和郊区化，导致老城市中心经济衰退，税收下降并缺乏投资，道路和市政设施逐步老化，富裕的白领阶层逐步迁往郊区，贫困阶层则逐渐沉淀并伴有大量新移民进入，失业率居高不下，城市犯罪存在等严重的社会问题（Gu，2019）。例如，此类城市问题，使克利夫兰的欧几里得（Euclid）地区、加菲尔德（Garfield）地区以及底特律的南地（Southfield）地区和橡树公园（Oak Park）地区陷入困境。

自 20 世纪 80 年代以来，由于信息技术的发展，越来越多的制造业和装配线搬迁到发展中国家。发达国家的中心城市地区重新启动了生产服务业，例如公司总部、研发、金融、保险、设计、包装和广告、法律和咨询等。在 2006—2012 年间，全球 750 个最大的城市，生产性服务业创造了 8770 万个新工作岗位，占 129 个国家所有新创造就业岗位的 58%。相应地，在城市中心地区也开始更新和重建，出现了一种与郊区化相反的新趋势，即：绅士化（Gentrification）过程。在这个过程中，进入了许多高收入者，原本低收入者因无法负担因城市中心更新改造导致的土地升值和房价房租上涨，被逐出原来的生活空间。在美国和加拿大的北美地区，70% 的大城市经历了绅士化过程。例如，在 1980—1996 年间，有 359 个城市的市中心地区（占总数的 2/3）都进行了更新改造。英国、法国、德国的城市以及南美、以色列、南非和土耳其的一些大城市也经历了相同的绅士化过程。在城市中心地区的中产阶级化、市政和社会设施高档化和绅士化过程的同时，城市中心的人口结构也发生了变化。起初，贫穷的家庭和少数族裔迁出，然后较富裕、年轻的、单身或新婚家庭逐渐迁入。

城镇化的这些社会转型过程，除了上述的正面效果外，也发生了一些社会负面影响，例如居民隔离（Residential Segregation）、社会分化（Social Differentiation）和社会排斥（Social Exclusion）。然而，由于高档化和绅士化促进了市中心的更新和繁荣，因此得到城市政府和开发商越来越多的支持和鼓励，相应的社会问题也变得视而不见，充耳不闻，导致西方发达国家城市郊区化之后一些城市重新集聚发展，郊区也逐步荒废起来。城市中心和城市边缘地区，与郊区长期的人口迁出和减少不同，人口显著增加，新型的城市社会蓬勃发展起来。

4.2.4 城市空间的延伸和重塑

正如霍布斯鲍姆（Hobsbawm，1962）所言："我们这个时期（1789—1848 年）的城市发展是一个巨大的阶级隔离过程，它将新劳动人口推向政府和商业中心以及新的专门居住区之外的最悲惨境地。在此期间，欧洲几乎所有的大城市都普遍地进行了"好"西区和"差"东区的划分。这可能是由于盛行的西南风带动了煤烟和其他空气中的污染物到下风向，使城镇的西区要好于东区的缘故。

第二次世界大战后，发达国家城市的经济发展进入了黄金时期，现代城市交通、公路系统和郊区化，推动了城市的快速扩张。到 20 世纪 60 年代初期，美国城市的郊区人口已超过城市总人口的一半以上，并且在 1970—1990 年间，城市土地面积扩大了四倍。随着大都市区的兴起，总人口的一半集中在美国大都市区。到 20 世纪 80 年代，美国大都市区人口已经占总人口的 2/3。到 20 世纪 90 年代，美国大都市区占了总就业岗位的 55%。自 20 世纪 70 年代以来，已逐渐在世界经济中占主导地位的跨国公司，通过新的国际劳动分工，将组装业务转移到低成本、欠发达的发展中国家，成功地摆脱了它们发展遇到的困境。

与此相对应，上述经济和空间发展路径的强化，也改变了发达国家和发展中国家的城镇化模式和过程。城市地区被拉伸和改造，以适应日益复杂和广泛的相互依存模式。特别是，为了响应社会经济调整和文化转变，进一步释放出都会区的政治和经济作用。英国伦敦，到 2014 年底，市区的人口越过了 1939 年的 862 万峰值，加上通勤区的人口，总人口超过了 1000 万。1995 年，东京人口只有 797 万，但到 2017 年，东京市区人口超过 1319 万，都会区人口更是达到 4350 万。巴西的圣保罗和里约热内卢等大都市区，2010 年的人口已经占巴西全国总人口的 19%。印度的大都市区，如德里、孟买、加尔各答、艾哈迈达巴德、班加罗尔、金奈和海得拉巴的人口，也达到了 500 万～1000 万（Chaplin，2011）。

随着互联网和快速运输系统的发展，人口、商品和信息流动的成本越来越低。大都市地区通过区域高速公路、干线公路、环城公路和高速公路捆绑在一起，形成功能上合一的多中心区域（Polycentric Region）或巨型区域（Mega-region）。在欧洲和北美地区，多达 50 个城市或城镇的多中心网络区域（The Polycentric Network Region），在一个或多个较大的中心城市周围聚集，这些区域在自然上是分开的，但在功能上却相互连接。这些巨型区从新的职能分工中汲取了巨大的经济实力（Friedmann，1997）。现实中，多中心网络区域结构的关键是分散就业的各类集群。最引人注目的是边缘城市发展，通常位于主要高速公路交叉路口附近，零售和办公场所集中到这些节点，许多办公室工作岗位都被布置在大都市区的外郊区（Outer Suburban Areas）或远郊区（Ex-urban Areas）。全世界现在大约有 40 个巨型区域（Marull et al.，2013），其中 12 个在美国（表 4-1）。美国巨型区的外郊区和远郊区城镇化越来越明显。

表 4-1　全球四十个巨型区

序号	巨型区	国家	人口 / 百万
1	德里—拉合尔	印度—巴基斯坦	121.6
2	长江三角洲	中国	66.4
3	阿姆斯特丹—布鲁塞尔—安特卫普	荷兰—比利时	59.3
4	大东京	日本	55.1
5	波士顿—华盛顿	美国	54.3
6	伦敦利兹切斯特	英国	50.1
7	罗马—米兰—都灵	意大利	48.3
8	首尔—釜山	韩国	46.1

续表

序号	巨型区	国家	人口／百万
9	芝加哥—匹兹堡	美国	46.0
10	墨西哥城	墨西哥	45.5
11	香港—深圳—广州—澳门	中国	44.9
12	里约热内卢	巴西	43.4
13	北京—天津—河北	中国	43.1
14	大阪—名古屋	日本	36.0
15	特拉维夫—安曼—贝鲁特	地中海东部海岸	30.9
16	巴塞罗那—里昂	西班牙—法国	25.0
17	法兰克福—斯图加特	德国	23.1
18	查尔斯顿—亚特兰大	美国	22.4
19	多伦多—布法罗—罗切斯特	加拿大—美国	22.1
20	维也纳—布达佩斯	奥地利—匈牙利	21.8
21	台北	中国	21.8
22	南加州	美国	21.4
23	曼谷	泰国	19.2
24	福冈—九州	日本	18.5
25	南佛罗里达	美国	15.1
26	巴黎	法国	14.7
27	布宜诺斯艾利斯	阿根廷	14.0
28	北卡罗来纳	美国	12.8
29	达拉斯—奥斯丁	美国	10.4
30	布拉格	捷克	10.4
31	里斯本	葡萄牙	9.9
32	休斯顿—奥尔良	美国	9.7
33	卡斯卡迪亚（Cascadia）	美国	8.9
34	新加坡	新加坡	6.1
35	马德里	西班牙	5.9
36	凤凰城—图森	美国	4.7
37	札幌	日本	4.3
38	柏林	德国	4.1
39	格拉斯哥—爱丁堡	英国	3.8
40	丹佛—博尔德	美国	3.7

资料来源：Marull et al.，2013.

4.2.5 紧缩城市

由于发达国家的全球化和去工业化（Deindustrialization），大城市地区的郊区化和绅士化以及人口的老龄化，一些城市的就业人数急剧减少，结果导致城市人口外流，人口密度迅速下降（Pacione，2014）。这样会在很短的时间内导致土地被废弃，建筑物空置，公共交通量下降，住房、商业服务、学校、医院、公用事业等基础设施和社会设施的需求也大幅下降，城市税收也会减少，以至于不能满足维持现有城市基础设施和社会设施运行所需的财政预算，从而使城市的活力逐渐丧失。这就是城市紧缩的现象。在美国，1990—1996 年间，30 个主要城市中的 14 个城市人口迅速减少，例如底特律的人口在 1970—1990 年间下降了 30%，再如圣路易斯 1950—2009 年间城市和城市边缘地区的人口下降了 35%（Pacione，2014）。欧洲也有一些萎缩的城市，例如英国的利物浦、德国的哈雷和莱比锡以及意大利的热那亚，东欧和苏联的城市也特别明显，如波兰的比托姆和索斯诺维茨、马基瓦和顿涅茨克，乌克兰的蒂米什瓦拉和捷克共和国的俄斯特拉发。在日本，一些远离大都市的港口城市（如长崎、新潟和函馆）人口已经下降，尽管它们下降的幅度远小于美国和欧洲城市，如北九州和尼崎等一些制造业城市。在中国，根据 2000 年和 2010 年的人口普查数据，龙瀛等（2016）发现有 180 个城市在萎缩，按地级市统计有乌鲁木齐、吕梁、定西、庆阳、呼伦贝尔、临昌、鸡西、乌兰察布和黄冈。目前全球总共约有 350 个紧缩的城市，其中 80% 位于美国、英国、德国、意大利、法国和日本等西方发达国家（Pacione，2014）（表 4-2）。

表 4-2　全球紧缩城市

国家	城市	人口最大规模 / 人（年份）	现状人口 / 人（年份）	变化 /%
美国（1）	圣路易斯	856796（1950）	311404（2016）	−63.65
	底特律	1849568（1950）	681090（2013）	−63.17
	休斯敦	170002（1930）	66982（2010）	−60.6
	水牛城	580132（1950）	256902（2016）	−55.72
	加里	178320（1960）	80294（2010）	−55.0
	匹兹堡	676805（1950）	305704（2017）	−54.83
	辛辛那提	503998（1950）	301301（2017）	−40.22
	巴尔的摩	949708（1950）	620961（2010）	−34.6
	托莱多	383818（1970）	287208（2010）	−25.2
	费城	2071605（1950）	1580863（2017）	−23.69
英国	利物浦	855000（1931）	491500（2017）	−42.51
德国	哈雷	329625（1986）	230900（2010）	−30.00
	莱比锡	713470（1933）	581980（2017）	−18.43
意大利	热那亚	842114（1970）	594733（2015）	−29.38
波兰	比托姆	239800（1987）	183200（2010）	−23.60
	索斯诺维茨	259600（1987）	204013（2017）	−21.41
乌克兰	马基瓦	455000（1987）	363677（2010）	−20.10
	顿涅茨克	1121480（1992）	929063（2016）	−13.59
罗马尼亚	蒂米什瓦拉	351293（1990）	319279（2011）	−9.11
捷克	俄斯特拉发	331219（1990）	306006（2010）	−7.6

续表

国家	城市	人口最大规模/人（年份）	现状人口/人（年份）	变化/%
日本（2）	青森	311386（2005）	285000（2016）	−8.47
	下关	290693（2005）	269000（2016）	−7.46
	长崎	455206（2005）	422272（2015）	−7.23
	函馆	294264（2005）	279110（2010）	−5.15
	北九州	993525（2005）	951336（2017）	−4.25
	尼崎	462647（2005）	446000（2017）	−3.60
	静冈	723323（2005）	699450（2017）	−3.30
	奈良	370102（2005）	362964（2016）	−1.93
	新潟	813847（2005）	804594（2017）	−1.14
	滨木	804032（2005）	795920（2017）	−1.01

资料来源：（1）美国 Pacione，2014. Table 1.1，1.2，1.3；

（2）日本 Pacione，2014，Table 1.3；

（3）其他国家，Pacione，2014，Table 1.2；

（4）多数最新人口资料由各个城市网络获得。

4.3　城镇化驱动力 [①]

除了人口和资源（如各自区域的水、土地和矿产）这些在地因素外，可以认为，城镇化是由经济、社会和政治层面之间的相互作用驱动的。

4.3.1　工业化

刘易斯（Lewis，1954）认为，经济发展依赖于现代工业部门的扩张，而现代工业部门的扩张又需要从农业部门转移大量廉价劳动力。按照这种逻辑，刘易斯提出了基于无限劳动力供给条件的双重经济发展模型。这种经济学理论解释了城镇化扩张和扩散的空间过程。城镇化的累积因果关系可用"剩余产品"理论解释（Davis，1965）。美国经济学家库兹涅茨（Simon Kuznets，1966，1989）在《现代经济增长：发现与思考》中把现代经济增长概括为工业化和城镇化过程："各国经济增长……常伴随着人口增长和结构的巨大变化。一个国家的经济发展水平同城镇化呈正相关关系。因此，只有一个国家总体经济发展提高了，其城镇化水平才能提高。斯托珀（Storper，2013）将"工业化拉动城镇化"称为"有增长的城镇化"。简单地说，就是工业化提高了劳动生产率，导致以城市经济为主的经济结构转换，或者由于工业化带来的城市集聚效应提高了劳动生产率，引致城市部门的继续扩张。首先是农业革命。农业技术革命带来的农业生

[①]　本节引自：Gu C L，2019. Urbanization：Processes and driving forces［J］. Science China-Earth Sciences，62（9）：1351-1360.

产率提高，使得劳动力得以从农业部门转移出来到城市和现代部门，这一方面使农业部门就业比重减少，另一方面农民收入的提高也会增加对城市部门产品的需求。其次是工业革命。工业部门生产率的提高会吸收农业剩余劳动力，从而促进城市部门的发展，比较经典的是刘易斯劳动力流动模型。最后是资源革命。从资源开采（如石油、黄金、钻石等）获得巨额财富，从而推动城市发展，例如沙特。这些资源和财富一般集中在城市精英手中，主要花费在城市商品和服务业上面。资源革命不像农业和工业革命那样有长期的增长效应，这种革命通常带来的都是消费型城市的成长。

新经济地理学认为，不论是在发达国家还是发展中国家，城市发展的集聚效应带来的生产率提高才是城市发展的巨大动力，这包括集聚经济的本地市场效应、劳动力池效应、产业的关联效应、知识溢出效应等。工业化是城镇化的基础，中国早期城镇化就是一个很好的例子。农村改革在20世纪80年代成功地鼓励了农业生产和外国投资。释放粮食生产压力后，大量农村劳动力可以加入非农业产业和新的城镇化进程。结果，城镇的集体企业雇用了1亿多农村劳动力。大量农民移民到城镇、城市、工业和采矿区寻找工作。城乡、工农业、城市增长和经济增长之间并行发展，这种类型的城镇化称为"同步城镇化"（Synchro Urbanization）（Gu et al.，2015）。

4.3.2　现代化

城镇化是现代化的标志，发达国家和发展中国家都非常重视这一问题。第二次世界大战后，许多发展中国家将现代化作为发展目标。一个社会的现代化，不仅是经济、社会、文化、科学技术的发展，最重要的是在社会变迁中人的现代化。也就是说，只有在现代科学技术、经济和各种组织中工作的人都获得了与整个社会现代化发展相一致的现代性，这样的社会才可以说是一个真正的现代社会。与此同时，一个共同的认识是：城镇化是现代化的标志，几乎所有国家和地区，都是通过加快城镇化进程推动国家和地方现代化的。自20世纪五六十年代以来，绝大多数发展中国家都在积极推动国家现代化，以满足改善生活条件的需要，在空间和社会转型层面加速推进城镇化。国际经验显示，人均GDP接近1万美元便具备了迈向高收入国家的现实条件，也有落入"中等收入陷阱"的潜在风险，但鲜见跨越"中等收入陷阱"的具体路径。从城市的视角来看，"中等收入陷阱"风险实质是"城镇化陷阱"风险。

纵观中国的现代化过程，可以分为两个阶段。

（1）第一次现代化。将经济、社会和知识作为衡量现代化的指标，具体指标将城镇化数量作为衡量的标准，例如：①服务业增加值比例（服务业增加值占GDP比例）达到45%以上；②城镇化水平（城市人口占总人口比例）达到50%以上；③婴儿死亡率30‰以下；④平均预期寿命（出生时平均预期寿命）70岁以上；⑤医生比例（每千人口医生人数）1‰以上；⑥成人识字率80%以上；⑦大学普及率（在校大学生占20~24岁人口比例）15%以上。

（2）第二次现代化。评价的指标主要面向知识创新、知识传播、生活质量、经济质量，具体指标将城镇化质量作为衡量的标准，例如：①物质产业增加值比例（农业和工业增加值占 GDP 的比例，%）；②物质产业劳动力比例（农业和工业劳动力占总就业劳动力比例，%）；③互联网普及率（互联网用户／百人口，%）；④大学普及率（在校大学生人数占适龄人口（一般 20 ～ 24 岁）比例，%）；⑤平均预期寿命（新生儿平均预期寿命，岁）；⑥婴儿死亡率（每千例活产婴儿在 1 岁内的死亡率，‰）；等等。党的十九大报告指出："从 2020 年到 2035 年，在全面建成小康社会的基础上，再奋斗十五年，基本实现社会主义现代化。"

4.3.3 全球化

20 世纪 80 年代，随着信息技术的发展，全球化成为世界最主要的发展趋势和最重要的现代性特征。现代化有被全球化取代之势。一方面，在意大利，工业区曾经作为小规模灵活资本主义成功的标志，通过生产力要素的集聚和更精细的分工来提高企业效率。但到 80 年代，这些工业区受到来自信息、资本、技术和劳动力的全球流动的挑战，激烈的竞争导致企业外迁和跨国公司的形成，吸收移民或搬迁工厂成为这一时期公司发展的重要选项（Dunford，2006）。另一方面，英国伦敦作为最早的世界城市和金融中心，在信息技术的帮助下，国际贸易、全球投资和技术流动，进一步巩固了在全球城市系统中处于中心、在全球经济循环中的关键节点和全球化经济中的新增长中心的位置。在中国，东部沿海地区的港口城市，通过经济技术开发区的建设，加之优越的地理位置、廉价的土地和劳动力、巨大的消费市场，使其成为发达国家跨国公司移出生产装配线的重要地区。这样的全球—本地联结，给全球生产体系和城市体系的发展带来深刻的影响，促进了世界城市（World City）、全球城市（Global City）、巨型城市区（Mega-city，Mega-city Region）、巨型区域（Mega–region）的出现，而且这些城市和地区按照集聚形式形成超级城市集聚区或全球城市地区（Global City Region），它们成为相互联系的经济活动密集地带，也逐渐成为一个国家或全球经济的引擎地区（Scott and Storper，2003）。

联合国人居署《2010/2011 年世界城市状况》描述了这样新的空间组织：主要由人才、生产、创新和市场流动驱动经济全球化。这个新的空间可以横跨国家甚至数百公里，人口超过 1 亿。这些巨大、相关的环境、文化、基础设施和功能区网络系统将都市圈连接在一起成为全球的巨大经济区。美国区域规划协会分析了美国的情况，认为美国已经形成 11 个巨型区域，它们的人口和 GDP 占全国的 70% 以上，而且每个巨型区都具有独特的环境和地形、基础设施、经济联系、城市体系、土地使用以及文化和历史特色（RPA，2014）。日本东京巨型区，以东京都为中心，覆盖周边的茨城、栃木、群马、埼玉、千叶、神奈川和山梨七县，通勤区范围 50 ～ 70 公里，国土面积仅占日本国土面积的 3.5%，2015 年该地区却集中全日本 34% 的人口和 39% 的 GDP。目前正在规划建设连接东京湾—鹿岛—千叶新磁浮高速铁路，未来换计划建设东京—横滨和静冈—名古屋—大家—神户—长崎超级巨型区，囊括日本 10 大都市区中的 9 个，国土面积约 10 万平方公里（占日本总面积的 26.5%），人口 7300 万（约占全日本总人口的 61%）。中国，2019 年也启动了粤港澳大湾区规划，重点是建设世界领先的制造业中心、重要的全球创新中心以及国际金融、航运和贸易中心。目前，这个大湾区占全中国 GDP 的 12.5%，但仅占全国国土面积的 1% 和人口的 5%。在世界的其他地方，全球城市区和巨型区也处在形成和发育之中，例如，巴西的里约热内卢—圣保罗地区、印度的孟买—德里工业走廊以及西非的伊巴丹—拉各斯—阿克拉城市走廊。

4.3.4　市场化

随着外国直接投资（FDI）流入，新的全球制造体系应运而生。与加工制造系统相关的贸易也开始活跃增长。这是一个建立了全球制造网络的新制造系统，该网络具有超级制造和服务能力，包括研究、设计、加工、制造商、组装和营销，并与全球经济联系在一起。这种利用外国直接投资和农村廉价劳动力的生产过程几乎完全是外国市场导向的，因此被称为出口导向的经济体系。由于这个产业体系建设主要面向国外市场，因此几乎与国内生产体系完全脱节。在中国，这被称为以资本为主导的城镇化（Sit and Yang，1997）。

在城镇化过程中，中国东部沿海地区出现了消费品、工业产品和辅助农产品的批发市场。自 2001 年中国加入世界贸易组织和 2008 年北京奥运会以来，这种以出口为导向的生产体系和快速增长的市场，已经成为本国和外国产品的重要节点。由于市场化、工业化和全球化的结合，经济的快速增长反映在沿海发达地区的快速城镇化进程中，亿万农村剩余劳动力流入城市（Gu et al.，2008）。在广东省，外来劳动力从 100 万增加到 1200 万，进出口额从 20 世纪 90 年代初的 500 亿美元增加到 2018 年的 70000 亿美元，增长了 130 倍。在长江三角洲，许多日常用品、小商品市场随着地方制造业的发展纷纷建立起来，例如张家港的庙桥毛衫商城、绍兴的柯桥纺织商城、常熟的中风商城、吴江盛泽丝绸商城和海宁皮革商城。还有各种批发市场，它们集中制造业需要的各类原材料、中间产品，还有地方土特产和农贸产品市场；通过这些不同类型的市场，将原材料和制成品、将生产和消费联结起来。浙江的义乌小商品市场，甚至将各类小商品批发出售到全世界。由于市场和制造工厂的不断发展，也带来了丰厚的利润，反过来又促进了长江三角洲小城镇的发展，尤其苏州已成为以外资为主导的全球制造业生产城市，昆山也从小县城转变为全球蓬勃发展的高科技中心。

4.3.5　制度改革和创新

国家的作用已通过治理、发展、企业家、增长机器和分层式政治范式进行分析（Kuang et al.，2017）。与世界上任何其他市场国家一样，东亚国家的市场也受到政府当局的监管，监管的手段一般采取间接方式，例如制定政策以及与私营企业密切合作。从印度班加罗尔、马来西亚吉隆坡到中国苏州，地方政府都在为将亚洲城市转变为全球化的高科技中心做出了巨大努力。中央和地方政府推行的优惠政策、制度改革和创新，都直接推动了相关的快速城镇化进程。

西方国家城市，一开始就是自治体，不管城市规模大小，都有独立财税权利。20 世纪 70 年代以来，为了争夺投资，城市间竞争激烈，城市公共管理也从福利国家模式转向促进城市经济发展、提高城市竞争力的模式。越来越多的人认识到，如果说充满生机和活力的城市是经济增长和国家繁荣的发动机，那么城市治理不仅为促进政府、公司、社团、个人行为对生产要素控制、分配、流通的影响起关键作用，而且也为城市增长机器提供灵活性和有效性。据此，发起城市治理模式改革，尤其对地方城市政府进行大刀阔斧改革。

在中国，地方政府的事权被分为区域性、城市性、共同管辖三种类型。现有的政府间事权的协调手段主要有统一管理、功能转移、税收转移、增设专门目的的政府部门和设施等。城市内部管理大多强调行政区的作用和行政力量，没有城市地方经济自治的概念。自 1980 年以来，中国采取了一系列新政策，从行政上对农村城镇化进行改革，例如：县改市，城镇升级为城市，通过改变非农业人口的定义来放宽对城市发展的约束。还有将管理农业为主的地区改为以非农业管理为主的城市，还有将郊区县改为城区实施管理的区。从 1978 年到 1984 年，城市数量从 193 个增加到 300 个，到 1993 年达到 570 个。城镇人口也从 1978 年的 1.72 亿到 1984 年 2.4 亿，再到 1993 年的 3.317 亿。城镇化水平自 1978 年的 18% 增长到 1984 年的 23% 和 1993 年的 28%（Gu et al., 2008）。此外，中国政府的开放政策启动了新的经济技术开发区和高科技园区。这种以出口为导向的工业化进程加快了中国东部沿海地区的城镇化进程。1997 年的亚洲金融危机对中国造成了严重影响；对外贸易和出口因此减少。随后，中国政府制定了支持自主市场的全国城镇化政策。这意味着大部分国内生产的商品将由国内消费者消费。这就是所谓的中国新型城镇化之路。

第 5 章　多要素—多尺度—多情景—多模块集成的城镇化与生态环境交互胁迫的动力学模型

顾朝林　管卫华　曹祺文　鲍　超　叶信岳　刘合林　易好磊　彭　翀　吴宇彤　翟　炜

　　本章以系统动力学模型为主模型，对接基于多目标约束的水资源与城镇化交互胁迫模型、基于 CA-MA 和 GIS 技术的土地资源与城镇化交互胁迫模型、基于动态多区域 CGE 的能源与城镇化交互胁迫模型，建立多要素—多尺度—多情景—多模块集成的城镇化与生态环境交互胁迫的动力学模型。

5.1　模 型 类 型

　　根据定量分析和建成模型的复杂程度，将城市与区域的定量研究方法划分为系统动力学模型、数量经济模型、数理模型、元胞自动机与智能体模型、多模型复合 / 集成系统 5 种类型。

5.1.1　系统动力学模型

　　系统动力学模型（System Dynamic Model，SD）是从复杂系统的内部要素和结构入手，不仅把系统因果关系的逻辑分析与反馈控制原理相结合，而且能够动态跟踪和不受线性约束，不追求最优解，而是以现实存在为前提，通过改变系统的参数和结构，测试各种战略方针、技术、经济措施和政策的后效应，寻求改善系统行为的机会和途径的模型。系统动力学模型一般将系统分成若干子模块，并将各子模块中各变量之间的关系运用各种方程分别给出定量描述，这些方程主要包括水平方程（L）、辅助方程

（A）、速率方程（R）、初值方程（N）、表量方程（T）等。其中：水平方程是可变积分方程，描述的是水平变量随时间的非线性关系；其他方程是描述辅助变量、速率变量等的关系式，可以通过其他辅助模型得出。

5.1.2　数量经济模型

1. 多目标约束模型

多目标约束模型（Multi-objective Constaint Model，MOC）本质上属于多目标决策模型（Multi-objective Decision Model，MOD）或多目标优化模型（Multi-objective Optimzation Model，MOO），是在系统规划、设计和制造等阶段为解决当前或未来可能发生的问题，在多重目标约束下（以不等式或等式对若干变量之间的数量关系进行约束），在若干可选的方案中选择和决定最佳方案的一种分析过程。在协调城镇化与生态环境的相互作用与关系时，社会经济与资源环境目标之间往往相互矛盾，其总量、结构、效率等的变化往往受多重因素制约，这类具有多个目标和约束条件的决策就要构建多目标约束模型来解决，具体的方法主要有以下几种：①化多为少法，将多目标问题化成只有一个或二个目标的问题，然后用简单的决策方法求解，最常用的是线性加权求和法；②分层序列法，将所有目标按其重要性程度依次排序，先求出第一个最重要目标的最优解，然后在保证前一目标最优解的前提下依次求下一目标的最优解，一直求到最后一个目标为止；③直接求非劣解法，先求出一组非劣解，然后按事先确定好的评价标准从中找出一个满意的解；④目标规划法，对于每一个目标都事先给定一个期望值或约束阈值，然后在满足系统一定约束条件下，找出与目标期望值最近的解。

2. 宏观经济模型

宏观经济模型（Macro-economic Model，MEM）是表示宏观经济现象及其主要因素之间数量关系的方程式。宏观经济现象之间的关系多属于相关或函数关系，建立宏观经济模型并进行运算，就可以探寻经济变量间的平衡关系，分析影响平衡的各种因素。宏观经济模型主要有经济变量、参数以及随机误差三大要素。经济变量是反映经济变动情况的量，分为自变量和因变量。而宏观经济模型中的变量则可分为内生变量和外生变量两种。内生变量是指由模型本身加以说明的变量，它们是模型方程式中的未知数，其数值可由方程式求解获得；外生变量则是指不能由模型本身加以说明的量，它们是方程式中的已知数，其数值不是由模型本身的方程式算得，而是由模型以外的因素产生。宏观经济模型的第二大要素是参数。参数是用以求出其他变量的常数。参数一般反映出事物之间相对稳定的比例关系。在分析某种自变量的变动引起因变量的数值变化时，通常假定其他自变量保持不变，这种不变的自变量就是所说的参数。宏观经济模型的第三个要素是随机误差，是指那些很难预知的随机产生的差错，以及经济资料在统计、整理和综合过程中所出现的差错，可正可负，或大或小，最终正负误差可以抵消，因而通常忽略不计。

5.1.3 数理模型

1. 时间序列分析法

时间序列分析法（Time Series Analysis Method，TSA）是一种动态数据处理的统计方法。该方法可基于随机过程理论和数理统计学方法，研究城镇化与生态环境各要素的随机数据序列所遵从的统计规律，以用于解决二者之间的数学关系问题。其中，时间序列是按时间顺序的一组数字序列，时间序列分析就是利用这组数列，应用数理统计方法加以处理，以预测未来事物的发展。它的基本原理是：①承认事物发展的延续性，应用过去数据，就能推测事物的发展趋势；②考虑到事物发展的随机性，任何事物发展都可能受偶然因素影响，为此要利用统计分析中加权平均法对历史数据进行处理。常被用来进行时间序列预测的方法有算术平均法、加权序时平均法、移动平均法、加权移动平均法、趋势预测法、指数平滑法、MGM-Markov 模型、GM（1，1）模型、ARIMA 模型、灰色 Verhulst 模型、神经网络模型等。一般反映三种实际变化规律：趋势变化、周期性变化、随机性变化。

2. 一元或多元回归模型

一元或多元线性回归模型（Simple Linear or Multivariable Linear Regression Model，SLRM or MLRM）是一个因变量与一个或两个及两个以上自变量的回归模型，可以反映一种事物现象的数量依据一种或多种事物现象的数量变动而相应变动的规律，是两个或多个变量之间线性数量关系式的统计方法。该方法可以加深对定性分析结论的认识，并得出城镇化与生态环境各要素之间的数量依存关系，从而进一步揭示出各要素之间内在的规律。但在实际的线性回归分析中，一般首先绘制出自变量和因变量之间的散点图。如果散点图中的数据分布明显呈直线趋势，则可以利用线性回归分析方法估计回归方程。但在很多情况下并非如此，数据在散点图中的分布呈曲线趋势且具有某种函数的图形特点，这时就需要根据曲线趋势对变量间的关系进行曲线估计。常用的曲线估计模型（Curve Estimation Model，CEM）主要有：二次项模型、三次项模型、多次项模型、复合模型、生长模型、对数模型、指数模型、Logistic 曲线模型等。这些曲线估计模型本质上属于非线性的一元或多元回归模型。

5.1.4 元胞自动机与智能体模型

1. 元胞自动机模型

元胞自动机（Cellular Automaton，CA），也有人译为细胞自动机、点格自动机、分子自动机或单元自动机，是一种利用简单编码与仿细胞繁殖机制的非数值算法空间分析模式，也是一种时间和空间都离散的动力系统。一个标准的 CA 系统应该包括五个部分：元胞（Cell）、元胞空间（Lattice）、邻居（Neighbor）、规则（Rule）和时间（Time）。散布在规则格网（Lattice Grid）中的每一元胞（Cell）取有限的离散状态，遵循同样的作用规则，依据确定的局部规则作同步更新，大量元胞通过简单的相互作用而构成动态系统的演化。不同于一般的动力学模型，元胞自动机不是由严格定义的物理方程或函数确定，而是用一系列模型构造的规则构成。凡是满足这些规则的模型都可以算作是元胞自动机模型。因此，元胞自动机是一类模型的总称，或者说是一个方法框架。其特点是时间、空间、状态都离散，每个变量只取有限多个状态，且其状态改变的规则在时间和空间上都是局部的。元胞自动机模型通过不断改进与完善，被越来越多地应用在土地利用模拟中，尤其是在城市规划和城镇化研究中，可以为模拟土地资源与城镇化交互胁迫效应提供可靠方法。

2. 多智能体模型

多智能体模型（Multi-agent Model，MA）一般是指采用多智能体技术（Multi-agent Technology，MAT）解决多智能体系统（Multi-agent System，MAS）问题的方法，目的在于解决大型、复杂的现实问题，而解决这类问题已超出了单个智能体的能力。多智能体系统是多个智能体组成的集合，它的目标是将大而复杂的系统建设成小的、彼此互相通信和协调的、易于管理的系统。它强调多个智能体之间的紧密群体合作，而非个体能力的自治和发挥，主要说明如何分析、设计和集成多个智能体构成相互协作的系统。城镇化与生态环境系统本身就是一个多智能体系统，在对其进行模拟时，一是要将其要素分成若干智能体，进行"庖丁解牛"；二是对于一些难以量化的变量，需要利用多智能体技术，将多个专家系统的决策方法有机地协调起来，建立基于多智能体协调的环境决策支持系统。

5.1.5　多模型复合/集成系统

1. 动态多区域可计算的一般均衡模型

可计算的一般均衡模型（Computable General Equilibrium Model，CGE）既可以刻画微观经济主体的优化行为，同时也能反映政策变化对宏观经济的影响，是政策模拟的有效分析工具。一般的 CGE 模型是单区域模型和静态模型，它明确地设定了各个经济主体行为及主体最优化假设；体现了价格内生机制，通过需求和供给决策决定商品和要素的价格，即采用了市场均衡假设；是可计算的，即可得出数值解。动态多区域 CGE 模型关于每一区域内部的结构，如生产、消费、投资、政府购买、进口和出口等结构，和单区域 CGE 模型在本质上是基本一致的。与单区域 CGE 模型不同的是，多区域 CGE 模型应该具备以下两个主要特征：①经济主体的优化行为是区域层次的；

②模型中对区域间经济联系做出刻画，主要包括区域间商品交易、区域间投资流动、区域间劳动力流动，以及政府、居民或企业在区域间的转移支付，最后一方面根据研究需要有时可以省略。其中，第一个特征为描述区域间经济联系和相互作用的基础（必要条件），而第二个特征则为充分条件。所以多区域 CGE 模型应该把每个区域都看作单独的经济主体，并包含刻画区域间经济联系和相互作用的模块，不仅可以体现区域差异，还能通过区域间的商品和要素流动使一个区域的经济影响对其他区域的经济也产生波及影响并获得相应的反馈。

2. 情景分析法

情景分析（Scenario Analysis，SA）是就某一主体或某一主体所处的宏观环境进行分析的一种特殊研究方法。主要分析步骤为：主题的确定；主题所处环境的构造；关键因素的辨识；假想可能的趋势和发展；检测对发展和趋势的影响。概括地说，情景分析的整个过程就是通过对城镇化与生态环境系统的研究，识别影响城镇化与生态环境演变的外部因素，模拟外部因素可能发生的多种交叉情景及其对城镇化与生态环境交互胁迫系统的影响，进而制订相应的决策。由于城镇化与生态环境系统会受多种不确定因素影响，因此需要对这些不确定因素进行假设。每一组对城镇化与生态环境系统外部因素的假设都最终会产生一个相应的决策，因此情景分析主要应用于分析城镇化与生态环境系统不确定因素和形成决策两个方面。

5.2 城镇化 SD 模型 [①]

顾朝林　管卫华　刘合林

中国城镇化，作为国家非常重要的社会发展、经济增长和环境变化过程，一方面，城镇化水平已经迅速从 1978 年的 18% 上升到 2015 年的 56.1%；另一方面，城镇化也导致一系列诸如农用地和生物多样性减少、城市住房短缺、交通拥堵、区域经济发展不平衡等问题。根据党的"十八大"和国家"十三五"规划纲要，中国城镇化已经列入 2020 年国家全面建成小康社会的重要任务。然而，中国城镇化过程究竟是一个长期的过程还是政府短期可以实现的目标？中国趋向稳定状态的城镇化水平是多少？哪一年将可能基本完成中国城镇化的过程？这些都是需要进行科学回答的问题。

① 本节引自：Gu C L，Guan W H，Liu H L，2017.Chinese urbanization 2050：SD modeling and process simulation［J］.Science China Earth Sciences，60（6）：1067-1082.

顾朝林，管卫华，刘合林，2017.中国城镇化2050：SD模型与过程模拟［J］.中国科学：地球科学，47（7）：818-832.

5.2.1　文献综述与相关研究进展

较早的中国城镇化水平研究，曾经预测 2010 年城镇化水平达到 61%、2030 年 65%、2040 年 69% 和 2050 年 73%（顾朝林，1992），这个结果只是基于逻辑斯蒂模型做出的。2003 年陈金永和胡莹的研究是到 2050 年中国城镇化水平将达到 60%～66%（Chan and Hu，2003）。陈明、王凯（2013）通过中国与其他国家的人均 GDP 与城镇化水平之间关系分析，预测中国城镇化水平，2020 年达到 59%～60%，2030 年将达到 68%～70%。中国特色新型城镇化发展战略研究课题组通过对农业劳动力向非农产业转移数量，以及对全国新出生人口和新进入劳动年龄的农村人口数量分析，预测 2020 年中国城镇化水平将达到 60%，2033 年达到 65%（徐匡迪等，2013）。高春亮等（2013）综合曲线拟合、经济模型和城乡人口增长率三种方法，进行中国城镇化水平预测，2030 年达到 68.38%，2050 年为 81.63%。《国家新型城镇化规划（2014—2020 年）》将 2020 年中国城镇化水平发展目标设定为 60% 左右。经济学人智库中国研究团队（2014）研究认为：中国城镇化水平到 2020 年达到 61%，2030 年达到 67%。胡秀莲（2013）综述了国内外研究机构的研究成果，中国城镇化水平 2020 年将达到 58%～63%，2050 年达到 60%～79%。国务院发展研究中心和世界银行（2014）的《中国推进高效、包容、可持续的城镇化》研究报告，预测 2030 年中国城镇化水平在 66%（基准情景）～70%（改革情景）。综上所述，不难看出，无论是学者还是研究机构对中国城镇化水平的预测值相差较大，不足以支撑国家宏观决策。

世界各国的城镇化专家根据相关的城镇化理论构建了预测模型并进行过程模拟。在 20 世纪 50 年代以前，城镇化研究，尤其城镇化水平预测，主要采取时间序列预测法，依靠历史资料的时间数列进行趋势外推研究，常用的方法有算术平均法、加权序时平均法、移动平均法、加权移动平均法、趋势预测法、指数平滑法等。到 20 世纪六七十年代，城镇化的研究开始采用静态的人口分析方法，如人口统计学方法和线性分析技术，1975 年美国城市地理学家诺瑟姆采用逻辑斯蒂方程进行发达国家的城镇化水平回归分析，提出了"诺瑟姆 S 形曲线"（Northam，1975）。20 世纪 80 年代，系统科学、运筹学等被引入城镇化研究之中，开始运用自组织与协同理论的系统方法和建模思路，开展了人口分布、产业演化、设施分布、空间模式交通行为与城市模拟等研究（Zeleny，1980；Batten，1982；Allen et al.，1984；Pumain，1986）。20 世纪 90 年代以来，城镇化研究数据的获取手段得到极大的改善，不仅有监测城镇化区域内自然数据各尺度对地观测系统和网络，也有采集处理人文经济数据的专门机构和多种类型数据库，城镇化的研究日趋精准和科学化。Portugali（2000）运用自组织和协同原理，提出基于元胞空间智能体框架的 FACS 模型。巴蒂（Batty，2005）结合地理信息系统 GIS 的建模方法，运用分形城市、元胞自动机（CA）和智能体（Agent）等科学范式，进行多情景城市空间增长与过程模拟。美国 SANTA FE 研究所开发了基于多智能体的模拟软件系统 SWARM，薛领等（2002）、夏冰等（2002）、沈体雁、吴波等（2006）基于 SWARM 平台开发了空间经济学和城市交通模型，李强、顾朝林（2015）提出了一种基于多智能体系统（Multi-agent System，MAS）和地理信息系统（GIS）的城市公共安全应急响应动态地理模拟模型。本文解构中国城镇化的复杂大系统，采用系统动力学（SD）方法进行建模和过程模拟，力求使研究结果更加科学、准确和可靠，为国家宏观政策制定提供科学依据和参考。

5.2.2 中国城镇化 SD 模型构建

1. 中国城镇化 SD 模型构建

系统动力学（System Dynamics，SD）采用定性和定量相结合的方式来解决实际问题（王其藩，1994），变单纯的静态为动态模拟（贾仁安等，2002），而且模型非固定结构，方程形式灵活，能够有效进行系统的动力研究，有助于进行多方案比较分析（何红波等，2006）。Forrester 最早从事自然资源、技术和经济部门的相互作用研究，与罗马俱乐部一起构建了"世界模型"（World Dynamics）（Forrester, 1971），出版著名的《增长的极限》（*The Limits to Growth*）研究报告（Meadows et al, 1972）。自此，SD 模型研究被广泛应用于地球科学、经济学、资源科学和城市与区域研究，例如：城市系统和土地扩张研究（Wolstenholme，1983；Mohapatra et al.，1994；Guo et al.，2001；Liu et al.，2007；Shen et al.，2007；Chang et al.，2008；何春阳等，2005；He et al.，2006），城镇化与生态环境耦合研究（Bockermann et al.，2005；Jin et al.，2009；Zhou et al.，2009；Egilmez and Tatari，2012），单要素系统动力学模拟研究（Cai，2008；Frederickd et al.，2010；Arjun，2011；Guan，2011；Qiu et al.，2015）以及复杂大系统的动力学模型研究（Haghshenas et al.，2015；Xu and Coors，2012；Tong and Dou，2014；Ying and Shi，2015）。中国城镇化 SD 模型就是利用系统动力学的原理和方法，基于城镇化机制的分析，建立中国快速城镇化阶段的系统动力模型。

2. SD 模型变量和参数

依据上述中国城镇化 SD 模型构建的系统边界和内部结构，相关的关键变量或参数由存量、流量和参数组成，其含义和单位如表 5-1 所示。

3. 要素因果关系图

SD 模型的系统结构是由因果环图（CLD）表示（Georgiadis et al.，2005），因果环图主要反映各变量之间的反馈机制。图 5-1 是中国城镇化 SD 模型的因果环图。

4. 系统存量流量图

中国城镇化 SD 模型因果环图中的存量和流量，按照可持续发展的理念进行组装，可以拆解为工业、经济、人口、城镇、教育等子系统（图 5-2）。在 DYNAMO，iThink，Vensim® and Powersim® 支持的系统环境下能够实现系统模拟。

表 5-1　中国城镇化 SD 模型的参数

变量符号	变量含义	变量单位	变量符号	变量含义	变量单位
CSRK	城市人口	万人	DYCYCZ	第一产业产值	亿元
NCSRKZC	年城市人口增长	万人/年	DYCYZDCZ	第一产业最大产值	亿元
NCSRKDJ	年城市人口递减	万人/年	DYCYCZZCL	第一产业产值增长率	无量纲
CSJKYXYZ	城市健康影响因子	无量纲	DYCYCZ	第一产业产值增量值	亿元
CSRKSWL	城市人口死亡率	无量纲	NCGD	农村耕地	万 hm³
CSRKCSL	城市人口出生率	无量纲	DYCYZBCL	第一产业资本存量	亿元
CSJHSYYYYZ	城市计划生育影响因子	无量纲	DYCYZBCLBL	第一产业资本存量比例	无量纲
ZDRKCZL	最大人口承载量	万人	CSSCZZ	城市生产总值	亿元
CSJYYZ	城市教育因子	无量纲	GNSCZZ	国内生产总值	亿元
CSZXXSZZCXS	城市中小学师资增长系数	无量纲	DECYCZ	第二产业产值	亿元
CQCSJYSZSP	初期城市教育师资水平	人/万人	DECYZDCL	第二产业最大产量	亿元
CSZXXWMXSYYJSS	城市中小学万名学生拥有教师数	人/万人	DECYCZZCL	第二产业产值增长率	无量纲
CSZXXSS	城市中小学生人数	万人	CSDECYZBCL	城市第二产业资本存量	亿元
CSZXXJSS	城市中小学教师数	万人	DECYZBCLBL	第二产业资本存量比例	无量纲
JYYZ	教育因子	无量纲	NDECYCZCZ	年第二产业产值增长值	亿元
CSCYLDLXQZCXS	城市产业劳动力需求增长系数	无量纲	DECYCYRYZCL	第二产业从业人员增长率	无量纲
CSCYLDLXQYZ	城市产业劳动力需求因子	无量纲	DECYLDLZJL	第二产业劳动力增加量	万人/年
CSCYLDLXQ	城市产业劳动力需求	万人	DECYLDL	第二产业劳动力	万人
CQCSCYLDLXQ	初期城市产业劳动力需求	万人	DECYCYXS	第二产业从业系数	无量纲
YLYZ	医疗因子	无量纲	ZZBCL	总资本存量	亿元
CQCSWRYYYSS	初期城市万人拥有医生人数	人/万人	JLL	积累率	无量纲
CSYSS	城市医生人数	万人	ZZBCLNZJL	总资本存量年增加量	亿元/年
CSWRYYYSS	城市万人拥有医生数	人/万人	SJDECYCZZCL	实际第二产业产值增长率	无量纲
CSWEYYYSSZCXS	城市万人拥有医生数增长系数	无量纲	DECYLDSCLZCL	第二产业劳动生产率产率增长率	无量纲

续表

变量符号	变量含义	变量单位	变量符号	变量含义	变量单位
CSYLSP	城市医疗水平	无量纲	DECYLDLXQ	第二产业劳动力需求	万人
DSCYLLDL	第三产业劳动力	万人	DSCYCZ	第三产业产值	亿元
DSCYCYXS	第三产业从业系数	无量纲	DSCYZDCZ	第三产业最大产值	亿元
DSCYCYRYZCL	第三产业从业人员增长率	无量纲	CSDSCYZBCL	城市第三产业资本存量	亿元
DSCYLDLZJZ	第三产业劳动力增加量	万人／年	DSVCYZBCLBL	第三产业资本存量比例	无量纲
NYLDSCL	农业劳动生产率	元／人	NDSCYZC	年第三产业增长值	亿元／年
NYLDLXQ	农业劳动力需求	万人	SJDSCYCZZZCL	实际第三产业产值增长率	无量纲
NYLDSCLZCSD	农业劳动生产率增长速度	无量纲	DSCYLDLXQ	第三产业劳动力需求	万人
NYLDLZZCSD	农业劳动力增长率速度	无量纲	DSCYCZZZCL	第三产业产值增长率	无量纲
NYLDLQYSD	农业劳动力迁移速度	无量纲	DSCYLDSCLZCL	第三产业劳动力率生产率增长率	无量纲
NNYLDLZC	年农业劳动力增长	万人	NCRK	农村人口	万人
NYLDLXS	农业劳动力系数	无量纲	NNCRKZC	年农村人口增长	万人／年
NYLDLTR	农业劳动力投入	万人	NNCRKDJ	年农村人口递减	万人／年
CSHLYZ	城镇化率因子	无量纲	NCJHSYYXYZ	农村计划生育影响因子	无量纲
NCRKCSL	农村人口出生率	无量纲	NCJKYXYZ	农村健康影响因子	无量纲
ZRK	总人口	万人	NCRKSWL	农村人口死亡率	无量纲
CSHL	城镇化率	%			

79

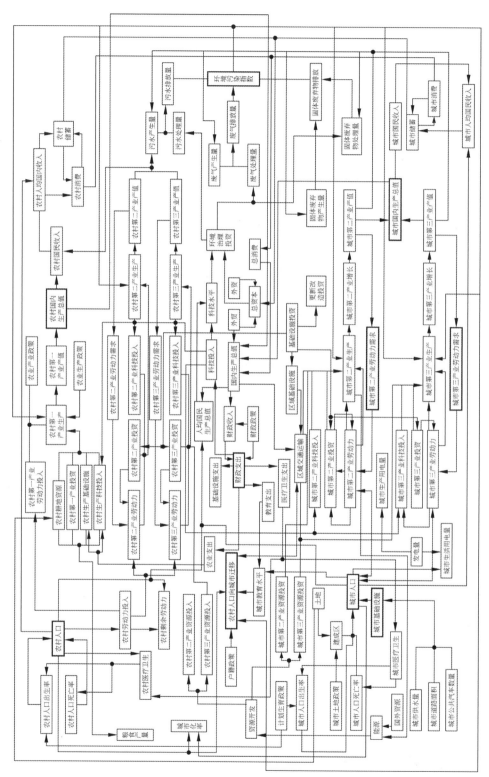

图 5-1 中国城镇化 SD 模型因果环图

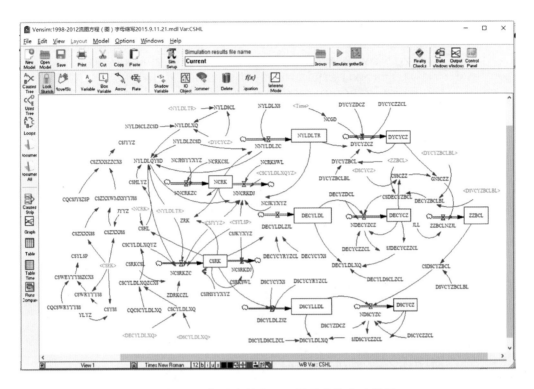

图 5-2 中国城镇化 SD 模型存量和流量图

5. 中国城镇化 SD 模型方程

经济增长是经济发展的基础和前提，而劳动生产率的提高则是经济增长的核心，二者的变动对劳动力需求产生较大的影响。中国城镇化 SD 模型主要考虑城市和乡村不同产业部门增长速度、劳动生产率和劳动力需求三者之间相互关系（周天勇，1994），特别是随着经济的发展使农业劳动生产率提高，一部分农业人口逐渐转变为从事工业、交通、商业、科学文教等非农业生产的劳动人口，其中农业劳动力的净转移速度又取决于农业生产规模和农业劳动生产率的增长速度（袁嘉新等，1987）。中国城镇化 SD 模型方程主要基于生产函数模型给出，具有增强增列结构特征。在此基础上得到如表 5-2 经济、人口和社会服务三个子系统动力学方程。虽然在中国城镇化 SD 模型中有线性方程，但同时也运用了一些非线性方程，正是由于采用的这些非线性方程或关系，使得整个系统呈现出非线性的态势，使得预测更加具有客观可能性。

这样，初步构建的中国城镇化 SD 模型就可以包括经济发展、人口与社会、公共服务等三个面的集成。SD 模型系统的构成可以通过不断的参数校准和改进从而达到确保模拟精度的要求。

表 5-2　中国城镇化 SD 模型方程

子系统	主要方程
1. 经济系统 主要方程	DYCYZCZ=DYCYCZZCL*（1−DYCYCZ/DYCYZDCZ）*EXP（10.5）*（NCGD^（0.4589））*（NYLDLTR^（−0.743）*DYCYZBCL^0.24） DYCYZBCL=ZZBCL*DYCYZBCLBL CSDECYZBCL= DECYZBCLBL*ZZBCL NDECYZCZ=DECYCZZCL*（1−DECYCZ/DECYZDCL）*EXP（1.003）*（DECYLDL^（−0.1958））*（CSDECYZBCL^0.967） ZZBCLNZJL= GNSCZZ*JLL CSDSCYZBCL= DSVCYZBCLBL*ZZBCL DECYLDLZJL= CSRK*DECYCYRYZCL*DECYCYXS DSCYLDLZJZ=CSRK*DSCYCYXS*DSCYCYRYZCL NDSCYZC=DSCYCZZCL*（1−DSCYCZ/DSCYZDCZ）*EXP（−8.76）*（DSCYLLDL^（1.095））*（CSDSCYZBCL^0.6766） DECYLDLXQ= DECYLDL*（1+SJDECYCZZCL−DECYLDSCLZCL） SJDECYCZZCL= NDECYZCZ/（DECYCZ−NDECYZCZ） DSCYLDLXQ= DSCYLLDL*（1+SJDSCYCZZCL−DSCYLDSCLZCL） SJDSCYCZZCL= NDSCYZC/（DSCYCZ−NDSCYZC） CSCYLDLXQZCXS= CSCYLDLXQ/CQCSCYLDLXQ GNSCZZ= DYCYCZ+CSSCZZ CSSCZZ= DECYCZ+DSCYCZ NNYLDLZC=NYLDLXS*NCRK*NYLDLZCSD
2. 人口系统 主要方程	NNCRKZC= NCRKCSL*NCRK*NCJHSYYXYZ NNCRKDJ=NCRKSWL*NCJKYXYZ*NCRK+NYLDLTR*NYLDLQYSD*CSJYYZ*CSCYLDLXQYZ*CSYLSP NCRK= NNCRKZC−NNCRKDJ NNYLDLZC=NYLDLXS*NCRK*NYLDLZCSD NCSRKZC=（1−CSRK/ZDRKCZL）*（CSRKCSL*CSRK*CSJHSYYXYZ+CSCYLDLXQYZ*NYLDLQYSD*NYLDLTR*CSJYYZ*CSYLSP） NCSRKDJ= CSRKSWL*CSJKYXYZ*CSRK CSRK= NCSRKZC−NCSRKDJ CSHL= CSRK*100/（CSRK+NCRK） CSCYLDLXQZCXS= CSCYLDLXQ/CQCSCYLDLXQ
3. 社会服务系统主要方程	CSZXXJSS= JYYZ*（0.00705*CSRK+105.995） CSZXXWMXSYYJSS=（CSZXXJSS*10000）/CSZXXXSS CSZXXSZZCXS= CSZXXWMXSYYJSS/CQCSJYSZSP CSZXXXSS= 0.027943*CSRK+1976.11 CSYSS= YLYZ*（0.010885*CSRK−257.88） CSWRYYYSS= CSYSS*10000/CSRK CSWEYYYSSZCXS= CSWRYYYSS/CQCSWRYYYSS

5.2.3 中国城镇化 SD 模型系统验证

中国城镇化 SD 模型验证采用了两种方法，模型的结构检验主要确定它是否准确地反映了现实状态，敏感性检验则是对模型运行过程中进行模型系统是否稳定的置信度评估。

1. 模型系统存流量检验

为了检验中国城镇化 SD 模型系统是否准确地反映了现实状态，采用真实数据和极端域值条件进行模型结构验证（Sterman，2000）。将参数输入模型进行仿真运行，所得结果（模拟）与实际值进行比较，从而确定模型行为模拟是否具有可靠性和准确性（徐毅等，2008）。由于中国城镇化 SD 模型系统较复杂，变量较多，本文主要对 1998—2013 年中国城镇化水平、总人口，1990 年价国内生产总值及分产业产值和分产业从业人员的模拟值和实际值进行相对误差检验，结果如表 5-3 ~ 表 5-5 所示。

表 5-3　模型历史性检验结果 1

年份	城镇化水平 /%			总人口 / 万人			国内生产总值 / 亿元（1990 年价）		
	模拟值	实际值	误差率/%	模拟值	实际值	误差率/%	模拟值	实际值	误差率/%
1998	33.35	33.35	0.001	124761	124761	0.000	42876.6	42877.45	0.002
1999	34.37	34.78	1.191	125692	125786	0.075	46608.1	46144.64	1.004
2000	35.54	36.22	1.881	126590	126743	0.121	50810.3	50035.22	1.549
2001	36.89	37.66	2.033	127446	127627	0.142	55518.5	54188.31	2.455
2002	38.35	39.09	1.884	128267	128453	0.145	60772.9	59109.73	2.814
2003	39.82	40.53	1.744	129065	129227	0.125	66618.6	65035.7	2.434
2004	41.33	41.76	1.035	129834	129988	0.118	73105.8	71594.58	2.111
2005	42.83	42.99	0.370	130579	130756	0.135	80290.3	79691.95	0.751
2006	44.32	44.34	0.041	131302	131448	0.111	88233.5	89794.12	1.738
2007	45.8	45.89	0.205	132004	132129	0.095	97002.8	102511.1	5.373
2008	47.22	46.99	0.489	132692	132802	0.083	106672	112387.7	5.086
2009	48.59	48.34	0.507	133368	133450	0.061	117321	122743.4	4.418
2010	49.90	49.95	0.107	134035	134091	0.042	129038	135566.3	4.816
2011	51.15	51.27	0.230	134694	134735	0.030	141917	148173.9	4.223
2012	52.37	52.57	0.383	135340	135404	0.047	156060	159512.8	2.165
2013	53.55	53.70	0.283	135976	136072	0.071	171577	171749.3	0.100
平均误差率/%	—	—	0.774	—	—	0.088	—	—	2.565

表5-4　模型历史性检验结果2

年份	第一产业产值 /亿元（1990年价）			第二产业产值 /亿元（1990年价）			第三产业产值 /亿元（1990年价）		
	模拟值	实际值	误差率 /%	模拟值	实际值	误差率 /%	模拟值	实际值	误差率 /%
1998	7527	7527.545	0.007	19814.6	19814.63	0.000	15535	15535.27	0.002
1999	7947.74	7600.134	4.574	21377	21114.43	1.244	17283.3	17430.08	0.842
2000	8388.59	7536.823	11.301	23161.9	22974.44	0.816	19259.8	19523.96	1.353
2001	8849.73	7798.631	13.478	25185.5	24467.49	2.935	21483.3	21922.18	2.002
2002	9331.45	8123.301	14.873	27466.2	26475.13	3.743	23975.3	24511.3	2.187
2003	9834.12	8322.848	18.158	30024.2	29896.24	0.428	26760.3	26816.61	0.210
2004	10358.2	9588.764	8.024	32881.8	33094.84	0.644	29865.8	28910.97	3.303
2005	10904.1	9661.073	12.866	36063.6	37747.17	4.460	33322.6	32283.7	3.218
2006	11472.4	9979.227	14.963	39596.4	43054.94	8.033	37164.7	36759.95	1.101
2007	12063.7	11040.15	9.271	43509.7	48527.52	10.340	41429.4	42943.46	3.526
2008	12678.6	12060.97	5.121	47835.2	53324	10.293	46158	47002.76	1.797
2009	13317.8	12683.26	5.003	52607.8	56758.44	7.313	51395.6	53301.66	3.576
2010	13981.9	13685.72	2.164	57864.8	63267.86	8.540	57191.1	58612.76	2.426
2011	14671.6	14872.45	1.350	63647	69032.21	7.801	63598	64269.2	1.044
2012	15387.8	16082.28	4.318	69998	72210.78	3.064	70673.7	71219.71	0.767
2013	16131.3	17196.81	6.196	76965.1	75386.28	2.094	78480.4	79166.2	0.866
平均误差率/%	—	—	8.229	—	—	4.484	—	—	1.764

表5-5　模型历史性检验结果3

年份	农业劳动力投入			第二产业劳动力			第三产业劳动力		
	模拟值	实际值	误差率 /%	模拟值	实际值	误差率 /%	模拟值	实际值	误差率 /%
1998	35177	35177	0.000	16600	16600	0.000	18860	18860	0.000
1999	34466.4	35768	3.639	16922.8	16421	3.056	19335.1	19205	0.677
2000	33761.4	36043	6.329	17258	16219	6.405	19828.3	19823	0.025
2001	33064.1	36399	9.161	17607	16234	8.459	20342	20165	0.879
2002	32376.8	36640	11.635	17971.9	15682	14.603	20878.9	20958	0.378
2003	31701.1	36204	12.438	18353.6	15927	15.236	21440.6	21605	0.759
2004	31037.4	34830	10.888	18752.4	16709	12.227	22027.4	22725	3.069
2005	30386.4	33442	9.137	19168.7	17766	7.896	22640.1	23439	3.409
2006	29748.5	31941	6.863	19602.6	18894	3.748	23278.7	24143	3.580
2007	29123.8	30731	5.230	20054.2	20186	0.653	23943.2	24404	1.888
2008	28512.3	29923	4.716	20523.2	20553	0.147	24633.5	25087	1.809
2009	27913.8	28890	3.381	21009.4	21080	0.336	25348.9	25857	1.966
2010	27327.8	27931	2.158	21512.1	21842	1.511	26088.8	26332	0.925
2011	26753.9	26594	0.601	22031	22544	2.276	26852.4	27282	1.575

年份	农业劳动力投入			第二产业劳动力			第三产业劳动力		
	模拟值	实际值	误差率/%	模拟值	实际值	误差率/%	模拟值	实际值	误差率/%
2012	26191.7	25773	1.625	22565.6	23241	2.906	27639.1	27690	0.184
2013	25640.8	24171	6.081	23115.5	23170	0.235	28448.4	29636	4.007
平均误差率/%	—	—	5.868	—	—	4.981	—	—	1.571

从表 5-3 ~ 表 5-5 来看，1998—2013 年间中国城镇化 SD 模型模拟得到的城镇化数据与实际数据的平均相对误差仅为 0.774%，而模拟的其他主要指标数值与实际数值的相对平均误差均未超过 10%，模型的模拟值与实际值拟合较好，因此可以认为中国城镇化 SD 模型系统具有可靠性、准确性和强壮性。将中国城镇化实际数据和模型模拟数据画成线状图直观对照（图 5-3），可见建构的中国城镇化 SD 模型的模拟结果是有效的，可以进行实际仿真操作。

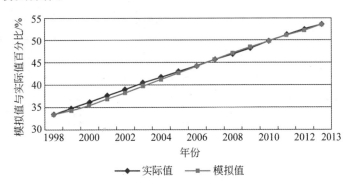

图 5-3 中国城镇化系统动力模型模拟值与实际值比较（1998—2013 年）

2. 模型系统灵敏度分析

灵敏度分析是指通过改变模型中的参数和结构，运行模型，比较模型的输出，从而确定其影响程度（贾仁安等，2002）。一个稳定性、强壮性良好的模型对大多数参数的变化应是不灵敏的，进行模型灵敏度分析主要在于检验模型对大多数参数变化的灵敏性，并为后续优化方案设计奠定基础（张雪花等，2008）。灵敏度分析模型采用下式：

$$S_Q = \left| \frac{\Delta Q_{(t)}}{Q_{(t)}} \cdot \frac{X_{(t)}}{\Delta X_{(t)}} \right| \tag{5-1}$$

$$S = \frac{1}{n} \sum_{i=1}^{n} S_{Q_i} \tag{5-2}$$

式中，t 为时间；$Q_{(t)}$ 为状态 Q 在时刻 t 的值；$X_{(t)}$ 为参数 X 在 t 时刻的值；S_Q 为状态变量 Q 对参数 X 的敏感度；$\Delta Q_{(t)}$、$\Delta X_{(t)}$ 分别为状态变量 Q 和参数 X 在 t 时刻的增长量；n 为状态变量参数；S_Q 为 Q_i 的灵敏度；S 为参数 X 的平均灵敏度。

中国城镇化 SD 模型的敏感性检验，分别从人口子系统、产业子系统、劳动力子系统、劳动生产率水平、教育卫生健康子系统、资源环境容量、积累率等选取 22 个变量，检验城镇化水平变化对 22 个参数变化的灵敏度值。22 个变量分别为农村人口出生率、城市人口出生率、农村计划生育影响因子、城市计划生育影响因子、教育因子、医疗因子、农村健康影响因子、城市健康影响因子、第一产业产值增长率、第二产业产值增长率、第三产业产值增长率、第一产业劳动力增长率、第二产业劳动力增长率、第三产业劳动力增长率、农业劳动生产率增长率、第二产业劳动生产率增长率、第三产业劳动生产率增长率、城市人口最大承载量、第一产业最大产值、第二产业最大产值、第三产业最大产值、积累率。检验方法为：1998—2050 年每个参数逐年增加或减少 10%，考查 22 个变量对城镇化水平的影响（裴同英等，2010；薛冰等，2011）。依据式（5-1），每个状态变量可以得到 2 个针对城镇化水平变化的灵敏度值，共 44 个灵敏度值的均值可代表城镇化水平对某一特定参数的灵敏度；利用式（5-2）计算出 22 个变量对某个特定参数的平均灵敏度，共可得到 44 个数值，结果如表 5-6 所示。

表 5-6　中国城镇化 SD 模型灵敏度分析结果

变量	增 10% 灵敏度均值	减 10% 灵敏度均值	变量	增 10% 灵敏度均值	减 10% 灵敏度均值
农村人口出生率	11.49	10.98	城市人口出生率	3.78	3.83
农村计划生育影响因子	11.49	10.98	城市计划生育影响因子	3.78	3.83
教育因子	23.68	5.99	医疗因子	6.1	7.93
农村健康影响因子	3.95	4.01	城市健康影响因子	1.94	1.95
第一产业产值增长率	0.004	0.004	第二产业产值增长率	0.86	0.87
第三产业产值增长率	1.36	1.38	第一产业劳动力增长率	8.35	8.07
第二产业劳动力增长率	0.35	0.36	第三产业劳动力增长率	0.59	0.62
农业劳动生产率增长率	25.58	27.37	第二产业劳动生产率增长率	0.66	0.67
第三产业劳动生产率增长率	0.97	0.96	城市人口最大承载量	2.57	3.11
第一产业最大产值	0	0	第二产业最大产值	0.01	0.01
第三产业最大产值	0.01	0.02	积累率	0.34	0.34

由表 5-6 可见，除农村人口出生率、农村计划生育影响因子、教育因子和农业劳动生产率增长率的灵敏度较高外，其余参数的灵敏度均低于 10%，这说明构建的中国城镇化 SD 模型系统对于大多数参数的变化是不敏感的。上述几个灵敏度较高的参数，既是对系统影响较大的关键因素，同时也是今后影响中国城镇化的主要动力。从各要素的灵敏度的大小也可以看出各要素对城镇化进程作用的大小程度依次为农业劳动生产率、教育因子、农村计划生育影响因子和农村人口出生率。

通过以上系统存量检验和灵敏度分析，可以判定：中国城镇化 SD 模型具有良好的稳定性和强壮性，能够用于对实际系统的模拟预测。

5.3 基于水资源约束的城镇化 SD 模型 [①]

曹祺文 鲍 超 顾朝林 管卫华

在城镇化发展的早期阶段，工业发展对城镇化的巨大拉动作用离不开水资源的支持，水资源需求日益增长（Bijl et al.，2016；Arfanuzzaman and Rahman，2017）。此时，水资源主要作为供给要素参与到城镇化发展过程中。自改革开放以来，中国城镇化经历了快速增长，并在进入 21 世纪以后迎来新高潮。然而，过快的城镇规模扩张也显著改变水资源消耗状况和环境质量（Mcgrane，2015），从而逐渐接近甚至超过合理的水资源承载力，限制了城镇化的可持续发展。当前，尽管产业、人口、土地、资本和政策等经济和社会发展主控要素还在持续发挥重要作用，但随着诸多城镇化地区人口—资源—环境压力的不断加剧（Cheng et al.，2016），特别是淡水资源短缺、水质下降等问题的逐步显现，水资源在生产、生活和生态等诸多方面作为中国城镇化过程主控要素的趋势也愈益明显。因此，城镇化与水资源的关系研究成为热点问题（Bigelow et al.，2017；Capps et al.，2016；Haase，2009；Gao and Yu，2014；Bao and Fang，2009）。

一方面，城镇化对水资源的利用研究重点多集中于水资源供需平衡（Barron et al.，2013；张士锋等，2012）、水资源承载力评估（Gong and Jin，2009；叶龙浩等，2013）、水资源需求影响因素（Jansen and Schulz，2010；Panagopoulos，2014）和水资源利用效率（Shi et al.，2015；Ma et al.，2016）等方面。Shen 等指出人口增长和经济发展仍是造成未来缺水状况的主要因素（Shen et al.，2014）。Bao 等认为经济发展和城镇化水平的空间溢出效应是中国用水效率的主要影响因素（Bao and Chen，2017）。此类研究的根本出发点均是面向可持续的水资源利用与管理，这也是城镇化健康发展的基础。另一方面，城镇化对水系统的影响研究目前主要聚焦于水环境质量（Luo et al.，2017；Borges et al.，2015）和脆弱性（Srinivasan et al.，2013）等方面，侧重分析城镇化对水资源系统所形成的人为干扰。基于城镇化与水资源之间的密切联系，Fang 等指出可将水资源作为一大主控要素，建构特大城市群地区城镇化与生态环境交互胁迫的动力学模型，从而为形成区域发展的中远期多情景方案提供决策支持（Fang et al.，2017）。

对水资源系统的结构分解，总体上涉及水资源供给、水资源需求、水环境质量三个子系统（Qin et al.，2011；Mirchi，2012；Zomorodian et al.，2017）。面向城镇化过程中的水资源管理研究，更多关注水资源供给和需求及其不匹配程度。Abadi 等将水资源供给分为地表水和地下水两部分，基于水资源供给压力研究资源经济生产力可持续性问题（Abadi et al.，2014）。此外，面对快速工业化和城镇化导致的"有水量无水质"

---

① 本节引自：曹祺文，鲍超，顾朝林，管卫华，2019. 基于水资源约束的中国城镇化 SD 模型与模拟研究［J］. 地理研究，38（1）：1-14.

的现实，Zhang 等将水环境视为水生态承载力 SD 模型的一大核心，以 COD 和 NH₃–N 污染物量作为水质评价的主要指标（Zhang et al.，2014）；Zeng 等则将城市水系统视为代谢体，强调水的循环流动模式，构建水处理和水再生子系统，从而实现对城市水系统代谢过程和承载力的模拟（Zeng et al.，2016）。

基于系统论的 SD 模型因便于研究多时间段、具有相互反馈关系的要素体系（Peck，1998；Ahmad and Prashar，2010），适用性更高。然而，虽然目前已有城市、流域、国家等不同尺度的水资源 SD 模拟系统（Qin et al.，2011；Sun et al.，2017；Wei et al.，2016），但是其社会经济子系统的要素体系总体较为简单，未能涉及包含多要素的城镇化过程机理，而部分以社会经济子系统为主的城镇化 SD 模拟系统（Gu et al.，2017）则存在未能将水资源视为系统主控要素等问题。因此，如何将水资源作为中国城镇化的主控要素与经济、人口等因子进行耦合，以及中国城镇化与水资源利用如何良性协调等研究问题亟待系统化研究。

5.3.1　水资源子系统构建

在本书所构建的基于水资源约束的中国城镇化 SD 模型中，未涉及水资源的变量与参数均与 Gu 等保持一致。模型系统的构建和运行在 Vensim 平台中完成。限于篇幅，本节主要阐述水资源子系统的模型结构与主要方法（表 5-7）。

表 5-7　水资源子系统主要方程

模块	主要方程
水资源供给	WT_TOLAL=WT_SURFACE+WT_GROUND−WT_REPET WT_AVAIL=WT_TOTAL×WTUSE_RATE WT_RECYC=SEWAGE×REUSE_COEFF WT_SUPPLY=WT_VAIL+WT_ALLOCT+WT_RAIN+WT_SEA+WT_RECYC
水资源需求	WD_AGRI=OUTPUT_1×WD_Δ1/10000 WD_INTRI=ADDED_INDTRI×WD_ΔINDTR/10000 WD_DOMES=WD_URB+WD_RUR=POP_URB×WDURB_PER+POP_RUR×WDRUR_PER ΔWD_ECO=WD_ECI$_{J-1}$×WDECO_RATE WD_TOTAL=WD_AGRI+WD_INDTRI+WD_DOMES+WD_ECO WT_GAP=WD_TOTAL−WT_WUPPLY
水环境	DOMES_SWG=WD_DOMES×DOMES_SWG.CO INDTRI_SWG=WD_INDTRI×INDTRI_SWG.CO SEWAGE=DOMES_SWG+INDTRI_SWG

注：WDURB_PER 代表城镇人均生活需水量；WDRUR_PER 代表农村人均生活需水量；ΔWD_ECO 代表年生态环境需水变代量；WD_ECI$_{J-1}$ 代表上一年生态环境需水量；WDECO_RATE 代表生态环境需水年综合增长率；WD_TOTAL 代表需水总量。

1. 水资源供给

该模块主要模拟研究区水资源供给总量（WT_SUPPLY），假定来源于可开发利用水资源（WT_AVAIL）、境外调配水资源（WT_ALLOCT）、集雨工程水量（WT_RAIN）、海水淡化量（WT_SEA）和再生水资源量（WT_RECYC）等。其中，可开发利用水资源取决于水资源总量（WT_TOTAL）和水资源开发利用率（WTUSE_RATE），水资源总量由地表水资源量（WT_SURFACE）和地下水资源量（WT_GROUND）扣除地表水与地下水资源重复量（WT_REPEAT）而得，其值取 1956—2015 年多年数据均值，以减少气候波动的影响。水资源开发利用率，根据 1998—2015 年历史数据分阶段设定表函数。境外调配水资源，对于缺水区域而言可包括调水工程水资源和应急调配水资源等，但全国尺度上该水源可不作考虑。集雨工程水量，因年际变化幅度较小，采用 1998—2015 年多年数据均值。海水淡化量按 1998—2015 年多年总体趋势进行模拟。再生水资源量由污水排放总量（SEWAGE）和再生水回用系数（REUSE_COEFF）决定，再生水回用系数总体逐年提高，以反映技术进步的贡献。

2. 水资源需求

该模块是水资源子系统的核心，主要反映农业生产、工业发展、居民日常生活及生态环境用水需求，四种用水需求总量与水资源供给总量之差即为水资源供需缺口（WT_GAP）。农业需水（WD_AGRI），取决于第一产业产值（OUTPUT_1）和万元第一产业增加值需水量（WD_Δ1），其中第一产业产值由经济子系统中基于土地、劳动力和资本的生产函数进行模拟。工业需水（WD_INDTRI），由工业增加值（ADD-ED_INDTRI）和万元工业增加值需水量（WD_ΔINDTRI）确定，其中前者根据历年工业增加值占当年国内生产总值的比例状况进行模拟。生活需水（WD_DOMES），分为城镇生活需水（WD_URB）和农村生活需水（WD_RUR），采用人均用水定额法，在人口估算基础上得到生活需水量。城市人口（POP_URB）和农村人口（POP_RUR）由人口子系统模拟。生态环境需水（WD_ECO），根据年综合增长率进行模拟。万元第一产业增加值需水量、万元工业增加值需水量、城镇和农村人均生活需水定额等参数可根据历史数据和发展规划进行情景设定，以便于用水方案比选。

3. 水环境

该模块将水资源数量与水环境质量相关联，在模拟生活需水和工业需水量的基础上，进一步设定生活污水排放系数（DOMES_SWG.CO）和工业废水排放系数（INDTRI_SWG.CO），以估算生活污水（DOMES_SWG）和工业废水（INDTRI_SWG）排放量。总体上，排放系数逐年降低，以反映技术进步的贡献。污水排放总量则与水资源供给模块相关联，为估算再生水资源量提供基础。

5.3.2 水资源约束下的城镇化 SD 模型

城镇化过程离不开以水为核心的资源环境支持，这种重要的资源环境要素不能仅被简单视为城镇化的外生变量，而更应作为城镇化发展过程的主控要素。

1. 水资源与城镇化系统关系

就水资源子系统与城镇化 SD 模型的联系（图 5-4、图 5-5）而言，第一，城镇化发展会形成巨大的水资源需求，包括农业灌溉用水、工业生产用水、居民日常生活用水和城镇生态环境用水等。第二，快速城镇化过程对水资源系统构成压力，而水资源系统对此所做出的响应最终将可能影响城镇化可持续发展。工业生产过程会产生包含大量污染物的废水，居民日常生活也会排出一定污水，这些废污水若不加以处理将最终对城镇化的生态可持续发展过程产生消极效应。第三，高质量的城镇化过程与水资源系统之间可以形成良性协调的关系。在社会经济发展、相关投资增加和技术进步的作用下，水资源利用效率将得到提升，从而有利于减少水资源需求，而不断提升的污水处理回用技术则一定程度上为水资源供给提供了补充性来源，有利于减小水资源供需缺口。这种良性循环过程将为促进城镇化的健康稳定发展提供资源保障。

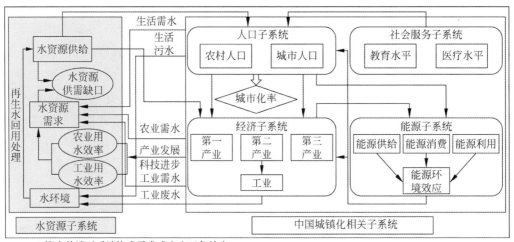

* 箭头前端对后端构成需求或产生正负效应

图 5-4　水资源与城镇化系统关系

2. 基于水资源约束的城镇化 SD 模型

从水资源供给、水资源需求、水环境等层面对水资源子系统进行解构，拓展出关联水资源主控要素的城镇化 SD 模型（图 5-6）。在这一模型中，除考虑资本、劳动力等生产要素转移和配置、产业发展等社会经济发展动力过程外，进一步模拟了由生产、生活和生态环境所驱动的水资源利用状况。水资源子系统通过第一产业产值、第二产业产值、城市人口和农村人口等重要变量，与中国城镇化 SD 模型的人口和经济子系统发生直接联系。同时，由于人口变化和经济发展也与教育、医疗水平、能源供需和环境效应等相互反馈，从而以此为桥梁，水资源子系统与社会服务和能源子系统之间形成一定间接联系。

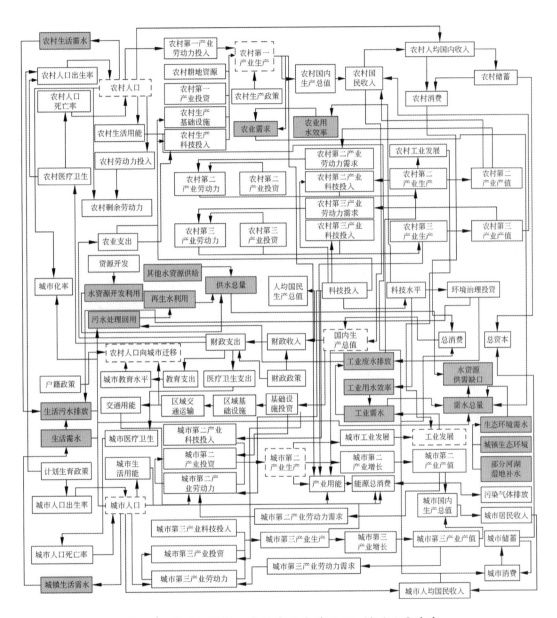

图 5-5 基于水资源约束的中国城镇化 SD 模型因果关系

注：图中蓝色框为水资源子系统要素。

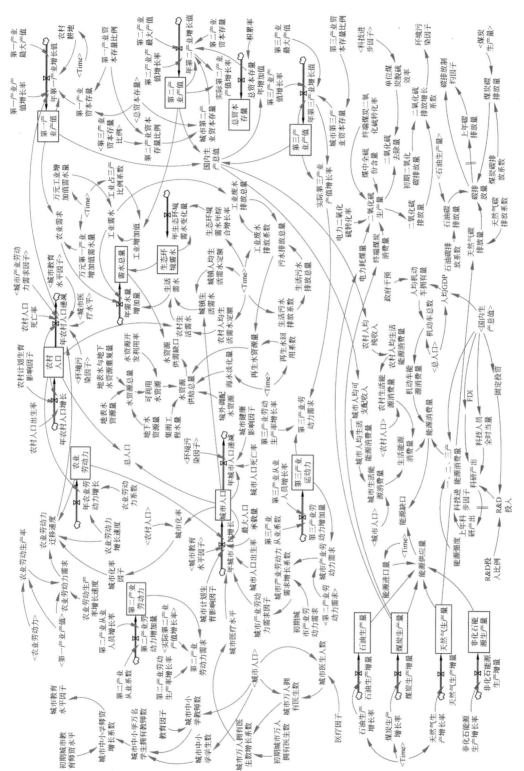

图 5-6　基于水资源约束的中国城镇化 SD 模型

5.3.3 模型检验

从系统存流量和灵敏度两方面对模型进行检验。一方面，比较关键变量1998—2015 年的模拟值与真实历史数据，检验其相对误差（表 5-8）。由于关联水资源的中国城镇化 SD 模型系统复杂，涉及变量众多，故系统存流量检验所选取的关键变量主要为与中国城镇化过程中水资源利用密切相关的变量，包括1990 年价格国内生产总值和分产业产值、总人口和城乡人口、水资源供给总量、不同部门需水量及废污水排放量等。结果表明，各主要指标模拟值与实际值的平均相对误差约为 –3%～4%，均小于10%，故认为模拟结果是有效的。另一方面，通过增加或减小 10% 的关键参数值进行系统灵敏度分析，检验模型中 15 个变量对主要水平变量的影响程度即变化幅度均值（表 5-8）。结果表明，除积累率、教育因子的灵敏度较高外，绝大多数变量灵敏度小于 10%，这说明所构建的中国城镇化 SD 新模型对于多数参数变化是不敏感的，满足建模要求。

表 5-8 关键变量系统存流量检验与灵敏度分析结果

存流量检验		灵敏度分析	
变量平均相对误差 /%	变量	增10% 灵敏度均值 /%	减10% 灵敏度均值 /%
国内生产总值 –2.35	第一产业产值增长率	6.25	6.30
第一产业产值 –0.41	第二产业产值增长率	7.29	7.14
第二产业产值 –2.30	第三产业产值增长率	6.20	6.24
第三产业产值 –3.27	积累率	19.61	19.01
城市人口 –0.58	城市人口出生率	1.85	1.82
农村人口 1.59	农村人口出生率	7.02	6.46
总人口 0.63	城市计划生育影响因子	2.41	2.38
城镇化率 –1.21	农村计划生育影响因子	7.47	6.93
水资源供给总量 –1.39	教育因子	13.18	13.84
农业需水量 –0.26	医疗因子	3.41	4.37
工业需水量 –2.48	万元第一产业增加值需水量	3.91	3.91
生活需水量 –0.72	万元工业增加值需水量	1.40	1.40
生态需水量 –0.99	城镇人均生活需水定额	0.88	0.88
工业废水排放量 –1.11	农村人均生活需水定额	0.20	0.20
生活污水排放量 3.45	生态需水增长率	7.81	6.81

系统存流量检验和灵敏度分析表明，基于水资源约束的中国城镇化 SD 模型模拟效果良好，具有可操作性，这也佐证了水资源在中国城镇化过程中扮演着主控要素的角色。据此判定基于水资源约束的城镇化 SD 模型（图 5-6）具有良好的模拟效果和充分的稳定性，能够较好地反映和模拟中国城镇化过程及水资源利用状况。

5.4　基于土地资源约束的城镇化 SD 模型 [①]

曹祺文　顾朝林　管卫华

　　中国近年来快速推进的城镇化过程，除了表现为人口由乡村向城市转移的人口城镇化以外，还体现为土地城镇化。2000—2017 年，中国城镇化水平由 36.22% 提高至 58.52%，城市建设用地由 206.99 万 hm² 增长为 551.55 万 hm²，年均增长 5.93%，耕地在 2009 年国土"二调"时为 13538.45 万 hm²，2017 年则降为 13488.22 万 hm²。城市规模和建设用地需求与日俱增，耕地等非建设用地迅速减少，人地矛盾加剧。由于城镇化过程中城市住房供给、工业生产、第三产业发展、交通物流需求等均需以土地要素投入为支撑，因此，土地对城镇化发展具有不容忽视的主控作用。当前，在经济高质量发展以及城镇化仍将继续快速推进的背景下，中国未来非建设用地中耕地以及林地、牧草地和水域等生态用地将如何变化，建设用地总量是否仍将快速增长，亟待得到关注。本节拟将土地作为城镇化主控要素，将土地利用与社会经济发展过程相关联，构建基于土地利用的中国城镇化 SD 模型，开展中国城镇化与土地资源利用的多情景模拟。

　　在中国未来城镇化进程中的土地利用趋势研究方面，学者们已初步进行了探索，但研究结果不尽相同，其中多以相对少数因子作为驱动力，利用数理模型开展模拟，基于复杂系统视角、整合多要素的综合研究相对较少。张克锋等利用 GKSIM 模型，认为 2030 年中国城镇化率达 60% 以上时，耕地、牧草地、水域将减少，园地、林地、居民点工矿、交通用地将增加（张克锋等，2007）。Wang 等基于线性外推和 BP 神经网络模型，假定继续实行 1996—2008 年高经济增长模式，且 2033 年中国城镇化率达 75% 时，耕地将低于 18 亿亩红线，建设用地增加 1650 万 hm²（Wang，2012）。田贺等以 SD 模型模拟中国土地利用变化，其结果为 2050 年建设用地为 2847.02 万 ~ 5164.50 万 hm²，耕地均在 20 亿亩以上，林地、草地和水域则可能随全球气候变化及城市扩张而减少（田贺等，2017）。

　　当前，关联城镇化与土地利用的 SD 模型，通常将二者作为统一整体进行模型建构，即以人口变化、经济增长等城镇化相关因素为驱动因子，整合土地利用与住房供给、农产品需求、单位土地产出、产业增长和投资的关系，进而开展多情景模拟（Tao，2013；He，2006；许月卿等，2015；胡宗楠等，2017；李月臣，何春阳，2008；祝秀芝等，2014；Geng et al.，2017）。

　　对城镇化过程中建设用地的模拟，较多研究因主要面向城市扩张分析，其模型更关注建设用地总量，较少对不同建设用地类型与城镇化的关系进行分析模拟。田贺等及 Liu 等所构建的未来土地利用模拟 FLUS 模型中的 SD 模块，设定建设用地受人口和 GDP 增长驱动，其规模由城乡建设用地和固定资产投资线性拟合而得（田贺等，

---

① 本节引自：曹祺文，顾朝林，管卫华，2020.中国城镇化与土地资源利用预测研究[J].资源科学学报，刊出过程中。

2017；Liu et al.，2017）。Wu 等将城镇化作为土地利用变化的主要驱动力，其 SD 模型中建设用地通过占用农业和生态用地并依据设定的开发速率而增加（Wu et al.，2011）。Xing 等将土地作为资源的重要构成，构建经济—资源—环境 SD 系统，其中建设用地主要由非农产值决定（Xing et al.，2019）。Tian 等将建设用地总量扩张对耕地、林地和草地的占用，作为城镇化与生态环境交互作用的重要过程（Ting et al.，2019）。总体上，此类研究方法虽然简化了模型边界，有利于快速建立模型框架，但难以模拟不同城镇化情景下建设用地结构，降低了研究成果的科学价值和实用意义。

此外，部分研究重点关注居住用地、工业用地等用地类型，通过建立其与人口增长、工业产值、建设投资的关系而进行模拟。Lauf 等将人口和经济作为 SD 模型输入端，根据人口特征估算住房需求并模拟居住用地供给，其他建设用地则受到由 GDP 和就业表征的经济要素影响（Lauf et al.，2012）。Liang 等从 GDP 增长中引出各类建设投资作为直接驱动力，以 SD 模型模拟其对工矿、交通、水利和特殊用地需求的影响（Liang and Xu，2012）。Xu 等构建的 SD 模型中居住用地取决于非农人口，而工矿用地仅为情景假定值，未与城镇化过程发生关联（Xu et al.，2016）。熊鹰等则在考虑 GDP、人口影响的基础上，引入集约度作为速率控制指标，利用 SD 模型模拟长株潭城市群在不同集约利用模式下建设用地、工业用地和居住用地供需变化（熊鹰等，2018）。

对城镇化过程中非建设用地的模拟，现有研究多基于粮食安全、农产品需求、生产力技术进步等因素，将人口变化、经济发展与耕地、林地、牧草地、水域等相关联。Liang 等基于粮食自给率和单产增长率的不同组合，设定 SD 模型不同情景对耕地进行模拟，但对林地、草地、水域的模拟则仅利用基于历史数据的转移矩阵系数，未与城镇化相关要素耦合（Liang and Xu，2012；梁友嘉等，2011）。许联芳等以市场调节、技术进步、人口增长、经济发展和生态建设为驱动因子，在 SD 模型中关联耕地与粮食自给、牧草地与畜肉生产、水域与水产品、园地与人口和 GDP、林地与森林覆盖率的关系，从而模拟土地需求（许联芳等，2014）。Huang 等也将产品需求和用地需求结合，根据粮食、畜肉和水产品需求模拟耕地、牧草地和水域。其中产品需求主要由人口和经济总量驱动，弱化了城镇化社会经济结构、城乡人口变迁的作用（Huang et al.，2014；黄庆旭等，2006）。

综上所述，不难看出，关联城镇化与土地利用的 SD 模型尚存在部分问题有待改进。一方面，不仅要关注未来城镇化中的建设用地总量，还要考虑建设用地结构，明确城镇化关键要素对不同类型建设用地需求的驱动作用；另一方面，城镇化与土地利用是交互作用的整体，土地利用对城镇化的主控和反馈作用应在模型中有所体现。因此，本文将在中国城镇化 SD 模型基础上（顾朝林等，2017；Gu et al.，2017），将土地主控因子嵌入其中，整合不同类型土地利用与经济、人口等城镇化要素的关系，建立基于土地利用的中国城镇化 SD 模型，进而以此开展中国未来城镇化进程中土地利用的多情景模拟，以期为国家中远期发展中的土地利用决策提供科学参考。

5.4.1 土地利用 SD 模型构建

1. 建设用地模块

城市居住用地（RL）取决于城市人口（UP）及人均住房建筑面积（HFAPC）。城市工业用地（IL）基于回归分析由工业增加值（IAV）、工业用地地均产值（OVPIL）、第二产业固定资产投资（FAISI）决定。城市第三产业用地（UTIL）基于回归分析由第三产业产值（TIO）、城市第三产业用地地均产值（OVPUTIL）、第三产业固定资产投资（FAITI）决定。城市道路交通设施用地（RTFL）为机动车保有量（MVP）的函数，后者则为人均 GDP（PCGDP）的指数函数。村镇建设用地（VTCL）与乡村人口（RP）和农村人均建设用地（RPCCL）相关联。建设用地总量（TCL）占土地总面积（TLA）的比例为国土开发强度（TDI）。当 TDI 超过约束值时，建设用地集约利用因子（CLIUF）会作用于与各类建设用地需求相关的变量，反映土地集约利用对用地规模的影响，对过度的土地开发需求进行限制。

2. 非建设用地模块

耕地（CL）由粮食需求（FD）、耕地粮食单产（GYPCL）、复种指数（MCL）和粮食占农作物播种比重（PFCS）决定，并受粮食自给率的间接影响。林地（FL）由总人口（TP）和人均森林占有量（FOPC）控制。牧草地（GL）由畜肉需求（MLD）和单位面积牧草地畜肉产量（LMPPGL）确定。水域（WB）则基于水产品需求（APD）、水产品单产（APYPWB）估算。

5.4.2 土地资源约束下 SD 模型

1. 模型结构

首先，在建设用地模块中，因乡村人口不断向城市迁移而形成住房需求，加之部分城市居民改善住房条件，住房需求总量日趋提高，体现为城市居住用地规模不断增加；第二产业特别是工业生产，以及第三产业发展，以城市工业用地和城市第三产业用地不断增加为保障；随着经济社会发展，机动车保有量逐渐攀升，从而形成城市道路交通设施用地需求；村镇建设用地则满足村镇生产生活需求，由于农村人口向城镇地区流动，村镇建设用地总量将可能呈现下降的趋势。其次，在非建设用地模块中，耕地是保障粮食安全的基础，必须满足居民对口粮、畜牧饲料和粮油加工用粮的粮食数量需求；森林覆盖是保障森林生态和生产功能的前提；牧草地和水域则可分别满足居民对肉蛋奶等畜肉产品与水产品的需求。

2. 因果环图

在基于土地利用的中国城镇化 SD 模型中，土地子系统包括建设用地和非建设用地模块，并与人口和经济子系统发生直接联系（图 5-7、图 5-8）。

3. 经济和人口子系统修正

经济子系统的核心方程是生产函数，除了资本、劳动力要素外，本研究还加入了土地要素。将耕地、林地、牧草地和水域作为农用地（AL），纳入第一产业生产函数，工业用地和城市第三产业用地分别纳入第二、三产业生产函数。人口子系统通过总和生育率来模拟人口变化，并将城乡人口按年龄段分组，以反映未来人口负增长和老龄化的趋势及其对土地利用的影响（表 5-9）。

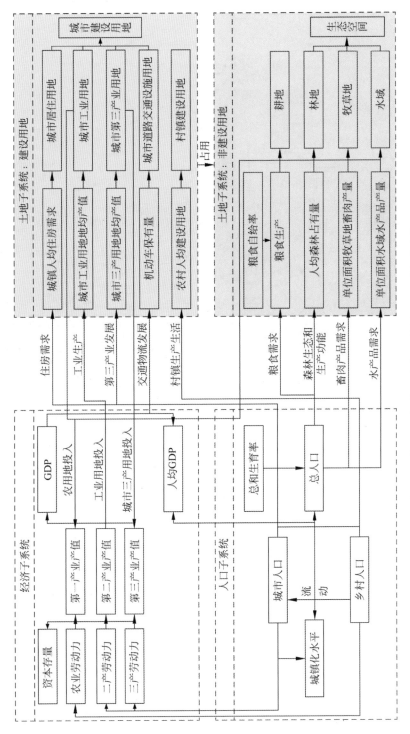

图 5-7 基于土地利用的中国城镇化 SD 模型结构

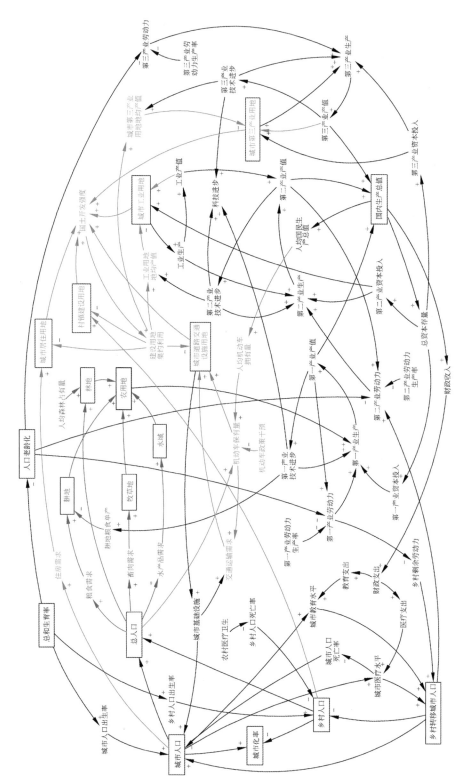

图 5-8　基于土地利用的中国城镇化 SD 模型因果环图

表 5-9 土地资源约束的城镇化 SD 模型主要方程

子系统	方程		说明
土地	$RL=UP\times HFAPC\times RLCC$	（5-3）	
	$IL=\alpha_0+\alpha_1 LN(IAV)+\alpha_2 LN(OVPIL)+\alpha_3 LN(FAISI)$	（5-4）	
	$UTIL=\beta_0+\beta_1 LN(TIO)+\beta_2 LN(OVPUTIL)+\beta_3 LN(FAITI)$	（5-5）	
	$RTFL=f(MVP)\times CLIUF=f(f(PCGDP))\times CLIUF$	（5-6）	$RLCC$ 为城市居住用地转换系数，相当于综合容积率；α_i，β_i（$i=0$，1，2，3）为待估参数；$CTTDI$ 为国土开发强度约束目标
	$VTCL=RP\times RPCCL\times CLIUF$	（5-7）	
	$TDI=TCL\div TLA$	（5-8）	
	$CLIUF=\begin{cases}(1-(TDI-CTTDI))/CTTDI & IF\ TDI>CTTDI\\ 1 & IF\ TDI\leqslant CTTDI\end{cases}$	（5-9）	
	$CL=\dfrac{FD}{GYPCL\times MCI\times PFCS}$	（5-10）	
	$FL=TP\times FOPC$	（5-11）	
	$GL=LMD/LMPPGL$	（5-12）	
	$WB=APD/APYPWB$	（5-13）	
经济	$AGPI=GRPIO\times\left(1-\dfrac{PIO}{MVPIO}\right)\times T_1\times PICS_1^K\times AL_1^N\times PLF_1^L$	（5-14）	$AGPI$、$AGSI$、$AGTI$ 为年第一、二、三产业增长值；$GRPIO$、$GRSIO$、$GRTIO$ 为第一、二、三产业产值增长率；PIO、SIO、TIO 为第一、二、三产业产值；$MVPIO$、$MVSIO$、$MVTIO$ 为第一、二、三产业产值最大值；T_i（$i=1$，2，3）表征综合技术水平；$PICS$、$SICS$、$TICS$ 为第一、二、三产业资本存量；PLF、SLF、TLF 为第一、二、三产业劳动力；K_i、N_i、L_i（$i=1$，2，3）是弹性系数
	$AGSI=GRSIO\times\left(1-\dfrac{SIO}{MVSIO}\right)\times T_2\times SICS_2^K\times IL_2^N\times SLF_2^L$	（5-15）	
	$AGTI=GRTIO\times\left(1-\dfrac{TIO}{MVTIO}\right)\times T_3\times TICS_3^K\times UTIL_3^N\times TLF_3^L$	（5-16）	
人口	$UP=UP_{0-14}+UP_{15-64}+UP_{\geqslant 65}$	（5-17）	UP_{0-14}/RP_{0-14}、UP_{15-64}/RP_{15-64}、$UP_{\geqslant 65}/RP_{\geqslant 65}$ 分别为城市/乡村 0～14 岁、15～64 岁和 65 岁及以上人口
	$RP=RP_{0-14}+RP_{15-64}+RP_{\geqslant 65}$	（5-18）	

4. 土地资源约束下的城镇化 SD 模型

在 Vensim PLE 中，形成土地资源约束下的城镇化 SD 模型（图 5-9）。

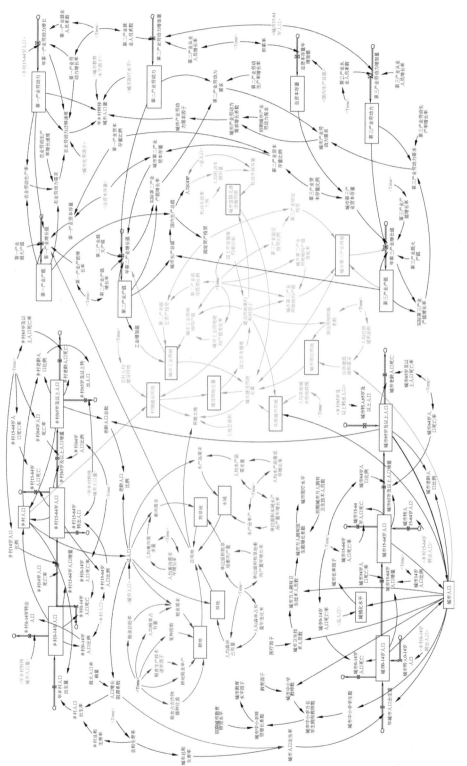

图 5-9　基于土地利用的中国城镇化 SD 模型

5.4.3 模型检验

1. 历史数据模拟误差检验

首先，开展历史数据模拟误差检验，分析模型模拟效果的可靠性。选取 12 个主要变量，计算其 1998—2017 年模拟值与实际值的平均相对误差（表 5-10）。结果表明，模拟值和实际值拟合程度总体良好，能够较好地反映历史状态变化。虽然部分变量因统计口径和方式差异而出现较大变化，但误差率均值均控制在 ±5% 以内，满足建模要求。其中，城镇化水平模拟值与实际值平均误差率为负，表明实际城镇化进程仍处在相对快速过程中；城市工业用地、城市居住用地、耕地、牧草地平均误差率为负，这三类用地实际数量总体大于模拟值，说明居住用地和工业用地供应总体较为充分，耕地和牧草地保护良好；国内生产总值模拟值总体略低于实际值，说明经济运行总体相对平稳，但可能存在下行压力，总人口模拟值总体大于实际值，说明人口增长速度放慢；林地、水域、城市道路交通设施用地、村镇建设用地和城市第三产业用地模拟值与实际值平均误差率为正，说明相关用地供给可能不足或需求有所下降。

表 5-10　模型历史数据模拟误差（1998—2017 年）

主要变量	模拟值与实际值平均误差率 /%	原因解释
城市工业用地	−0.68	城市工业用地供应总体充分
耕地	−0.39	耕地被占用
城市居住用地	−0.32	居住用地投入量总体高于理论需求量
国内生产总值	−0.27	实际 GDP 增长率总体满足预期，但存在下行压力
城镇化水平	−0.25	实际城镇化水平略高于模拟值
牧草地	−0.06	实际牧草地面积总体略高于预期值
林地	0.06	森林实际保有量略低于与预期值
水域	0.13	实际水域面积总体低于预期值
总人口	0.25	人口正处于增长阶段
城市道路交通设施用地	0.37	城市道路建设慢于需求增长
村镇建设用地	0.81	村镇建设用地需求量总体下降
城市第三产业用地	0.98	城市第三产业用地供给总体不足

2. 参数灵敏度分析

参数灵敏度分析是指更改参数数值并运行模型，检验参数的正负向变化是否显著影响模型输出。参数灵敏度计算方法如下：

$$S_Q = \left| \frac{\Delta Q_t}{Q_t} \cdot \frac{X_t}{\Delta X_t} \right| \qquad (5\text{-}19)$$

$$S = \frac{1}{n} \sum_{i=1}^{n} S_{Q_i} \qquad (5\text{-}20)$$

式中，S_Q 为变量 Q 对参数 X 的灵敏度；t 为时间；Q_t 和 X_t 为 Q 和 X 在时间 t 的值；ΔQ_t 和 ΔX_t 为时间 t 处 Q 和 X 因参数调整而产生的变化值；n 为关键变量数量；S_{Q_i} 为 Q_i 对参数 X 的灵敏度；S 为参数 X 的平均灵敏度水平。

在参数灵敏度分析中，本文从模型中选取 19 个关键参数（表 5-11），将每个参数逐年增加或减少 10%，测试模型主要变量对参数变化的敏感性。结果显示，仅第二产业产值增长率、第三产业产值增长率和教育因子的灵敏度高于 15%，其他参数灵敏度均低于 10%，即模型对多数参数变化不敏感。

据此，基于土地利用的中国城镇化 SD 模型模拟效果良好，具有可靠性和稳定性，可用于模拟中国未来城镇化进程中的土地利用。

表 5-11　模型对参数变化的灵敏度分析

参　　数	增 10% 灵敏度 / %	减 10% 灵敏度 / %
人均森林占有量变化率	0.40	0.41
第三产业劳动生产率增长率	0.89	0.81
人均畜肉需求年增长率	1.08	1.05
工业用地地均产值变化率	1.45	1.45
第二产业劳动生产率增长率	2.11	2.11
医疗因子	2.29	2.43
机动车政策干预	2.35	2.54
人均水产品需求年增长率	2.60	2.41
第一产业产值增长率	4.22	4.24
总和生育率	5.66	5.75
人均住房建筑面积	5.82	5.81
粮食自给率	5.88	5.88
第一产业劳动生产率增长率	6.25	6.21
农村人均建设用地	7.17	5.56
第三产业用地地均产值变化率	7.17	7.15
资本积累率	9.51	9.64
教育因子	12.50	15.80
第三产业产值增长率	18.47	17.90
第二产业产值增长率	18.90	19.18

5.5　基于能源约束的城镇化 SD 模型 [①]

顾朝林　叶信岳　曹祺文　管卫华　彭　翀　吴宇彤　翟　炜

探索能源需求与城镇化之间关系的研究历史悠久而丰富（Jin et al.，2014；Güneralp et al.，2017；Bakirtas and Akpolat，2018）。能源消耗及其对社会经济和环境的影响，对城市可持续性产生了重要影响（Jin et al.，2014）。同时，城镇化对能源消耗的影响因规模和国家而异（Karanfil and Li，2015；Lenzen et al.，2006；Seto et al.，2017）。自 21 世纪以来，中国快速的城镇化进程和相关的能源需求以及由此产生的二氧化碳排放压力是一个重大的全球科学问题（Li and Ma，2014；Liu et al.，2015；Bai et al.，2017）。中国以前的研究通常集中在特定领域或方面，例如城镇化理论（Gu et al.，2015）、城镇化过程（Gu et al.，2017）、能源政策（Dhakal，2009）、能源增长（Bai，2016）、CO_2 排放（Davis et al.，2010）、气候变化（Mahmoud and Gan，2018）和公共卫生（Keune et al.，2013）。

尽管城市扩张会加速能源消耗（Saidi and Hammami，2015；Xie et al.，2019；Jones，2004；Al-mulali et al.，2013），但由于规模经济（Du and Lin，2019；Ewing and Rong，2008；Kammen and Sunter，2016），汽车燃料使用量往往与城镇化水平呈负相关。例如，加拿大更多的城镇化地区较非城镇化地区人均能耗更低（Lariviere and Lafrance，1999）。由于超过 85% 的农村家庭使用了低效的固体燃料，因此农村家庭的总能源消耗大于城市家庭。根据客户数据平台（Customer Data Platform）的数据，全球 275 个城市使用水力发电、189 个城市使用风能发电、184 个城市使用太阳能光伏发电。西雅图、奥斯陆、温哥华和内罗毕等至少 100 个城市使用可再生能源发电的比例达到了 70%。在美国，亚特兰大和圣地亚哥等 58 个城市已计划逐步实现 100% 的清洁和可再生能源。凭借现有的技术和能量存储，预计到 2025 年全球这 100 多个城市将实现 100% 的可再生能源供应，并实现零碳排放。到 2050 年，全球发电结构可能为：太阳能光伏占 69%、风力发电占 18%、水电占 8% 和生物质发电占 2%，其中储能电池将满足 31% 的电力需求。值得注意的是，世界上最大的水坝和水电厂大多在中国，其中云南省和贵州省又占了中国水电的 30%，仅金沙江就有 9 级大坝，这些水力发电所产生的电力通过高压电网直接输送到广东和香港。由于可用于冷却的水电资源丰富，贵州省最近已成为中国最重要的数据中心基地。苹果公司于 2018 年在贵州建立了 iCloud 数据中心。中国几乎每家大型IT 公司都在贵州建立了数据中心，其中包括阿里巴巴、华为和中国移动。

城镇化是一个非线性的开放复杂系统，具有多个子系统，彼此之间动态交互（Pachauri and Jiang，2008；Maraseni，2013；Wang and Wei，2014）。在能源约束下，

---

① 本节引自：Gu C L, Ye X Y, Cao Q W, Guan W H, Peng C, Wu Y T, Zhai W, 2020. System dynamics modelling of urbanization under energy constraints in China［J］. Nature Research, Scientific Report, 2020（10）.http:doi.org/10.1038/s41598-020-66125-3. 李功自始至终参与本研究，特此致谢！

戏剧性的城镇化对中国具有挑战性。中国的人口、能源消耗（自 2010 年起）和二氧化碳排放量（自 2008 年起）已超过所有国家（Liu and Xie，2013）。为了系统地考察能源消耗与城镇化之间的因果关系机制，SD（系统动力学）模型已广泛用于能源消耗（Lu et al.，2017），能源政策（Ford，1983；Qudrat-Ullah，2005），能源效率（Dyner et al.，1995），碳排放（Wei and Hong，2009；Feng et al.，2013）和能源行业（Bunn and Larsen，1992；Chi et al.，2009）等领域。SD 模型，蒙特卡罗模拟（Monte Carlo Simulation）和 Hornberger-Spear-Young（HSY）算法被用于分析在能源和环境资源有限的情况下的城镇化模式。此外，使用城镇化的 SD 模型和能源消耗综合系统对 2005—2020 年的基准情景进行了模拟（Lu et al.，2017）。还使用 STELLA 平台开发了 SD 模型，以对能源消耗和 CO_2 排放趋势进行建模（Feng et al.，2013）。在各种情况下动态预测未来的城市发展趋势对于政策制定具有非常重要的科学价值。

城镇化促进了社会经济和工业转型（Gu，2019）。但是，城镇化也对社会公平、公共卫生和环境产生负面影响（Gu，2019；Tian et al.，2019；Georgiadis and Besiou，2008；Meadows et al.，1972）。尽管已经广泛研究了能源供求对环境的影响（Saysel and Hekimoğlu，2013；Ansari and Seifi，2013；Trappey et al.，2012；Shih and Tseng，2014；Qudrat-Ullah and Seong，2010；Aslani et al.，2014），但是从可持续发展的角度来看，城镇化与能源需求/供应/环境影响之间的因果关系尚未得到研究。诚然，已经通过可计算的一般均衡（CGE）和回归模型检验了城镇化对能源消耗的影响。但是，使用这些方法很难反映城镇化与能源消耗之间的因果关系。因此，本书通过从因果循环的角度构建整合了以上三个要素的 SD 模型，并为中国的政策含义设定了各种能源约束情景，为文献做出了重要贡献。SD 模型的执行过程如下：①定义问题；②建立系统的功能模型框架；③确定因果关系模型和反馈回路的系统流程图；④设计每个变量的方程和参数；⑤检验模型的有效性；⑥修改模型参数以提高性能；⑦根据模拟结果评估各种政策含义。

5.5.1　城镇化—能源 SD 模型

工业革命后，城市从政治和贸易中心转移到消费和生产中心。人口—工业—资本—技术—城镇化构成了城市的社会经济体系。进入以制造业为主导的城市发展时期，由于化石能源的大量使用导致 SO_2 和 CO_2 排放，能源与城市发展密切相关。

如图 5-10 所示，系统由两个部分组成：社会经济子系统和能源供需环境子系统。社会经济子系统包括资本、人口、城镇化、工业和公共服务。能源供求环境子系统包括三个部分：①总能源：煤炭、石油、天然气和非化石能源；②能源消耗：工业能源消耗、住宅能源消耗和交通运输能源；③能源环境指标：单位 GDP 能源强度、能源消耗产生的 CO_2 和 SO_2 排放量。在 SD 模型中，可以通过公式（5-20）的集成来计算库存量。定义库存后，便可以确定流量和辅助（Auxiliaries）设备。库存和流程图是基于识别出的因果循环的模型的代数表示。

$$Stock(t)=\int_{t_0}^{t}\left[Inflows(s)-Outflows(s) \right]\,ds+Stock(t_0) \tag{5-21}$$

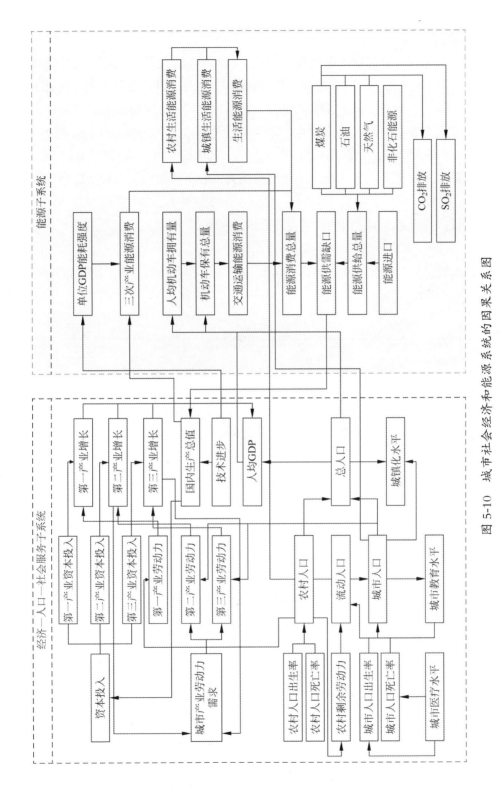

图 5-10　城市社会经济和能源系统的因果关系图

注：使用 Vensim PLE 7.2 绘制：http：//vensim.com/drawn，using Microsoft Visio Professional 2013：https：//microsoft-visio.en.softonic.com/

1. 社会经济子模型

经济增长和人口迁移与能源消耗密切相关。农村劳动力过剩、城市工业发展以及高水平的工业化/城镇化、高生活质量和能源短缺以及低生态环境之间的差距促进了中国的城镇化。基于科布—道格拉斯生产函数（the Cobb–Douglas Production Function），社会经济子模型包括经济增长、劳动生产率和劳动力需求之间的相互作用。选择了 9 个指标作为库存变量，包括：第一产业的产值、第二产业的产值、第三产业的产值、总资本存量、第二产业的劳动力、第三产业的劳动力、农业劳动力、农村人口和城市人口的输入。

劳动力投入与产品产出之间的关系可以表示为：

$$G = L \cdot P \tag{5-22}$$

式中，G 代表国民生产总值（或国民总收入），L 代表劳动力投入，P 代表劳动生产率。通过变换，可得方程（5-23）。

$$L = G/P \tag{5-23}$$

式（5-23）表明，劳动力输入或劳动力需求（工作机会）是国民生产总值（国民总收入）和劳动生产率的函数。通过推导，我们得到式（5-24）：

$$e = g - p \tag{5-24}$$

劳动力需求增长率等于国民生产总值增长率与劳动生产率增长率之差。由于劳动力需求的增长率等于新增劳动力需求除以上期劳动力需求的商，因此，可用公式（5-25）表示：

$$L = (g - p)L_0 \tag{5-25}$$

由于当前期间的总劳动力需求是 dL 和 L_0 的总和，因此公式（5-23）中的总劳动力需求 L 应表示为：

$$L = (1 + g - p)L_0 \tag{5-26}$$

按照这个程序，我们可以用等式（5-27）和式（5-28）表示第二产业 L_2^t 和第三产业 L_3^t 的劳动力需求：

$$L_2^t = L_2 \times (1 + g_2 - p_2) \tag{5-27}$$

$$L_3^t = L_3 \times (1 + g_3 - p_3) \tag{5-28}$$

式中，L_2 代表第二产业的劳动力，L_3 代表第三产业的劳动力；g_2 是第二产业产值增长率，g_3 是第三产业产值增长率；p_2 和 p_3 分别是第二产业和第三产业劳动力的增长率。

随着农业劳动生产率的提高，农业人口将部分转移到非农业产业中。农业劳动力转移净额是农业劳动力供求增长率之间的差。因此，农业劳动力净转移率取决于农业规模和农业劳动生产率。因此，我们有式（5-29）和式（5-30）：

$$L_1^t = G_1/(P_1 \times (1 + p_1)) \tag{5-29}$$

式中，L_1^t 代表农业劳动力需求在哪里；G_1 是农业产值，P_1 是农业劳动生产率，p_1 是农业劳动生产率的增长率。

$$L_{q1}=L_{g1}-(L_1^t/(L_1-\mathrm{d}L_1)-1) \tag{5-30}$$

式中，L_{q1} 代表农业劳动力的迁移率在哪里；L_{g1} 是农业劳动力的增长率；L_1 是农业劳动力投入；$\mathrm{d}L_1$ 是每年新增的农业劳动力。

固定资本存量（以 K 表示）与总产出（以 Y 表示）之间的关系可以使用公式（5-31）表示：

$$\mathrm{d}Y/\mathrm{d}K=Y/K \tag{5-31}$$

然后，通过变换，得到：

$$K=Y(\mathrm{d}K/\mathrm{d}Y) \tag{5-32}$$

式中，Y 是 GDP；$\mathrm{d}Y$ 是 GDP 的年度变化；K 是固定资本存量；$\mathrm{d}K$ 是固定资本存量的年度净增量。

这些元素可以在图 5-11 中简要说明它们之间的关系。附录 B 在社会经济子模型中列出了这些变量和方程式。

2. 能源供需环境子模型

一次能源供应总量由本地能源生产和进出口之间的平衡来表示，包括煤炭、石油、天然气和非化石能源。能源供应可以定义为：

$$TES = \sum_{j=1}^{4} EP_j \times (1 + EPR_j) + EIE \tag{5-33}$$

式中，TES 是总能源供应；EP_j 是第 j 种能源生产方式；EPR_j 是第 j 类能源生产的增长率；EIE 是能源进出口平衡。能源生产包括煤炭、石油和天然气以及非化石能源的生产。非化石能源包括新能源和可再生能源，如风能、太阳能、水能、生物质能、地热能、海洋能和核能。由于化石能源和非化石能源无法转化为统一的基本能源，因此化石燃料和非化石能源是分开计算的（图 5-12）。

能源总需求包括工业、交通和住宅部门的能源消耗（Jiang and Lin，2012）。运输、仓储和邮政服务被视为移动源，与行业终端能耗不同，在运输部门中计算得出（Zhang et al.，2011）。生产的能源消耗可以从第一产业、第二产业和第三产业的能源消耗量及其能源强度中得出（图 5-12）。能源强度可以计算为单位 GDP 的能源消耗，反映出工业能源消耗取决于经济发展和技术创新（Liu and Xie，2013；Fisher-Vanden et al.，2004；Ma and Stern，2008）。基于 1998—2015 年的数据，测量能源强度，工业部门的能耗计算如下：

$$IEC = \sum_{i=1}^{3} AV \times EI \tag{5-34}$$

$$EI=f(f(RDI, FTE, FDI), GPC) \tag{5-35}$$

式中，IEC 是工业能耗；EI 是单位工业增加值的能耗；RDI 是 R & D 投资；FTE 是等同于研发的全职工作人员；FDI 是外国直接投资；GPC 是人均 GDP。

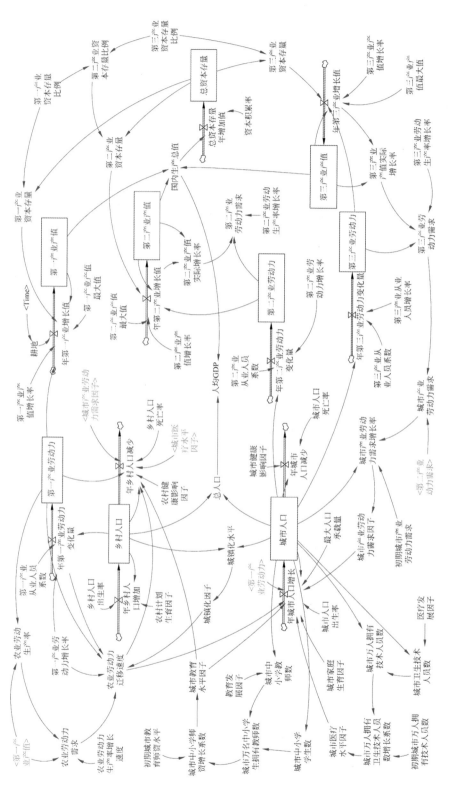

图 5-11　中国城镇化能源 SD 模型的社会经济子模型

注：使用 Vensim PLE 7.2 绘制，http://vensim.com/

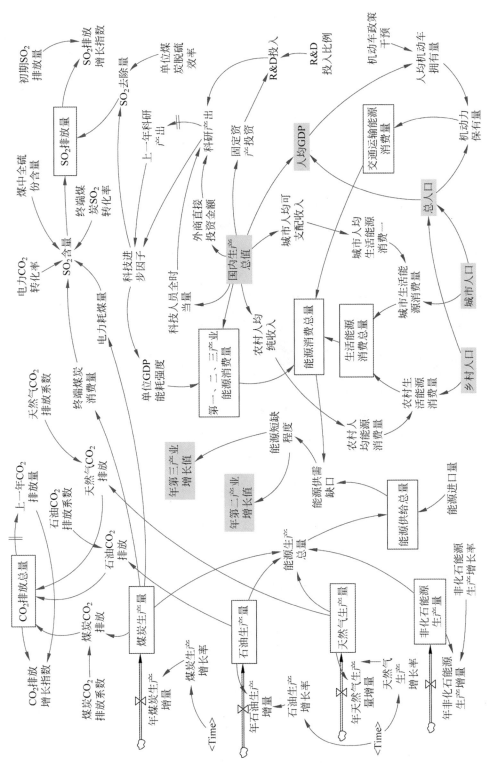

图 5-12 中国城镇化能源 SD 模型里的能源供需子环境子模型

注：使用 Vensim PLE 7.2 绘制，http://vensim.com/

运输包括铁路、公路、水路、航空和管道以及装卸服务。由于这些数据不可得，因此使用车辆的消耗量来计算运输能耗。宏观经济条件和人口因素影响车辆需求。中国的汽车存量由表达汽车拥有量（车辆/人口）的增长与人均收入关系的 Gompertz 模型（Gompertz Mode）估算（Georgiadis and Besiou，2008）。运输部门的能源需求建模为车辆数量、活动水平和燃油效率的乘积，如下式所示：

$$VEC = P \times (\varphi \times e^{\delta \times e^{(\partial \cdot A)}}) \times AVT \times CFE \tag{5-36}$$

式中，VEC 是运输能耗；P 是人口；AVT 是车辆的平均年行驶距离；CFE 是每单位距离的油耗。

居民收入的增加一直在加速耐用消费品的普及，如家用电器和汽车以及住房空间，导致国内部门的能源消耗飙升（Meadows et al.，1972）。基于人均住宅能源消耗与收入之间的相关性（附录 B），住宅能源需求可以定义为：

$$REC = URP \times f(UCI) + RUP \times f(RCI) \tag{5-37}$$

式中，REC 是家庭生活耗能；URP 和 RUP 分别是城市和农村人口；UCI 是城市人均可支配收入；RCI 是农村人均纯收入；其他是要估计的参数。

能源消耗会产生许多温室气体和污染物，尤其是 CO_2 和 SO_2 会对环境质量产生负面影响（Shahbaz et al.，2019）。煤炭消费是中国 SO_2 排放的主要来源（Sun et al.，2018）（图 5-12）。采用物料平衡法（The Material Balance Method）（Xue et al.，2011），计算出煤炭消耗产生的 SO_2 排放量如下：

$$PFS = 2 \times (ECC \times SCO_1 + TCC \times SCO_2) \times TSC \times (1 - NSO) \tag{5-38}$$

式中，PFS 是 SO_2 排放量；ECC 是电煤消耗量；TCC 是终端煤炭消耗量；SCO_1 和 SCO_2 分别是电力和码头用煤的 SO_2 转化率；TSF 是煤中的总硫含量；NSO 是脱硫效率。

根据能源消耗和碳排放系数估算 CO_2 排放量。各种能源类型的碳排放系数采用 2006 IPCC 推荐的方法校正后的值（Dhakal，2009；Cheng et al.，2013）。预计二氧化碳排放量如下：

$$TCE = \sum_{j=1}^{3} (EP_j \times CEF_j) \tag{5-39}$$

式中，TEC 是与能源有关的 CO_2 排放量；EP_j 是能量消耗的第 j 种类型；CEF_j 是第 j 类能量的 CO_2 排放系数。

附录 B 中描述了 141 个子系统的关键性能指标。该模型包含 3 种类型的变量和 1 种类型的参数，包括库存变量、增长率变量、辅助变量和常数。

5.5.2　参数设定

除变量外，常量还通过变量和参数的初始值包含在 SD 模型中。大多数参数是通过历史数据平均、发展趋势外推、表函数（在附录 B 中）和 Cobb–Douglas 生产函数的方法计算得出的。此外，由于许多因素影响着中国的城镇化，其相互作用机制非常复杂，因此本文也采用灰色关联分析（Deng，1982）。GM（1，1）是一个长期预测的灰色模型（GM），主要用指数变化定律解决生成序列。GM（1，1）的计算步骤如下。

首先，选择系统参考序列和比较序列（$i = 1, 2, \cdots, n$），对参考序列和比较序列进行初始化以使其无量纲并进行归一化。其次，在时间 $t = j$ 时计算参考序列和比较序列之间的灰色相关系数：

$$\xi\tau(j) = \frac{\min\limits_{i}\min\limits_{j}|X_0(j) - X_i(j)| + \alpha\max\limits_{i}\max\limits_{j}|X_0(j) - X_i(j)|}{|X_0(j) - X_i(j)| + \alpha\max\limits_{i}\max\limits_{j}|X_0(j) - X_i(j)|} \tag{5-40}$$

式中，α 是介于 $0 \sim 1$ 之间的分辨率因子（the Resolution Factor），通常设置为 0.5。这样，相关性就可计算为：

$$r_i = \frac{1}{n}\sum_{j=1}^{n}\xi_i(j) \tag{5-41}$$

能源数据以标准煤当量的克数为单位。为了使数据序列的价格影响最小化，采用1990 年的不变价格作为产值和资本变量的初始值。常数及其初始值如表 5-12 所示。

表 5-12　能源约束城镇化 SD 模型中的常数参数

参数获得方法	变量	参数	单位	数据来源
统计年鉴中的历史数据平均值	农村人口出生率	1.4	%	中国国家人口统计
	资本积累率	49	%	《中国固定资产投资统计年鉴》《中国统计年鉴》
	农村人口死亡率	0.6	%	中国国家人口统计
	研发投入比例	2.64	%	《中国统计年鉴》
	第一产业产值增长率	5.52	%	《中国统计年鉴》
	第二产业产值增长率	9.4	%	《中国统计年鉴》
	第三产业产值增长率	11.7	%	《中国统计年鉴》
	城镇人口出生率	1.11	%	中国人口统计局
	城镇人口死亡率	0.52	%	中国国家人口统计
	第二产业就业指数	0.333	—	《中国统计年鉴》《中国人口与就业统计年鉴》
	第三产业就业指数	0.4137	—	《中国统计年鉴》《中国人口与就业统计年鉴》
	农业劳动力增长率	−1.96	%	《中国统计年鉴》《中国人口与就业统计年鉴》
	第三产业从业人数增长率	2.76	%	《中国统计年鉴》《中国人口与就业统计年鉴》
	第二产业劳动力增长率	2.33	%	《中国统计年鉴》《中国人口与就业统计年鉴》
	第二产业劳动生产率的增长率	6.9	%	《中国统计年鉴》《中国人口与就业统计年鉴》
	第三产业劳动生产率的增长率	8.7	%	《中国统计年鉴》《中国人口与就业统计年鉴》
	农业劳动生产率增长率	7.7	%	《中国统计年鉴》《中国人口与就业统计年鉴》
	第三产业资本存量百分比	55	%	《中国统计年鉴》《中国人口与就业统计年鉴》
	第一产业资本存量百分比	1.8	%	《中国统计年鉴》《中国人口与就业统计年鉴》

续表

参数获得方法	变量	参数	单位	数据来源
统计年鉴中的 历史数据平均值	农村计划生育的决定因素	1.15	孩子	《中国统计年鉴》《中国人口统计》
	城市计划生育的决定因素	1.05	孩子	《中国统计年鉴》《中国人口统计》
	农村健康的决定因素	0.95	—	《中国统计年鉴》《中国国家人口统计》
	城市健康的决定因素	0.92	—	《中国统计年鉴》《中国国家人口统计》
	医学决定因素	0.98	—	《中国统计年鉴》《中国国家人口统计》
来自政府 文件的数据	火电煤耗 SO_2 转化率	0.9	—	
	终端煤的 SO_2 转化率	0.8	—	
	煤中总硫含量	1.2	%	

5.5.3　SD 模型有效验证和敏感性测试

SD 模型的有效验证经常使用两种方法：①模型结构有效性验证。旨在确定该模型是否准确反映了现实现实。②敏感度测试。关注执行期间的模型行为，并评估置信度（the Degree of Confidence）。

1. 模型结构有效性验证

SD 模型结构有效性验证在与实际情况一致的条件进行了测试（Sterman，2000）。使用结构验证和极值进行结构验证。根据实际数据，检查了模型变量的初始值，并确定了其合理性。然后将以上参数输入模型作为库存流测试。实际数据和模拟数据之间的误差率证明了该模型的可靠性（表 5-13）。

表 5-13　能源约束城镇化 SD 模型库存流测试

变量	误差率 e/%	变量	误差率 e/%
城镇化水平	0.813	总人口	0.510
GDP（1990 年价格）	2.673	第一产业产值	7.298
第二产业产值	5.530	第三产业产值	2.061
煤炭生产	9.673	石油生产	1.575
天然气生产	7.331	生产非化石能源	3.644
工业能耗	7.038	家庭生活耗能	3.810
运输能耗	5.191	总能耗	6.125

资料来源：《中国统计年鉴》.

注：真实数据和模拟数据之间的错误率（%）.

表 5-13 表明，从模型中选择的 14 个关键变量的真实数据和模拟数据之间的误差率都低于 10%。表 5-14 列出了验证结果的详细信息。

表 5-14　能源约束城镇化 SD 模型模拟值与实际值之间的相对误差

年份	城镇化水平 /%			人口 / 万			GDP（1990 年不变价）/ 亿元		
	模拟值	实际值	误差率 /%	模拟值	实际值	误差率 /%	模拟值	实际值	误差率 /%
1998	33.35	33.35	0.000	124761	124761	0.000	42877	42877	0.002
1999	34.36	34.78	1.200	125763	125786	0.018	46605	46145	0.997
2000	35.53	36.22	1.899	126753	126743	0.008	50805	50035	1.538
2001	36.88	37.66	2.062	127707	127627	0.063	55512	54188	2.443
2002	38.34	39.09	1.927	128632	128453	0.139	60767	59110	2.804
2003	39.80	40.53	1.803	129535	129227	0.238	66615	65036	2.429
2004	41.30	41.76	1.107	130411	129988	0.325	73106	71595	2.111
2005	42.80	42.99	0.454	131262	130756	0.387	80296	79692	0.758
2006	44.28	44.34	0.136	132088	131448	0.487	88245	89794	1.725
2007	45.74	45.89	0.322	132893	132129	0.578	97022	102511	5.355
2008	47.16	46.99	0.352	133679	132802	0.660	106700	112388	5.061
2009	48.51	48.34	0.349	134449	133450	0.749	117359	122743	4.387
2010	49.81	49.95	0.284	135207	134091	0.832	129086	135566	4.780
2011	51.05	51.27	0.423	135949	134735	0.901	141976	148174	4.183
2012	52.26	52.57	0.589	136675	135404	0.939	156130	159513	2.121
2013	53.43	53.73	0.558	137385	136072	0.965	171659	171955	0.053
2014	54.56	54.77	0.382	138079	136782	0.948	188680	184507	2.261
2015	55.66	56.10	0.793	138758	137462	0.943	207320	197238	5.111
平均误差率 /%	—	—	0.813	—	—	0.510	—	—	2.673

表 5-14　能源约束城镇化 SD 模型模拟值与实际值之间的相对误差（续表 1）

年份	第一产业产值（1990 年不变价）/ 亿元			第二产业产值（1990 年不变价）/ 亿元			第三产业产值（1990 年不变价）/ 亿元		
	模拟值	实际值	误差率 /%	模拟值	实际值	误差率 /%	模拟值	实际值	误差率 /%
1998	7527	7528	0.007	19815	19815	0.000	15535	15535	0.002
1999	7948	7600	4.574	21373	21114	1.226	17284	17430	0.840
2000	8389	7537	11.301	23156	22974	0.789	19260	19524	1.351
2001	8850	7799	13.478	25179	24467	2.908	21484	21922	2.001
2002	9331	8123	14.873	27461	26475	3.722	23975	24511	2.186
2003	9834	8323	18.159	30021	29896	0.416	26760	26817	0.210
2004	10358	9589	8.025	32882	33095	0.644	29866	28911	3.304
2005	10904	9661	12.868	36068	37747	4.449	33324	32284	3.221
2006	11473	9979	14.966	39606	43055	8.012	37167	36760	1.107
2007	12064	11040	9.277	43524	48528	10.312	41434	42943	3.515
2008	12680	12061	5.128	47854	53324	10.259	46167	47003	1.779

续表

年份	第一产业产值（1990年不变价）/亿元			第二产业产值（1990年不变价）/亿元			第三产业产值（1990年不变价）/亿元		
	模拟值	实际值	误差率/%	模拟值	实际值	误差率/%	模拟值	实际值	误差率/%
2009	13319	12683	5.012	52629	56758	7.275	51410	53302	3.549
2010	13984	13686	2.177	57888	63268	8.503	57214	58613	2.386
2011	14674	14872	1.334	63669	69032	7.769	63633	64269	0.991
2012	15391	16099	4.395	70016	72284	3.139	70724	71130	0.571
2013	16136	16725	3.526	76974	79186	2.794	78550	84024	6.515
2014	16908	16716	1.148	84593	79528	12.212	87179	88263	1.228
2015	17710	17514	1.119	92926	80725	15.114	96684	99000	2.339
平均误差率/%	—	—	7.298	—	—	5.530	—	—	2.061

表 5-14　能源约束城镇化 SD 模型模拟值与实际值之间的相对误差（续表 2）

年份	煤炭/tce			石油/tce			天然气/tce		
	模拟值	实际值	误差率/%	模拟值	实际值	误差率/%	模拟值	实际值	误差率/%
1998	95168	95168	0.000	22981	22981	0.000	2856	2856	0.000
1999	101545	97500	4.149	23371	22825	2.395	3191	3298	3.269
2000	108348	101017	7.257	23769	23280	2.100	3564	3603	1.082
2001	115607	107031	8.013	24173	23441	3.123	3981	3980	0.008
2002	123353	114238	7.978	24584	23910	2.816	4447	4376	1.618
2003	131618	134972	2.485	25002	24249	3.105	4967	4636	7.141
2004	140436	158085	11.164	25427	25145	1.119	5548	5565	0.305
2005	149845	177274	15.473	25859	25881	0.086	6197	6642	6.700
2006	159885	189691	15.713	26298	26434	0.514	6922	7832	11.623
2007	170597	205526	16.995	26746	26681	0.240	7732	9246	16.375
2008	182027	213058	14.565	27200	27187	0.048	8637	10819	20.174
2009	194223	219719	11.604	27663	26893	2.863	9647	11444	15.699
2010	207236	237839	12.867	28133	29028	3.083	10776	12797	15.795
2011	221121	264658	16.450	28611	28915	1.051	12037	13947	13.699
2012	235936	267493	11.797	29097	29838	2.484	13445	14393	6.586
2013	251744	270523	6.942	29592	30138	1.811	15018	15786	4.869
2014	268611	266333	0.855	30095	30397	0.992	16775	17008	1.368
2015	286607	261002	9.810	30607	30770	0.530	18738	17738	5.636
平均误差率/%	—	—	9.673	—	—	1.575	—	—	7.331

表 5-14　能源约束城镇化 SD 模型模拟值与实际值之间的相对误差（续表 3）

年份	非化石能源 /tce			能源总产量 /tce			第一产业、第二产业和第三产业能耗		
	模拟值	实际值	误差率 /%	模拟值	实际值	误差率 /%	模拟值	实际值	误差率 /%
1998	8829	8829	0.000	121835	129834	6.161	92070	109576	15.976
1999	9826	8312	18.220	130253	131935	1.275	93448	106324	12.110
2000	10937	10670	2.501	139319	138570	0.541	102798	105469	2.532
2001	12173	12973	6.173	149086	147425	1.127	113060	109232	3.504
2002	13548	13752	1.485	159611	156277	2.133	124293	120102	3.490
2003	15079	14442	4.409	170958	178299	4.117	136566	142346	4.061
2004	16783	17313	3.062	183194	206108	11.117	149957	166842	10.120
2005	18679	19239	2.909	196393	229037	14.253	164557	184603	10.859
2006	20790	20805	0.070	210636	244763	13.943	180465	202299	10.793
2007	23140	22719	1.852	226010	264173	14.446	197789	206827	4.370
2008	25754	26355	2.279	242611	277419	12.547	216651	236633	8.444
2009	28665	28037	2.238	260543	286092	8.930	237181	249112	4.789
2010	31904	32461	1.717	279918	312125	10.319	259518	264313	1.814
2011	35509	32657	8.732	300859	340178	11.558	283811	282056	0.622
2012	39521	39317	0.520	323502	351041	7.845	310218	293841	5.573
2013	43987	42336	3.899	347992	358784	3.008	338905	336563	0.696
2014	48958	48128	1.723	374489	361866	3.488	370052	342257	8.121
2015	54490	52490	3.810	403167	362000	11.372	403843	339926	18.803
平均误差率 /%	—	—	3.644	—	—	7.677	—	—	7.038

表 5-14　能源约束城镇化 SD 模型模拟值与实际值之间的相对误差（续表 4）

年份	总能源消耗 /tce			居民消耗 /tce			运输消耗 /tce		
	模拟值	实际值	误差率 /%	模拟值	实际值	误差率 /%	模拟值	实际值	误差率 /%
1998	112526	132214	14.891	13771	14393	4.322	6685	8245	18.915
1999	116021	130825	11.316	14828	15258	2.821	7745	9243	16.203
2000	127716	132080	3.304	16016	16695	4.069	8902	9916	10.222
2001	140560	136057	3.310	17343	16568	4.678	10158	10257	0.970
2002	154605	148221	4.307	18801	17032	10.388	11512	11087	3.830
2003	169915	174992	2.901	20385	19827	2.811	12965	12819	1.137
2004	186580	203227	8.191	22105	21281	3.874	14517	15104	3.884
2005	204693	224682	8.896	23967	23450	2.207	16169	16629	2.767
2006	224362	246270	8.896	25980	25388	2.334	17917	18583	3.582
2007	245705	257885	4.723	28155	30814	8.628	19760	20244	2.390

续表

年份	总能源消耗 /tce			居民消耗 /tce			运输消耗 /tce		
	模拟值	实际值	误差率 /%	模拟值	实际值	误差率 /%	模拟值	实际值	误差率 /%
2008	268849	291448	7.754	30504	31898	4.371	21694	22917	5.339
2009	293934	306647	4.146	33042	33843	2.367	23711	23692	0.081
2010	321111	326851	1.756	35787	36470	1.873	25806	26068	1.004
2011	350539	350176	0.104	38759	39584	2.085	27970	28536	1.985
2012	382387	367234	4.126	41979	42306	0.773	30190	31087	2.885
2013	416831	416913	0.020	45470	45531	0.133	32455	34819	6.789
2014	454057	425805	6.635	49256	47212	4.328	34750	36336	4.367
2015	494261	429906	14.970	53362	50099	6.512	37057	39881	7.080
平均误差率 /%	—	—	6.125	—	—	3.810	—	—	5.191

2. SD 模型灵敏度测试

SD 模型敏感性测试是指检查更改参数阈值如何影响模型的输出。健壮（Robust）的模型应该对大多数参数的变化不敏感（Hearne，1985）。因此，在能源城镇化 SD 模型通过基于历史数据的结构有效性测试之后，进行了敏感性测试。

参数的敏感度等级测量如下：

$$S_Q = \left| \frac{\Delta Q_{(t)}}{Q_{(t)}} \cdot \frac{X_{(t)}}{\Delta X_{(t)}} \right| \tag{5-42}$$

$$S = \frac{1}{n} \sum_{i=1}^{n} S_{Q_i} \tag{5-43}$$

式中，t 是时间；$Q_{(t)}$ 和 $X_{(t)}$ 分别是 Q 和 X 在时间 t 的值；S_Q 是水平变量 Q 对参数 X 的敏感度值；$\Delta Q_{(t)}$ 和 $\Delta X_{(t)}$ 分别是 Q 和 X 在时间 t 的变化值；n 是级别变量的数量；S_{Q_i} 是 Q_i 的灵敏度值，并且 S 是参数的平均灵敏度水平 X。

从模型中选择了 14 个关键变量，以测试城镇化水平变化对这 14 个参数的敏感性（Xue et al.，2011；Pei et al.，2010）。1998—2050 年，每个参数逐年增加或减少 10%，并考察了对城镇化水平的这种影响。根据公式（5-42），每个变量可以获得两个敏感度值，因此 28 个敏感度值的平均值可以表示城镇化水平对特定参数的敏感度。使用公式（5-43）计算 14 个变量对特定参数的平均敏感度可得出总共 28 个值，结果如表 5-15 所示。

表 5-15　能源约束城镇化 SD 模型敏感性分析结果

变量	+10%	–10%	变量	+10%	–10%
农村人口出生率	11.56	11.05	城镇人口出生率	3.81	3.89
农村计划生育的决定因素	11.56	11.05	城市计划生育的决定因素	3.81	3.89
教育因素	23.80	6.05	第一产业劳动力增长率	8.34	8.07

变量	+10%	−10%	变量	+10%	−10%
第二产业劳动力增长率	0.35	0.36	第三产业劳动力增长率	0.63	0.67
煤炭产量增长率	1.42	1.38	石油产量增长率	0.11	0.11
天然气产量增长率	0.34	0.33	非化石能源增长率	0.41	0.49
单位煤脱硫率	0.45	0.41	研发投入比例	0.01	0.01

如表 5-15 所示，14 个变量中的三个变量显示敏感性值大于 10%，其中包括农村人口的出生率、农村计划生育的决定因素和教育程度。因此，系统对大多数参数的变化不敏感。

综上所述，通过结构有效性分析和敏感性测试，该模型具有较强的鲁棒性（Robustness），可用于实际系统的情景仿真。

附录 A

附表 1　1998—2017 年中国土地利用数据

年份	建设用地面积 / 万 hm²					非建设用地面积 / 万 hm²			
	城市居住用地	城市工业用地	城市第三产业用地	城市道路交通设施用地	村镇建设用地	耕地	林地	牧草地	水域
1998	63.75	44.09	18.96	15.32	2501.28	12929.77	23830.83	26569.65	4256.28
1999	67.68	46.54	19.34	16.84	2513.76	12886.36	23863.92	26439.80	4269.68
2000	71.22	48.74	20.33	18.14	2528.08	12824.31	23936.53	26376.88	4267.41
2001	79.58	51.05	21.98	20.78	2540.10	12761.58	23983.07	26384.59	4266.48
2002	86.61	57.69	23.14	23.68	2559.41	12592.96	24150.97	26352.19	4269.32
2003	92.77	62.25	24.74	27.00	2579.10	12339.22	24504.92	26311.18	4263.07
2004	97.29	67.09	26.34	29.89	2608.06	12244.43	24633.48	26270.68	4263.91
2005	104.27	71.26	27.94	32.96	2627.88	12208.27	24729.00	26214.38	4266.52
2006	105.86	74.26	29.43	35.64	2650.79	12177.59	24793.96	26193.20	4268.29
2007	113.46	80.35	31.23	38.93	2673.29	12173.52	24793.05	26186.46	4263.19
2008	121.76	86.54	34.13	42.93	2693.39	12171.59	24788.29	26183.48	4258.92
2009	129.78	92.75	36.23	46.69	2956.88	13538.45	26876.13	28731.34	4269.03
2010	137.14	95.45	38.46	51.83	2993.21	13526.83	26846.93	28717.37	4261.00
2011	142.11	94.28	41.61	51.11	3028.43	13523.85	26816.35	28702.23	4255.34
2012	146.89	90.26	45.02	56.30	3063.07	13515.85	26793.02	28688.67	4247.97
2013	150.97	94.63	45.13	59.54	3092.45	13516.47	26770.84	28670.91	4239.91
2014	157.83	99.34	49.44	66.66	3124.59	13505.73	26744.93	28654.78	4236.09
2015	162.82	102.99	52.23	74.53	3151.07	13499.87	26731.53	28640.19	4230.14
2016	163.74	105.25	53.93	77.86	3179.21	13492.09	26717.43	28628.20	4224.37
2017	169.79	110.84	55.08	83.65	3205.77	13488.22	26701.66	28614.66	4219.72

附表2 土地资源—城镇化 SD 模型历史数据检验

年份	城市居住用地 / 万 hm²			城市工业用地 / 万 hm²			城市第三产业用地 / 万 hm²		
	模拟值	实际值	误差率 / %	模拟值	实际值	误差率 / %	模拟值	实际值	误差率 / %
1998	66.45	63.75	4.23	42.19	44.09	−4.31	17.30	18.96	−8.77
1999	66.67	67.68	−1.50	45.27	46.54	−2.73	19.19	19.34	−0.79
2000	68.74	71.22	−3.48	48.36	48.74	−0.78	21.12	20.33	3.84
2001	71.68	79.58	−9.93	51.46	51.05	0.82	23.05	21.98	4.90
2002	85.70	86.61	−1.05	57.47	57.69	−0.38	24.98	23.14	7.95
2003	90.83	92.77	−2.09	59.41	62.25	−4.56	23.55	24.74	−4.80
2004	96.30	97.29	−1.02	64.29	67.09	−4.17	26.01	26.34	−1.25
2005	102.09	104.27	−2.09	68.95	71.26	−3.23	27.48	27.94	−1.62
2006	108.16	105.86	2.17	73.58	74.26	−0.91	29.26	29.43	−0.59
2007	114.25	113.46	0.70	79.05	80.35	−1.62	31.31	31.23	0.26
2008	120.53	121.76	−1.01	84.78	86.54	−2.02	35.50	34.13	4.00
2009	126.93	129.78	−2.20	88.77	92.75	−4.29	38.34	36.23	5.81
2010	133.45	137.14	−2.69	92.67	95.45	−2.91	40.85	38.46	6.20
2011	140.86	142.11	−0.88	95.72	94.28	1.52	43.28	41.61	4.01
2012	147.01	146.89	0.09	96.70	90.26	7.14	45.63	45.02	1.36
2013	153.26	150.97	1.52	99.28	94.63	4.92	47.46	45.13	5.17
2014	159.59	157.83	1.12	101.94	99.34	2.62	49.28	49.44	−0.32
2015	166.05	162.82	1.98	104.60	102.99	1.57	51.02	52.23	−2.32
2016	172.61	163.74	5.42	106.60	105.25	1.28	52.73	53.93	−2.22
2017	176.99	169.79	4.24	109.12	110.84	−1.55	54.40	55.08	−1.23
均值	—	—	−0.32	—	—	−0.68	—	—	0.98

附表2 土地资源—城镇化 SD 模型历史数据检验（续表1）

年份	城市道路交通设施用地 / 万 hm²			村镇建设用地 / 万 hm²			耕地 / 万 hm²		
	模拟值	实际值	误差率 /%	模拟值	实际值	误差率 /%	模拟值	实际值	误差率 /%
1998	15.97	15.32	4.26	2494.59	2501.28	−0.27	12939.90	12929.77	0.08
1999	17.32	16.84	2.87	2537.15	2513.76	0.93	12841.40	12886.36	−0.35
2000	18.83	18.14	3.79	2573.37	2528.08	1.79	12723.70	12824.31	−0.78
2001	20.51	20.78	−1.28	2602.73	2540.10	2.47	12596.30	12761.58	−1.30
2002	22.36	23.68	−5.56	2624.81	2559.41	2.56	12450.40	12592.96	−1.13
2003	24.40	27.00	−9.60	2641.21	2579.10	2.41	12304.40	12339.22	−0.28
2004	26.93	29.89	−9.90	2654.28	2608.06	1.77	12293.30	12244.43	0.40
2005	30.27	32.96	−8.15	2663.85	2627.88	1.37	12273.40	12208.27	0.53
2006	34.21	35.64	−4.02	2669.81	2650.79	0.72	12247.20	12177.59	0.57
2007	38.79	38.93	−0.34	2678.37	2673.29	0.19	12218.50	12173.52	0.37
2008	44.09	42.93	2.70	2684.35	2693.39	−0.34	12182.60	12171.59	0.09
2009	48.55	46.69	3.97	2949.19	2956.88	−0.26	13519.80	13538.45	−0.14
2010	53.05	51.83	2.35	2998.14	2993.21	0.16	13516.80	13526.83	−0.07
2011	57.60	51.11	12.69	3040.47	3028.43	0.40	13494.70	13523.85	−0.22

续表

年份	城市道路交通设施用地 / 万 hm²			村镇建设用地 / 万 hm²			耕地 / 万 hm²		
	模拟值	实际值	误差率 /%	模拟值	实际值	误差率 /%	模拟值	实际值	误差率 /%
2012	62.08	56.30	10.27	3078.29	3063.07	0.50	13467.30	13515.85	-0.36
2013	65.59	59.54	10.17	3112.05	3092.45	0.63	13434.90	13516.47	-0.60
2014	69.14	66.66	3.71	3141.44	3124.59	0.54	13397.60	13505.73	-0.80
2015	72.56	74.53	-2.64	3165.80	3151.07	0.47	13355.70	13499.87	-1.07
2016	75.93	77.86	-2.48	3187.08	3179.21	0.25	13330.20	13492.09	-1.20
2017	79.20	83.65	-5.32	3206.24	3205.77	0.01	13289.60	13488.22	-1.47
均值	—	—	0.37	—	—	0.81	—	—	-0.39

附表 2 土地资源—城镇化 SD 模型历史数据检验（续表 2）

年份	林地 / 万 hm²			牧草地 / 万 hm²			水域 / 万 hm²		
	模拟值	实际值	误差率 /%	模拟值	实际值	误差率 /%	模拟值	实际值	误差率 /%
1998	23830.90	23830.83	0.00	26569.70	26569.65	0.00	4256.28	4256.28	0.00
1999	23878.40	23863.92	0.06	26504.30	26439.80	0.24	4256.58	4269.68	-0.31
2000	23912.00	23936.53	-0.10	26423.60	26376.88	0.18	4254.39	4267.41	-0.31
2001	23930.70	23983.07	-0.22	26326.70	26384.59	-0.22	4249.55	4266.48	-0.40
2002	24081.70	24150.97	-0.29	26276.70	26352.19	-0.29	4280.62	4269.32	0.26
2003	24218.60	24504.92	-1.17	26217.10	26311.18	-0.36	4278.47	4263.07	0.36
2004	24354.30	24633.48	-1.13	26155.50	26270.68	-0.44	4275.97	4263.91	0.28
2005	24488.60	24729.00	-0.97	26091.80	26214.38	-0.47	4273.10	4266.52	0.15
2006	24621.50	24793.96	-0.70	26026.00	26193.20	-0.64	4269.86	4268.29	0.04
2007	24759.90	24793.05	-0.13	25965.30	26186.46	-0.84	4267.43	4263.19	0.10
2008	24893.70	24788.29	0.43	25899.20	26183.48	-1.09	4264.11	4258.92	0.12
2009	27029.40	26876.13	0.57	28895.10	28731.34	0.57	4288.96	4269.03	0.47
2010	27038.20	26846.93	0.71	28855.40	28717.37	0.48	4279.10	4261.00	0.42
2011	27014.70	26816.35	0.74	28798.80	28702.23	0.34	4266.72	4255.34	0.27
2012	26986.30	26793.02	0.72	28754.60	28688.67	0.23	4256.15	4247.97	0.19
2013	26953.30	26770.84	0.68	28723.10	28670.91	0.18	4247.42	4239.91	0.18
2014	26915.90	26744.93	0.64	28704.30	28654.78	0.17	4240.56	4236.09	0.11
2015	26874.00	26731.53	0.53	28698.30	28640.19	0.20	4240.06	4230.14	0.23
2016	26835.40	26717.43	0.44	28711.20	28628.20	0.29	4229.95	4224.37	0.13
2017	26782.70	26701.66	0.30	28700.70	28614.66	0.30	4232.50	4219.72	0.30
均值	—	—	0.06	—	—	-0.06	—	—	0.13

附表 2 土地资源—城镇化 SD 模型历史数据检验（续表 3）

年份	国内生产总值 / 亿元 (1990 年价格)			总人口 / 万人			城镇化水平 /%		
	模拟值	实际值	误差率 /%	模拟值	实际值	误差率 /%	模拟值	实际值	误差率 /%
1998	42790.20	42790.29	0.00	124761	124761	0.00	33.35	33.35	0.00
1999	46239.80	46085.14	0.34	125693	125786	-0.07	34.51	34.78	-0.79

续表

年份	国内生产总值 / 亿元（1990 年价格）			总人口 / 万人			城镇化水平 /%		
	模拟值	实际值	误差率 /%	模拟值	实际值	误差率 /%	模拟值	实际值	误差率 /%
2000	50043.00	50002.38	0.08	126557	126743	−0.15	35.73	36.22	−1.34
2001	54206.10	54152.63	0.10	127348	127627	−0.22	37.04	37.66	−1.66
2002	58729.30	59080.46	−0.59	128085	128453	−0.29	38.42	39.09	−1.71
2003	63693.10	64988.51	−1.99	128967	129227	−0.20	39.94	40.53	−1.45
2004	69792.90	71552.31	−2.46	129845	129988	−0.11	41.46	41.76	−0.72
2005	77811.80	79709.32	−2.38	130718	130756	−0.03	42.98	42.99	−0.02
2006	87317.70	89813.70	−2.78	131584	131448	0.10	44.50	44.34	0.37
2007	98576.70	102533.47	−3.86	132482	132129	0.27	45.92	45.89	0.06
2008	111973.00	112479.25	−0.45	133358	132802	0.42	47.31	46.99	0.67
2009	123804.00	123052.26	0.61	134211	133450	0.57	48.66	48.34	0.66
2010	136336.00	136095.83	0.18	135040	134091	0.71	49.98	49.95	0.06
2011	149658.00	149576.83	0.05	135713	134735	0.73	51.27	51.27	−0.01
2012	163687.00	161478.88	1.37	136363	135404	0.71	52.53	52.57	−0.07
2013	175490.00	173498.43	1.15	136993	136072	0.68	53.77	53.73	0.08
2014	188203.00	186163.79	1.10	137604	136782	0.60	55.00	54.77	0.41
2015	201399.00	199009.09	1.20	138194	137462	0.53	56.21	56.10	0.20
2016	215429.00	212342.70	1.45	138803	138271	0.38	57.40	57.35	0.09
2017	230281.00	226782.00	1.54	139430	139008	0.30	58.57	58.52	0.08
均值	—	—	−0.27	—	—	0.25	—	—	−0.25

附录 B

附表　城镇化—能源 SD 模型主要变量和方程式

变　　量	单位	计算公式
农业劳动生产率	元 / 人	第一产业产值 ×10000 / 农业劳动力投入
农村人口逐年减少	万人 / 年	农村人口死亡率 × 农村健康决定因素 × 农村人口 × 环境污染因子 + 农业劳动力的投入 × 农业劳动力的迁移速度 × 教育因素 × 城市工业劳动力需求的因素 × 城市医疗水平
城镇人口逐年减少	万人 / 年	城镇人口死亡率 × 城市健康的决定因素 × 城市人口 × 环境污染因子
农业劳动力年均增长	万人	农业劳动力指数 × 农村人口 × 农业劳动力人数增长率
农村人口年均增长	万人 / 年	农村人口出生率 × 农村人口 × 农村计划生育的决定因素
城镇人口年均增长	万人 / 年	（1− 城市人口 / 最大人口容量）×（城市人口出生率 × 城市人口 × 城市计划生育的决定因素 + 城市工业劳动力需求的因素 × 农业劳动力的迁移速度 × 农业劳动力的输入 × 教育程度 × 城市医疗水平）
资本存量总额的年度增量	元 / 年	GDP × 资本积累率
第二产业年增加值	亿元 / 年	第二产业产值增长率 ×（1− 第二产业产值 / 第二产业最大产值）×EXP（2.1819）×（第二产业劳动力 ^（−0.34231））×（城镇资本存量第二产业 ^0.9954）× 经济发展限制因素

变　　量	单位	计算公式
第三产业年增加值	亿元/年	第三产业产值增长率 ×（1−第三产业产值/第三产业最大值）×EXP（−8.867）×（第三产业劳动力 ^1.1188）×（城镇人口第三产业 ^0.6715）× 经济发展限制因素
第一产业资本存量	亿元	总资本存量 × 第一产业资本存量百分比
城镇第二产业资本存量	亿元	第二产业资本存量百分比 × 资本存量总额
城市第三产业资本存量	亿元	第三产业资本存量百分比 × 资本存量总额
农业劳动力需求	万人	（第一产业的产值 ×10000）/（农业劳动生产率 ×（1+ 农业劳动生产率的增长率））
城市工业对劳动力的需求	万人	第二产业劳动力需求 + 第三产业劳动力需求
第三产业劳动力需求	万人	第三产业劳动力 ×（1+ 第三产业产值实际增长率 − 第三产业劳动生产率增长率）
教育因素	—	城市中小学教师的成长指数,（0，0）-（10，1），（0.8，0.4），（0.85，0.45），（0.9，0.5），（0.92，0.53），（0.95，0.55），（0.96，0.6），（0.97，0.75），（0.98，0.8），（0.98，0.8），（0.99，0.8），（0.99，0.8），（1，0.5），（1.01，0.6），（1.02，0.6），（1.1，0.55），（1.12，0.65），（1.15，0.75），（1.2，0.8），（1.25，0.75），（1.3，0.82），（1.4，0.76），（1.5，0.78），（1.6，0.76），（0.8，0.43），（0.85，0.46），（0.9，0.47），（0.92，0.49），（0.95，0.5），（0.96，0.51），（0.97，0.52），（0.98，0.53），（0.98，0.53），（0.99，0.54），（0.99，0.54），（1，0.55），（1.01，0.55），（1.02，0.552），（1.1，0.553），（1.12，0.56），（1.15，0.58），（1.2，0.6），（1.25，0.64），（1.3，0.66），（1.4，0.68），（1.5，0.7），（1.6，0.7）
城市工业劳动力需求因素	—	城市工业劳动力需求的增长指数,（0，0）-（10，10），（1，1），（1.08，1.45），（1.1，1.55），（1.2，1.6），（1.3，1.65），（1.5，1.66），（1.75，1.66），（2，1.67），（2.5，1.67），（3.3，1.68），（4，1.68），（5，1.7）
城市化因素	—	城市化级别,（0，−0.4）-（100，10），（30，1），（40，1.1），（50，1），（60，0.9），（70，0.85），（80，0.5），（85，0），（90，−0.2）
外商直接投资	亿元	2986.4 ×LN（GDP）−28595 R_2=0.896，p 值 =0.000
GDP 国内生产总值	亿元	第一产业产值 + 城市生产总值
人均 GDP	亿元/万人	GDP / 总人口
城市工业劳动力需求增长指数	—	城市工业劳动力需求/城市工业劳动力初始需求
每 10000 人的医生人数增长指数	—	每 10000 名公民的医生人数/每 10000 名公民的初始医生人数
城镇中小学教师成长指数	万人	城市教育因子 ×（0.00705 × 城市人口 +105.995）
城镇中小学教师成长指数	—	每万名学生的城市中小学教师人数/城市教育的初始教师水平
第三产业劳动力增加	万人/年	城市人口 × 第三产业就业指数 × 第三产业从业人数增长率
第二产业劳动力增加	万人/年	城镇人口 × 第二产业劳动人口增长率 × 第二产业就业指数
农业劳动力投入	万人	INTEG（农业劳动力的年度增长，21919）
固定资产投资	亿元	EXP（−7.887）×（GDP^1.6304）
第二产业劳动力需求	万人	第二产业劳动力 ×（1+ 第二产业产值实际增长率 − 第二产业劳动生产率增长率）

续表

变　量	单位	计算公式
第三产业劳动力	万人	INTEG（第三产业劳动力增加，32839）
每 10000 名市民的医生人数	医生/10万人	城市医生人数 ×10000/城市人口
城市医生人数	万人	医疗因素 ×（0.010885 × 城市人口 257.88）
每万名学生的城市中小学教师人数	人/10万人	（城市中小学教师成长指数 ×10000）/城市中小学生数
农业劳动力迁移速度	—	（农业劳动力人数增长率 –（农业劳动力需求/（农业劳动力输入 – 农业劳动力的年增长率）–1））× 城市化的因素
第一产业产值	亿元	第一产业产值增长率 ×（1– 第一产业产值/第一产业最大产值）×EXP（10.5）×（农村耕地 ^0.4589）×（农业劳动力投入 ^（–0.743））× 第一产业的资本存量 ^0.24）
第二产业产值	亿元	INTEG（第二产业的年增加值，80724.8）
第三产业产值	亿元	INTEG（第三产业年增加值98999.6）
第二产业资本存量百分比	—	1– 第一产业资本存量百分比 – 第三产业资本存量百分比
第二产业产值实际增长率	—	第二产业年增加值/（第二产业产值 – 第二产业年增加值）
第三产业产值实际增长率	—	第三产业年增加值/（第三产业产值 – 第三产业年增加值）
农村耕地	10000hm²	IF THEN ELSE（时间 <2029, –3.91968e + 006 ×EXP（–（0.00342205 ×（时间 –1997）））×（1– EXP（0.00342205）），12060）
农村人口	万人	INTEG（农村人口的年增长 – 农村人口的年减少，60346）
第一产业产值	亿元	INTEG（第一产业产值，17514.1）
总资本存量	亿元	INTEG（总股本的年度增量，892499）
总人口	万人	城市人口 + 农村人口
城市生产总值	亿元	第二产业产值 + 第三产业产值
城市医疗水平	—	每 10000 名公民的医生人数增长指数,（0.6, 0.8），（1.8, 2），（0.6, 1），（0.8, 1.05），（0.835, 1.08），（0.8565, 1.09），（0.89, 1.1），（0.926, 1.12），（0.97, 1.13），（1, 1.14），（1.1, 1.15），（1.3, 1.16），（1.4, 1.22），（1.5, 1.24）），（1.6, 1.25），（1.7, 1.26），（1.8, 1.27）
城市人口	万人	INTEG（城市人口的年增长 – 城市人口的年减少，77116）
城镇化水平	%	城市人口 ×100/（城市人口 + 农村人口）
煤炭年产量增长	万吨煤当量/年	煤炭产量增长率 × 煤炭产量
天然气产量的年增长率	万吨煤当量/年	天然气产量 × 天然气产量增长率
非化石能源产量的年度增长	万吨煤当量/年	非化石能源生产的增长率 × 非化石能源生产
石油产量的年度增长	万吨煤当量/年	成品油的增长率 × 成品油
煤炭生产	万吨煤当量	INTEG（煤炭年产量 261002）

续表

变　量	单位	计算公式
能源生产	万吨煤当量	天然气产量＋煤炭产量＋石油产量＋非化石能源产量
能源供应	万吨煤当量	能源生产＋能源进口
天然气产量	万吨煤当量	INTEG（天然气产量的年度增长，17738）
煤炭产量增长率	—	IF THEN ELSE（时间 ≤ 2030，0.0047956，−0.0098873）
天然气产量增长率	—	IF THEN ELSE（时间 ≤ 2030，0.0567077，−0.00655433）
石油产量增长率	—	IF THEN ELSE（时间 ≤ 2030，0.0475262，−0.0360637）
第二产业劳动力	万人	INTEG（第二产业劳动力增量，22693）
非化石能源生产	万吨煤当量	INTEG（非化石能源产量的年度增长，52490）
石油生产	万吨煤当量	INTEG（石油产量的年增长 30770）
煤炭用电量	万吨煤当量	煤炭产量 × 0.65
能源消耗	万吨煤当量	工业能源消耗＋交通能源消耗＋住宅能源消耗
能源强度	万吨煤当量／亿元	$3 \times 10^{-5} \times$ EXP（9.1786 × 技术进步系数）× EXP（1.233 × 人均 GDP）$R_2 = 0.912$，p 值 = 0.000
能源供需缺口	万吨煤当量	ABS（能源供应 − 能源消耗）
工业能耗	万吨煤当量	GDP × 能源强度
人均车辆拥有量	万辆汽车／万人	EXP（0.678）× EXP（（−5.584）× EXP（（−0.6602）× 人均 GDP））$R_2 = 0.889$，p 值 = 0.000
全日制研发人员数量	万人／每年	EXP（0.4361 ×（GDP ^ 0.2149））$R_2 = 0.868$，p 值 = 0.000
研发投资	亿元	研发投入比例 × 固定资产投资
居民能耗	万吨煤当量	农村居民点能耗＋城市居民点能耗
人均农村居民能源消耗	万吨煤当量／10 万人	0.279389 × LN（人均纯收入）−1.8914 $R_2 = 0.910$，p 值 = 0.000
农村居民能耗	万吨煤当量	农村人口 × 人均农村住宅能耗
科技成果	件	3.171 ×（"R & D 投资" ^ 2.53772）×（" R & D 全职当量" ^ （−1.67235））×（外国直接投资 ^ 0.03767）$R_2 = 0.912$，p 值 = 0.000
技术进步因素	—	科学技术产出／上年科学技术产出
终端煤炭消耗	万吨煤当量	煤炭产量 × 0.35
农民人均纯收入	元／人	815.75 × EXP（6.7e-006 × GDP）$R_2 = 0.921$，p 值 = 0.000
上一年度的科学技术成果	件	DELAY1I（科学技术成果，1，278206）

续表

变　　量	单位	计算公式
运输能耗	万吨煤当量	$12274 \times LN$（Vehicle parc）$-91036 R_2 = 0.953$，p 值 $= 0.000$
城市居民能耗	万吨煤当量	城市人口 × 人均城市住宅能耗
城镇居民人均能耗	万吨煤当量/10 万人	$2.98e-005$ × 城市人均可支配收入 $+0.118$ $R_2 = 0.965$，p 值 $= 0.000$
城镇居民人均可支配收入	元/人	0.0386 × GDP $+ 1339.1$
车辆拥有量	万辆	人均汽车拥有量 × 总人口
煤炭 CO_2 排放量	万吨	煤炭产量 × 煤的排放系数
天然气 CO_2 排放系数	万吨/10 万吨煤当量	（$3893.1 \times 0.99 \times 15.32$）$\times 44/12$
煤 CO_2 排放系数	万吨/10 万吨煤当量	（$209.08 \times 27.35 \times 0.84$）$\times 44/12$
油 CO_2 排放系数	万吨/10 万吨煤当量	（$401.9 \times 0.98 \times 21.1$）$\times 44/12$
经济发展制约因素	—	IF THEN ELSE（CO_2 排放增长指数 $\leqslant 1$，CO_2 排放增长指数，1）
环境污染因子	—	SO_2 排放的增长指数，（0，0）-（5，10），（0.6，1），（0.8，1.05），（0.9，1.08），（1，1.1），（1.05，1.15），（1.1，1.18），（1.2，1.2），（1.3，1.25），（1.5，1.3），（1.6，1.4），（1.8，1.5），（2，1.6），（2.2，1.65），（2.3，1.7），（2.5，1.8），（3，1.9），（3.5，1.95），（4，1.98），（5，2）
天然气 CO_2 排放量	万吨	产气量 × 气体排放系数
石油 CO_2 排放量	万吨	产油量 × 油的排放系数
CO_2 排放量增长指数	—	前一年的二氧化碳排放量 / 总二氧化碳排放量
SO_2 排放量增长指数	—	SO_2 排放量 / SO_2 初始排放量
SO_2 排放	万吨	SO_2 生产量 $-SO_2$ 去除能力
SO_2 生产量	万吨	2 × 终端用煤量 × 终端煤的 SO_2 转化率 × 煤中的总硫含量 + 2 × 煤的电消耗 × 电中煤的 SO_2 转化率 × 煤中的总硫含量
SO_2 脱硫能力	万吨	SO_2 产量 × 单位煤脱硫率
上一年 CO_2 排放量	万吨	DELAY1I（CO_2 排放总量，1，219104）
CO_2 总排放量	万吨	天然气 CO_2 排放量 + 煤炭 CO_2 排放量 + 石油 CO_2 排放量
单位煤脱硫率	—	$-2.295 \times LN$（技术进步系数）$+ 0.8433 R_2 = 0.867$，p 值 $= 0.000$

（翻译：顾朝林）

第6章 城镇化与生态环境 SD 模型阈值及其计算实验

彭　翀　吴宇彤

SD 模型由于自身的非线性、复杂性特征，在运行过程中容易出现参数取值变化、误差累积等不确定因素（王其藩，2009）。并且当城镇化过程出现的不确定变化同步反映在模型上，模型难以随着变化做出相应调整（崔学刚等，2019），可能在一定程度上影响模型运行的稳定性与模拟结果的精度，需要通过模拟过程中的计算实验与阈值范围提高预测的精度。

6.1　模型模拟中的阈值和数值研究

6.1.1　阈值研究

阈值（Threshold Value），又叫临界值，是指一个效应能够产生的最低值或最高值。在许多学科都使用"阈值"的概念，比如统计学、经济学、社会学、建筑学、生物学、飞行、化学、电信、电学、心理学、系统工程等，如金融投资中的股票市场波动，防灾减灾中的地质灾害风险等，煤矿矿井安全系数确定的瓦斯浓度，土壤污染中重金属含量浓度等。针对多要素—多尺度—多情景—多模块集成时空耦合系统动力学模型，阈值常常被用于最优化问题研究，通过对变量的取值赋予一定的变动范围，满足这一变动范围的点构成最优化问题的合理区间（蔡万通等，2018），其中在系统的调试验证阶段，优化重点为关键参数校正，往往采取构建参数化方案寻求最优解（Zhang et al.，2015）、自由参数的灵敏度分析（Jin et al.，2016）等方法，分析系统在应对内部参数或外部环境不确定变化时的敏感程度，以便提高其运行状态的稳定性。

6.1.2　数值研究

数值，常指用数目表示一个量的多少，与阈值对照，是规定并确切的量的描述。我们通常在统计分析中，由于数据采集存在问题，在数据存在不连续点、跳跃点或临界点时，经常使用时间序列、最优插值以及特征值分析等，修复和平滑数据构建的状态。Cline 等（2014）运用时间序列与傅里叶分析方法检测系统发生关键转变的临界点与阈值；Lenton 等（2017）运用时间序列模型分析气候系统变化的波动阈值，改善过去无法观察到气温变化的自相关趋势问题；Cassottana 等（2019）构建函数模型，通过关键参数模拟破坏性事件来捕捉系统响应，达到检测系统的敏感性；Andersen 等（2009）运用多元时间序列方法模型，获取太平洋气候变化指数与阈值，通过推理统计和假设检验方法，模拟扰动对系统变化的显著性。也有学者运用数值模拟方法（也称计算机模拟），进行模拟模型的稳定性分析，研究模型受到时间步长、实验周期等影响下的不确定性与临界变化的可能性（Heimsund and Berntsen，2004）。刘桂梅等（2003）运用过程模型方法，对现场测定和实验资料的综合分析，确定模型所需参数、初始条件等，并检验参数的可行性与适用性。Fawzi 等（2014）运用算法模拟网络物理系统受到攻击时候的变化状态，设计保持系统稳定的局部控制回路以及能够承受最大攻击次数的阈值，以此提高系统弹性。Lever 等（2014）构建共生网络拓扑结构，研究相关的驱动因素达到临界点对动态模型行为的影响程度。

6.2　SD 模型阈值判断技术路线

基于上述分析，设计 SD 模型计算实验及阈值判断的技术框架（图 6-1）如下。

（1）从 SD 模型选择出弹性变量。基于 SD 模型的自身特征与相关文献研究基础，定性提出相应的选择原则与选择标准，从模型中选择能够体现弹性特征的变量，即"弹性变量"。

（2）分析模型弹性变量的阈值特征。基于 Eview 软件平台，运用 HP 滤波分析方法分离出各弹性变量长时序数据的长期趋势与波动变化，从中获得弹性变量的阈值。

（3）进行弹性变量阈值的计算试验。运用自回归移动平均（ARMA）模型，构建各弹性变量的短期预测模型并进行预测结果分析，再次获得弹性变量的阈值。

（4）综合两次获得的阈值结果，开展阈值调整过程，从而确定弹性变量的最终阈值。

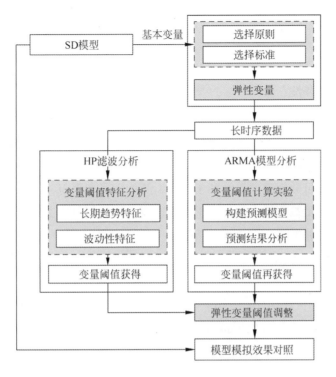

图 6-1　SD 模型计算实验及阈值判断的技术框架

6.2.1　弹性变量选择方法

1. 选择原则

反映变量在模型中的重要性，需要同时符合：①变量在 SD 模型的反馈回路中的影响作用强，出现扰动与变化时可能导致原本处于稳定状态的模型发生状态转变；②变量是影响 SD 模型模拟对象：城镇化发展的关键因素，对中国城镇化发展具有持续作用且多是由社会经济发展因素引起的。

2. 选择标准

体现变量具备的弹性特征，满足下述至少一项。

（1）敏感性（Sensitivity，简称 S）：容易对国家政策与发展规划的变化做出识别与反应，在模型运行中产生不同程度的波动；

（2）缓冲性（Buffering，简称 B）：具有足够的资本积累，能够提供一定程度的"缓冲冗余"，确保状态转变的临界点不容易被跨越；

（3）鲁棒性（Robustness，简称 R）：相对其他变量来说足够稳定，有能力抵消或吸收扰动与变化，而不出现主要功能的重大损害；

（4）高效性（Efficiency，简称 E）：通过较小的投入得到更高的产出回报；

（5）灵活性（Flexibility，简称 F）：通过自身小范围的迅速调整来适应扰动与变化，从而保持整体性；

（6）创新性（Creativity，简称 C）：创造出新的发展机会来减缓负向作用，在适应变化的基础上增强弹性。

3. 弹性变量确定

在现实的城镇化发展中，部分弹性变量发挥正面的促进效应，而部分弹性变量则相反，这也同步反映在 SD 模型模拟结果中。为此，进一步划分弹性变量所起到的影响作用：

（1）促进。变量数值越大越有利于模型，其变动区间仅包含下限阈值。

（2）制约。变量数值越小越有利于模型，变动区间仅包含上限阈值。

（3）适度。变量数值保持在一定范围内有利于模型，其变动区间包含上限与下限阈值。

6.2.2　阈值特征分析方法

目前，部分统计学与数值模拟方法被初步用于复杂系统内变量的阈值研究（Cline et al.，2014；Ives and Dakos，2012；Lafuite and Loreau，2017；Lenton et al.，2017）。其中，时间序列分析的相关模型具有良好的应用基础，能够从自相关性特征中捕捉到变量，响应不确定变化时候的敏感性，并且无需再构建复杂的模型或网络系统，适用于分析 SD 模型内的变量阈值。

我们选择 Hodrick-Prescott（HP）滤波分析，该方法根据对称的数据移动平均的方法原理，从弹性变量的长时序数据 Si 中分离出具有一定趋势变化的平滑序列 Ti。适用于宏观年度数据分析，并且在确定变量阈值的过程中，能将波动中的不确定性纳入考虑。具体公式如下：

$$\min\{\sum_{i=1}^{n}(S_i-T_i)^2+\mu\sum_{i=2}^{n-1}[(T_{i+1}-T_i)-(S_i-T_{i-1})]^2\} \qquad (6\text{-}1)$$

式中，μ 为平滑参数，用来调整趋势的平滑程度，由于 SD 模型采用的年度数据，μ 取值为 100。

6.2.3　阈值计算实验方法

我们选择自回归移动平均（Autoregressive Moving Average，ARMA）模型，该方法考虑弹性变量长时序数据的规律变化与不确定性，通过构建数学模型进行短期预测，模型可进行针对性的简化或拓展，如 AR 模型、MA 模型、ARIMA 模型等，并且预测结果精度较高。具体公式如下：

$$X_t=a_1X_{t-1}+a_2X_{t-2}+\cdots+a_pX_{t-p}+\varepsilon_t+b_1\varepsilon_{t-1}+\cdots+b_q\varepsilon_{t-q} \qquad (6\text{-}2)$$

式中，ε_t 是独立同分布的随机扰动项，$p,q\geqslant 0$ 是整数，被称为模型的阶。

6.3　SD 模型的阈值判断过程

6.3.1　弹性变量选择

按照 6.2 节所提的选择原则与标准，先依据选择原则①从 SD 模型共 278 个变量中筛选出 97 个变量，包括常量、Time 函数（简称 T 函数）与随 Time 变化的辅助变量；接着依据选择原则②与③进一步筛选，得到 35 个变量，再根据弹性特征的选择标准，最终选择出以下 12 个弹性变量①（表 6-1）。

表 6-1　SD 模型选择的弹性变量

子系统	弹性变量	量纲	类型	弹性作用	弹性特征
人口	总和生育率	无量纲	表函数	适度	S
经济	农业劳动生产率增长速度	%	常量	促进	E, C
	第三产业从业人员增长率	%	常量	适度	R
	第三产业产值增长率	%	表函数	适度	R
能源	非化石能源生产增长率	%	表函数	促进	F, C
	煤炭生产增长率	%	表函数	制约	R
	产业能源消耗强度	万吨标准煤/亿元	辅助	制约	E
	能源进口占能源供应量比例	%	表函数	适度	S, F
水资源	水资源供给总量控制	亿 m³	表函数	适度	B, R
	工业废水排放系数	无量纲	辅助变量	制约	R
土地	国土开发强度约束目标	%	表函数	适度	R
	人均粮食占有量	kg	表函数	适度	B, R

所选弹性变量可以进行人为的调整控制、在模型的因果反馈回路与中国城镇化发展中具有重要影响能力、具有相应的弹性作用与弹性特征。

1. 人口子系统中的弹性变量

为了科学的预测城镇人口规模和城镇化发展水平，所选的变量需要具有合理的变动区间。

（1）总和生育率。衡量生育水平、反映人口发展趋势的关键指标。在 SD 模型的模拟过程中，这一变量在反馈回路上作用于城市人口出生率、乡村人口出生率，并且受到国家政策与发展规划影响较大，具有敏感性（S）。

（2）农业劳动生产率增长速度。反映了农业现代化的高产、低耗、技术进步等，是衡量农业生产效率的指标。该变量在 SD 模型的反馈回路上影响到农业劳动力迁移速度、年乡村转移城市人口量，体现了农业劳动力向第二、第三产业转移的城乡人口流动趋势，具有高效性（E）与创新性（C）。

2. 经济子系统中的弹性变量

宏观经济需要保持稳定的中高速增长、结构的不断优化升级、重视服务业发展及

---

① 未能在原 SD 模型内的社会服务子系统选择出弹性变量，因此表中仅包含 5 个子系统。

创新驱动能力等，SD 模型模拟过程中更加关注上述方面的变量。

（1）第三产业从业人员增长率。体现了产业发展配置以及劳动力结构的升级程度，促使更多的劳动力从第二产业转向第三产业。在当前中国城镇化发展转型的需求下，变量保持潜在增长的可持续性，具有稳定性（R）。

（2）第三产业产值增长率。第三产业主导的增长和经济结构服务化过程决定了经济发展效率持续改进的程度。维持该变量在合理的变动区间内，对 SD 模型的模拟结果具有中长期的协整、平衡作用，具有稳定性（R）。

3. 能源子系统中的弹性变量

强调能源资源的消耗控制、非化石能源的利用比例提高等。

（1）非化石能源生产增长率。体现了关于能源生产方面的新技术的开发与运用能力。在 SD 模型的模拟过程中调控该变量，能够较好地反映低碳、绿色与可持续方向，具有灵活性（F）与创新性（C）。

（2）煤炭生产增长率。在中国"富煤、贫油、少气"的国情背景下，以煤为主的能源结构持续发挥主导作用，具有稳定性（R）。

（3）产业能源消耗强度。衡量一个国家能源利用效率的重要指标。该变量在 SD 模型的反馈回路上影响三次产业能源消费量、能源消费总量，能够体现高效性（E）。

（4）能源进口占能源供应量比例。当能源价格发生剧烈波动或是供应中断，势必对我国的能源安全与宏观经济产生负面影响。其自身的风险性与对外依存性同样反映在 SD 模型的模拟过程中，该变量在反馈回路上影响能源供应量、能源供需缺口，具备敏感性（S）与灵活性（F）。

4. 水资源子系统中的弹性变量

更加重视水资源的可更新、可再生、可持续能力，通过有计划的开发利用、高效调度和合理分配水资源，从而保障经济社会发展与生态环境保护平衡协调。

（1）水资源供给总量控制。体现了资源供需平衡与定额管理的重要性。容易受到降水与气候变化、工程设施的供水能力、政府强制性措施、国家宏观战略的调整影响，在 SD 模型中具有应对扰动与变化的缓冲性（B）与稳定性（R）。

（2）工业废水排放系数。该变量在反映工业废水排放的同时内化了工业用水的变化情况，根据世界发达国家的工业化进程与城镇化进程，工业用水量随着工业的调整与节约用水，逐渐趋向稳定，变量在 SD 模型中具有稳定性（R）。

5. 土地子系统中的弹性变量

在国土空间规划与开发保护制度全面建立的新时期，需要强调空间规划、用途管制、耕地保护等建设用地与非建设用地的规划管理方面。

（1）国土开发强度约束目标。该变量在 SD 模型的反馈回路上影响到国土开发强度，可以在保证实现良好人居环境的同时控制城镇化发展的建设用地扩张速度，具有稳定性（R）。

（2）人均粮食占有量。衡量资源供需平衡与国家粮食安全的关键指标。该变量在
SD 模型的反馈回路上影响粮食需求与耕地面积的变化，随着我国粮食自给供过于求、
超量库存趋势明显，具有自我供给的缓冲性（B）与应对风险变化的稳定性（R）。

6.3.2 弹性变量阈值特征分析

考虑数据的可获取性与尽可能拉大研究范围的需求，确定弹性变量阈值研究的数
据时长为 1980—2016 年（由于数据缺失，国土开发强度约束目标的数据研究时长为
1998—2016 年）。其中，1998—2016 年数据采用第 5 章 SD 模型数据，1980—1998 年
数据与之保持数据来源的一致性，补充数据来源于《中国统计年鉴》《新中国六十
年统计资料汇编》《中国能源统计年鉴》《中国人口统计年鉴》《中国人口与就业统
计年鉴》《中国国土资源统计年鉴》《中国水资源公报》《中国水资源及其开发利用
调查评价》《21 世纪中国水供求》。其中，第三产业产值增长率、农业劳动生产率增长
速度、产业能源消耗强度均进行以 1990 年为基期不变价格的处理，确保不同年份与不同
变量间的可比性。

1. 长期趋势分析

从分析结果来看，12 个弹性变量的长期趋势呈现：上升、下降与平稳三类特征
（图 6-2 ～图 6-4）。

（1）上升趋势的变量自 1978 年改革开放以来一直保持稳健的、近似线性的态势；
其中，人均粮食占有量在 2005 年之前有一定的起伏变化，2005 年之后加快了上升速度。

（2）平稳趋势的变量长期围绕一个水平线上下波动，并且波动的幅度减小、趋缓，
偶尔出现个别极大值、极小值，可以作为变量阈值判断的重要参考。

（3）下降趋势的变量整体以 1995—2000 年为分界，1995 年之前高速下降，进入
2000 年以后的下降趋势明显放缓；其中，煤炭生产增长率的趋势变化较为特殊，2005
年之前表现为"缓升缓降"的现象，至 2005 年到达趋势顶点后开始大幅下降。

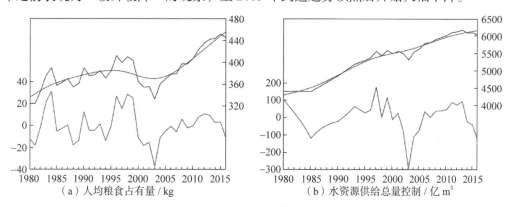

（a）人均粮食占有量 / kg　　　　　　（b）水资源供给总量控制 / 亿 m³

图 6-2　呈现上升趋势的弹性变量

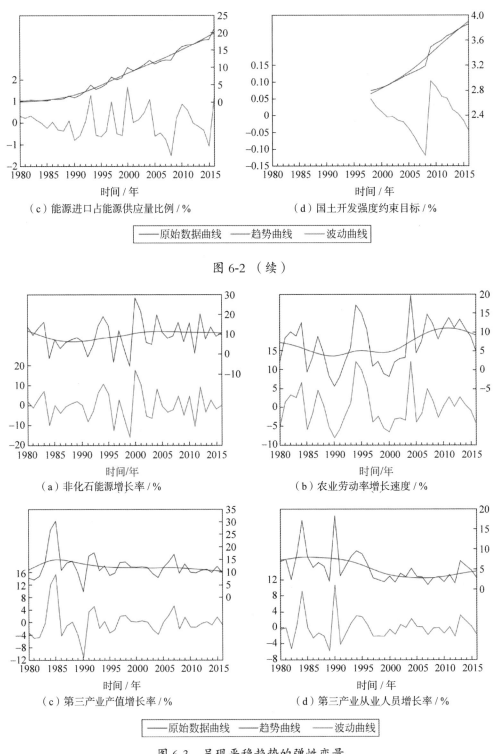

（c）能源进口占能源供应量比例／%　　　　　（d）国土开发强度约束目标／%

──原始数据曲线　──趋势曲线　──波动曲线

图 6-2 （续）

（a）非化石能源增长率／%　　　　　（b）农业劳动率增长速度／%

（c）第三产业产值增长率／%　　　　　（d）第三产业从业人员增长率／%

──原始数据曲线　──趋势曲线　──波动曲线

图 6-3　呈现平稳趋势的弹性变量

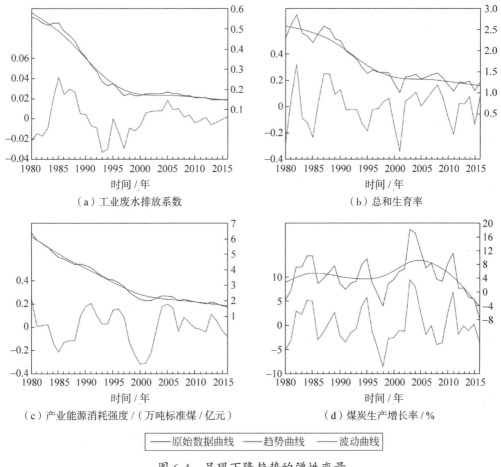

（a）工业废水排放系数   （b）总和生育率

（c）产业能源消耗强度／（万吨标准煤／亿元）   （d）煤炭生产增长率／%

— 原始数据曲线   — 趋势曲线   — 波动曲线

图 6-4 呈现下降趋势的弹性变量

2. 波动性分析

弹性变量的波动变化呈现出以 5～10 年为周期、波动幅度趋缓、稳定性增强的特征（表 6-2）。

（1）多数弹性变量约在 5 年或 10 年能够观察到一个完整周期。如总和生育率、农业劳动生产率增长速度、第三产业产值增长率，呈现出"5 年、10 年、5 年"的长短交替周期规律。

（2）周期的扩张时间与收缩时间逐渐拉长，具有"陡升缓降""缓升陡降"与"缓升缓降"的变化特征。"陡升缓降"与"缓升陡降"体现扩张时间与收缩时间差距较大，比如能源进口占能源供应量比例、水资源供给总量控制、国土开发空间强度约束目标等指标，这类变量在变化中容易快速到达或者降到临界点，可以放宽变动区间；"缓升缓降"则与之相反，比如工业废水排放系数、煤炭生产增长率等，这类变量整体较为稳定，可以控制在较小的变动区间。

表 6-2 弹性变量的波动特征 ①

弹性变量	周期数 / 个	周期 / 年	扩张时间 / 年	峰值	谷值
总和生育率	5	5/10/5/11/5	2/2/4/7/4	2.86/2.59/1.49/1.47/1.28	2.20/1.46/1.01/1.04/1.05
农业劳动生产率增长速度	6	5/5/10/5/4/7	4/3/4/3/4	12.58/8.94/17.25/19.70/14.83/13.85	−0.41/−4.18/−1.63/4.57/8.18/4.84
第三产业从业人员增长率	5.5	2/7/2/8/13/4	2/1/3/5/1	7.47/17.15/18.26/9.55/5.18/7.03	2.44/1.97/3.33/1.83/1.49
第三产业产值增长率	5	10/5/9/6/6	4/2/3/5	26.70/17.80/14.10/17.00/12.3	2.30/8.70/7.90/9.70/9.50
非化石能源生产增长率	9	4/7/5/3/4/3/6/2/2	2/5/3/1/1/2/1/1/1	16.21/8.45/19.00/11.89/28.37/19.87/1 6.00/20.39/13.68	−1.91/−1.21/−3.85/−5.85/5.12/ 8.13/6.38/0.60/9.06
煤炭生产增长率	5	6/5/7/10/8	4/3/4/5/3	10.48/7.55/9.70/18.15/11.28	2.45/0.75/−4.02/3.66/−7.45
产业能源消耗强度	2.5	5/15/16	5/5	6.40/4.13/2.32	4.8/2.11
能源进口占能源供应比例	6	10/4/5/2/7/8	2/3/3/1/3/2	0.62/4.94/7.24/10.00/12.03/15.98	1.32/3.70/7.08/9.05/12.08/18.05
水资源供给总量控制	4	4/6/13/13	2/3/7/10	4404.48/4586.68/5566.06/6040.20	4402.56/4864.30/5320.42/6183.40
工业废水排放系数	4	7/6/4/19	3/3/2/8	0.53/0.36/0.23/0.19	0.53/0.47/0.24/0.17
国土开发强度约束目标	2	10/8	1	3.13/3.65	3.44/4.07
人均粮食占有量	4	8/6/9/13	3/2/3/8	390/390/411/435	355/371/333/446

① 周期采用波谷─波谷的划分方式,包括从波谷到波峰的扩张时间,以及从波峰到波谷的收缩时间。峰值与谷值,为波动曲线中的波峰与波谷对应的原始数据值。

（3）较为稳定的峰值与谷值可以作为弹性变量的阈值参考，比如第三产业从业人员增长率的谷值维持在 1.49～3.33。部分弹性变量的峰值与谷值波动的随机性强，可以放宽变动区间，降低扰动与变化的可能性。

6.3.3 弹性变量阈值获得

基于上述的分析结果，从变量的多个峰值与谷值中选择数值作为阈值。

（1）上升趋势变量中，起到适度作用的变量（国土开发强度约束目标、人均粮食占有量、能源进口占能源供应量比例、水资源供给总量控制）以最大峰值作为阈值下限、最大谷值为阈值上限；

（2）平稳趋势变量中，起到适度作用的变量（第三产业从业人员增长率、第三产业产值增长率）以最小谷值作为阈值下限、最大峰值作为阈值上限，起到促进作用的变量（农业劳动生产率增长速度、非化石能源生产增长率）以最小峰值作为阈值下限；

（3）下降趋势变量中，起到适度作用的变量（总和生育率）以最小峰值作为阈值下限、最大谷值为阈值上限，起到制约作用的变量（工业废水排放系数、煤炭生产增长率、产业能源消耗强度）以最小峰值作为阈值上限。从而得出各弹性变量阈值（表6-3）。

表6-3 弹性变量阈值

弹性变量	弹性作用	阈值	
		下限	上限
总和生育率	适度	1.28	2.20
农业劳动生产率增长速度	促进	8.94	—
第三产业从业人员增长率	适度	1.49	18.26
第三产业产值增长率	适度	7.90	17.80
非化石能源生产增长率	促进	8.45	—
煤炭生产增长率	制约	—	7.55
产业能源消耗强度	制约	—	2.32
能源进口占能源供应量比例	适度	4.94	18.05
水资源供给总量控制	适度	6040.20	6183.40
工业废水排放系数	制约	—	0.19
国土开发强度约束目标	适度	3.65	4.07
人均粮食占有量	适度	435	446

6.4 弹性变量阈值计算实验

6.4.1 计算实验模型构建

构建弹性变量的预测模型（表6-4）。表中的均方误差 MSE 与平均绝对百分比误差 MAPE，可以作为判断预测模型的稳定性与描述数据的精准程度的依据。整体来看，弹性变量的预测模型拟合结果较好，其中，9 个弹性变量近期（2010—2016 年）的 MAPE 比整个样本的预测误差平均降低了 52%，说明预测模型对近期趋势的反映能力增强。

表 6-4　弹性变量的预测模型与预测误差 [①]

弹性变量	预测模型	MSE（整个样本 / 近期）	MAPE（整个样本 / 近期）
总和生育率	ARIMA（3，2，（4））	0.02/0.00	5.51/4.35
农业劳动生产率增长速度	AR（1）	0.00/0.00	141.30/25.30
第三产业从业人员增长率	ARMA（1，（1，3））	0.00/0.00	130.60/97.49
第三产业产值增长率	ARMA（2，（1，6））	0.00/0.00	129.54/12.00
非化石能源生产增长率	—	—	—
煤炭生产增长率	MA（2）	0.00/0.00	96.40/213.82
产业能源消耗强度	ARI（1，1，0）	0.01/0.01	2.86/3.65
能源进口占能源供应量比例	ARIMA（1，2，2）	0.00/0.00	17.23/3.34
水资源供给总量控制	AR（1）	7482.14/5113.83	1.26/0.86
工业废水排放系数	ARIMA（（1，3），1，4）	0.00/0.00	3.00/2.06
国土开发强度约束目标	AR（1）	0.00/0.00	1.16/0.74
人均粮食占有量	ARIMA（2，2，（5））	105.46/20.51	1.62/0.49

6.4.2　弹性变量阈值再获得

根据变量阈值研究中得到的 5 年或 10 年基本周期，将短期预测的时长定为 10 年（2016—2025 年），预测下一个周期内弹性变量的数值变化情况，拟合与预测结果见图 6-5，预测周期内的谷值与峰值，分别为变量再获得的下限与上限阈值（表 6-5）。整体来看，多数弹性变量继续保持上升、平稳与下降的长期趋势，波动变化进一步趋缓。原属于上升趋势的变量中，能源进口占能源供应量比例、人均粮食占有量、水资源供给总量控制依旧保持一定的增长速度；原属于平稳趋势的弹性变量，波动幅度不断缩小，可以进一步缩小阈值的变动区间，保持长久的稳定性；原属于下降趋势的变量中，产业能源消耗强度与总和生育率持续波动下降，工业废水排放系数略微上升，而煤炭生产增长率在快速上升后进入稳定状态。

---

① 为获取第三产业从业人员增长率与第三产业产值增长率更多的数据特征，将研究时长拉长至 1950—2016 年，其他变量研究时长为 1980—2016 年不变。由于非化石能源生产增长率经过统计检验后为纯随机序列，即无法从数据中提取到规律信息进行短期预测。

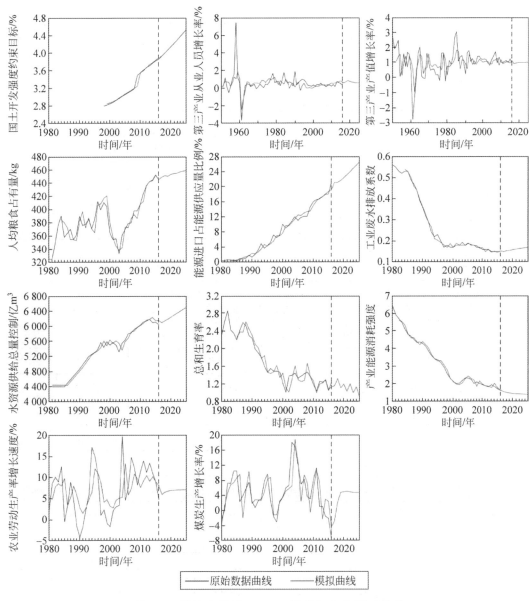

图 6-5 弹性变量的 ARMA 模型拟合与预测结果

表 6-5 弹性变量的再获得阈值

弹性变量	弹性作用	再获得阈值	
		下限	上限
总和生育率	适度	0.91	1.32
农业劳动生产率增长速度	促进	5.96	7.07
第三产业从业人员增长率	适度	5.42	8.07
第三产业产值增长率	适度	9.87	12.20

续表

弹性变量	弹性作用	再获得阈值	
		下限	上限
非化石能源生产增长率	促进	—	—
煤炭生产增长率	制约	−2.83	5.08
产业能源消耗强度	制约	1.39	1.54
能源进口占能源供应量比例	适度	21.11	27.38
水资源供给总量控制	适度	6089.54	6499.00
工业废水排放系数	制约	0.15	0.17
国土开发强度约束目标	适度	4.13	4.70
人均粮食占有量	适度	449	459

6.4.3　弹性变量阈值调整

依照弹性变量起到的弹性作用与长期趋势，进一步将各弹性变量的阈值提高（↑）、不变或降低（↓）至再获得阈值，改进得到最终的变量阈值。

（1）起到适度作用的弹性变量：能源进口占能源供应量比例，由于未来保持上升趋势，上限阈值从阈值的 18.05% 提高至再获得阈值中的上限 27.38%，适应其增长速度；总和生育率由于未来持续下降，为避免跌破 1.0 保证人口发展能够顺利进入更替常态，下限阈值从阈值的 1.28 提高至再获得阈值中的上限 1.32。

（2）起到制约作用的弹性变量：产业能源消耗强度，在未来呈现缓慢下降趋势，为顺应其制约性，上限阈值从 2.32 降低至再获得阈值中的上限 1.54；工业废水排放系数在未来呈现一定的上升趋势，为了加以控制与制约，上限阈值从 0.19 降低至再获得阈值中的上限 0.17。其他弹性变量的阈值调整见表 6-6。

表 6-6　弹性变量阈值调整过程以及阈值确定

弹性变量	弹性作用	阈值调整过程		最终阈值		SD 模型原设定值	2016 年现状值
		下限	上限	下限	上限		
总和生育率	适度	↑ 1.32	不变	1.32	2.20	1.50	1.25
农业劳动生产率增长速度	促进	不变	—	8.94	—	7.91	4.84
第三产业从业人员增长率	适度	↑ 5.42	不变	5.42	18.26	3.00	2.80
第三产业产值增长率	适度	不变	↓ 12.20	7.90	12.20	7.96	9.50
非化石能源生产增长率	促进	不变	—	8.45	—	3.49	10.91
煤炭生产增长率	制约	—	↓ 5.08	—	5.08	−2.00	−7.45
产业能源消耗强度	制约	—	↓ 1.54	—	1.54	—	1.61
能源进口占能源供应量比例	适度	不变	↑ 27.38	4.94	27.38	25.00	0.21

续表

弹性变量	弹性作用	阈值调整过程		最终阈值		SD 模型原设定值	2016 年现状值
		下限	上限	下限	上限		
水资源供给总量控制	适度	↑ 6089.54	↑ 6499.00	6089.54	6499.00	7000	6040.20
工业废水排放系数	制约	—	↓ 0.17	—	0.17	—	0.15
国土开发强度约束目标	适度	不变	↑ 4.70	3.65	4.70	4.80	4.07
人均粮食占有量	适度	不变	↑ 459	435	459	627	446

与中国城镇化 SD 模型的默认值相比，多数弹性变量的默认值落在阈值区间内或是十分接近阈值，一方面印证了 SD 模型现有参数取值的可靠性，并且也能为之后模型模拟的参数调整提供限定范围与参考依据。与 2016 年现状值相比，弹性变量的阈值能够在一定程度上反映了中国城镇化的未来趋势与需求。比如总和生育率、第三产业从业人员增长率、非化石能源生产增长率，2016 年现状值低于下限阈值，未来需要仍有得到提升的空间；产业能源消耗强度 2016 现状值高于上限阈值，未来需要有必要进一步控制使其降低。

6.5 SD 模型模拟效果对照

我们提出：

（1）试验设计形式：设计对照组与调控组，前者采用 SD 模型变量原设定值；后者按照模型的人口、经济、能源等子系统进行分组实验，各组调整内部弹性变量的参数。比如经济子系统选择出 3 个弹性变量，则该子系统作为一个调控组，并同时调整 3 个弹性变量。

（2）试验设计方案：在实验组中设计上限阈值、下限阈值方案，分别对应弹性变量的上限阈值与下限阈值，展现临近极值的弹性变量对 SD 模型产生的影响，以此判断改进后的模型是否能适应不确定性。

（3）输出变量比较：以涵盖多模块、指标重要性标准从模型的主要输出变量中选择出：城镇化率、国内生产总值、能源供应量、需水总量。

6.5.1 城镇化水平

调控 5 个子系统、包含上限与下限阈值一共 10 个阈值方案，与对照组模拟结果比较。图 6-6（a）展现了 SD 模型调控后模拟的城镇化率曲线，整体来看具有一定的弹性变动区间，更适应现实世界的发展变化，具有更好的政策支撑价值。对照组中的城镇化率将在 2030 年达到 70%，在 2050 年达到 77.88%，调控组中的城镇化率在 2027—2032 年达到 70% 及以上，2050 年达到 76.65% ~ 81.34%。由于城镇化进程中存在的不确定风险，未来的未知因素更多，阈值调控下的城镇化率给出了变动范围，进而也具有更好的应用性。同时，对照相关国家"十三五"规划、国家人口发展规划（2016—2030 年）、国家新型城镇化规划（2014—2020 年）等提出 2030 年城镇化率的目标值 70%，调控组关于城镇化率 69.11% ~ 73.02% 的结论，印证了政策目标的可实施性。

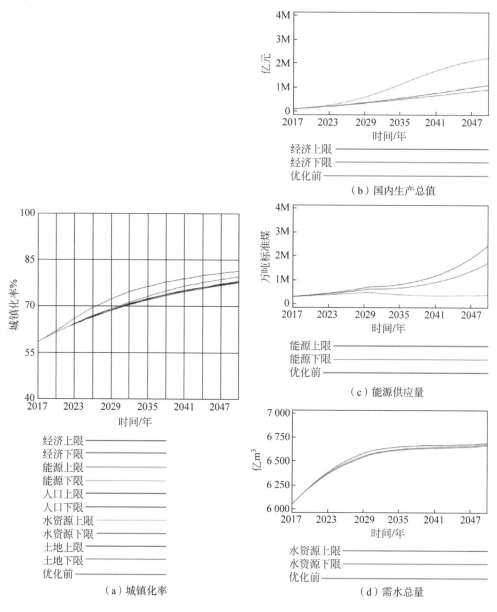

图 6-6　SD 模型阈值调控前后各输出变量的模拟效果对照

6.5.2 国内生产总值

调控经济子系统中的农业劳动生产率增长速度、第三产业从业人员增长率、第三产业产值增长率的数值临近上限与下限阈值，得到以下模拟结果如图 6-6（b）。其中，对照组中的国内生产总值保持较高的增长速度，至 2050 年将达到 2235170 亿元（1990年不变价格）。调控组相比对照组曲线，经济增长速度大幅度降低，至 2050 年的国内生产总值在 989882 亿～1170510 亿元范围内（1990 年不变价格）。从模拟效果来看，一产和三产发展速度过高或者过低，都将限制国民经济总体发展水平，而将相关弹性变量维持阈值范围内，更有可能在维持总体平稳、稳中有进的同时，提高国民经济发展总量。

6.5.3 能源供应量

调控能源子系统中的非化石能源生产增长率、煤炭生产增长率、产业能源消耗强度、能源进口占能源供应量比例的数值临近上限与下限阈值，得到以下模拟结果如图 6-6（c）。对照组中的能源供应量维持在较为平稳的范围内，至 2050 年达到 512855 万吨标准煤。调控组的模拟曲线呈现近似指数型增长趋势，模拟曲线的变动区间显著拉大，能源资源的供应趋向快速增长。由于有限资源的开发利用需要得到有效控制，当煤炭生产、产业能源消耗等临近极值时，能源供应总量远远超出可承受限度。因而，相关弹性变量如煤炭生产增长率、产业能源消耗强度、能源进口占能源供应量比例的数值控制在阈值区间内，对能源资源的可持续供应意义显著。

6.5.4 需水总量

调控水资源子系统的水资源供给总量控制、工业废水排放系数的数值临近上限与下限阈值，得到以下模拟结果如图 6-6（d）。对照组中的需水总量在 2027 年突破6500 亿 m^3 后增长速度放缓，保持平稳的趋势至 2050 年到达 6662 亿 m^3。调控组中，水资源供给总量控制至下限阈值时，呈现出与对照试验组曲线非常贴近的发展态势；调控水资源供给总量控制、工业废水排放系数至上限阈值时，需水总量在 2020—2022 年开始提高增长速度，在与对照试验组曲线拉大一定距离后又逐渐趋向对照试验组曲线，至 2050 年需水总量为 6676 亿 m^3。整体来看，模拟曲线相近且可变动区间趋缓，受到变化影响的不确定性较低如图 6-6（d）。

6.6 结论与讨论

由于 SD 模型在模型参数取值与模拟城镇化过程中存在诸多不确定性，难以适应其变化并随之进行调整，从而影响整体模型的稳定运行与模拟精度，将弹性概念引入城镇化与生态环境交互耦合的 SD 模型，进行模型的弹性变量阈值判断是可行的，有助于在模型的参数调试与模拟过程中应对不确定性。

结果表明：

（1）阈值调控下的 SD 模型预测 2050 年中国城镇化率为 76.65%～81.77%，相比优化前的模拟结果具有一定的弹性变动区间，更能展现中国城镇化发展中的不确定性；并进一步印证 2030 年城镇化率达到 70% 的国家远景目标具有较高的可实施性，整体模拟效果趋稳可靠、变化可控。

（2）弹性变量呈现上升、平稳与下降三类变化趋势，并且以 5～10 年为周期、波动幅度趋缓、稳定性增强，变量预测结果也进一步印证这样的发展趋势，能够较好地反映中国城镇化的发展需求，提高了 SD 模型模拟中解释与响应未来不确定性的能力。

（3）各弹性变量受阈值调控影响的敏感性虽有所差异，但从代表性变量的验证上看，对城镇化的人口规模与结构变动、经济发展与能源供需的预测产生一定影响，可望为未来中国城镇化的适应性发展路径、国家政策与规划目标制定服务。

后续仍有一些有待继续深入和探讨的问题：①可以继续增加弹性变量的数量及探索变量选取的定量化方法；②在单个弹性变量的分析基础上，可纳入多变量的共同作用分析，从而进一步提高弹性变量阈值的精度；③除了测试阈值（最大值和最小值）外，在阈值区间内选取连续变动的多个数值进一步探索取值影响下的输出变量变化规律，以有效指导政策制定的方向和指标量化。

第7章 城镇化—生态环境 SD 模型的冗余和弹性分析

顾朝林　彭　珒　彭仲仁　李彤玥　吴宇彤　曹根榕　袁敏航　明廷臻　陈思宇

城镇化过程承载着人类各种经济、社会、文化、政治等活动，也面临着许多风险和灾害，如洪灾、地震、极端气象等自然灾害以及公共卫生事件、疾病、贫穷、经济波动等非自然冲击，这些都将会对城镇化的结果带来深刻影响。进行城镇化与生态环境之间的胁迫效应研究，尤其从定性走向定量的研究，特别需要重视冗余分析（Redundancy Analysis，RDA）和弹性（Resilient）分析。

7.1　冗余和弹性分析

7.1.1　冗余分析

冗余，意指多余或剩余，冗余要素的设置是确保系统遭受扰动时仍能维持正常功能的有效途径。当其应用于不同领域时，具有不同的内涵特征。

1. 不同学科的冗余涵义

在生态学领域，物种功能冗余表示生态系统中具有相似功能的物种的多样性。生态学数据分析中常使用 RDA，将物种组成的变化分解为与环境变量相关的变差（Variation，或称方差，Variance，由约束 / 典范轴承载），用以探索群落物种组成受环境变量约束的关系。在管理学领域，冗余资源则被认为是暂时闲置而未来可用的过剩资源。在工程学研究中，系统冗余设计主要考虑多模块的剩余容许能力，通过采用执行相似或相同功能的多个模块以规避外部压力加强或个别模块失效所带来的风险，系统冗余设计方式主要包括静态冗余与动态冗余，静态冗余将多模块共同纳入串并联系统中，冗余模块具有独立运行和同步执行的特征，如软件工程中使用的多模块运行、表决并屏蔽错误模块的 N 版本程序设计。在土木工程领域，冗余是指采用具有多道抗力路径特性的超静定结构。在系统科学领域，冗余设计主要着眼于动态视角下子模块的替代作用。冗余模块通常采用旁路设置的方式，具有待机储备和相继运行的特征，即工作模块失效后才予以启动。综合看来，冗余体现出系统内部要素的重复性，但其并非可有可无，必要的冗余要素通常能起到保险作用和缓冲效应，是提升系统可靠性的关键所在。

2. 系统的冗余计算

冗余分析是现代排序分析方法的一种。排序技术的目的是寻找一个由两条排序轴构成的可视化二维平面来展示多维数据结构，即，将具有多维属性的 N 个样本投影到上述二维平面上，使得投影后点与点之间的相对位置能够最大程度反映原有样本的相对位置。从排序技术的分类来看，冗余分析属于基于线性模型的限制性排序方法，其中限制性排序代表需要使用包含解释变量和响应变量的数据。线性模型是指响应变量随着解释变量的变化而呈现线性变化。Rao（1964）首次提出冗余分析，从概念上讲，RDA 是响应变量矩阵与解释变量矩阵之间多元多重线性回归的拟合值矩阵的主成分分析（Principal Component Analysis，PCA），也是多响应变量（Multi-Response）回归分析的拓展。

在生态学数据分析中，响应变量矩阵一般即为物种数据，解释变量矩阵即为环境变量数据。其中矩阵 Y 是中心化的响应变量矩阵，X 矩阵是中心化（或标准化）的解释变量矩阵。RDA 中通常使用标准化后的解释变量，因为在很多情况下解释变量具有不同的量纲，解释变量标准化的意义在于使典范系数的绝对值（即模型的回归系数）能够度量解释变量对约束轴的贡献，解释变量的标准化不会改变回归的拟合值和约束排序的结果。冗余分析算法可以简要总结如下：

（1）先将矩阵 Y 中的每个响应变量分别与矩阵 X 中的所有解释变量进行多元回归，通过回归模型获得每个响应变量的拟合值（Fitted Values，即在回归线上对应的值）以及残差（Residuals，响应变量的观测值和拟合值之间的差值），最终得到包含所有响应变量拟合值及残差的拟合值矩阵 $\hat{Y}$ 以及残差矩阵 Y_{res}。

（2）对拟合值矩阵 $\hat{Y}$ 运行 PCA，得到典范特征向量（Eigenvectors）矩阵 U。使用矩阵 U 计算两套样方排序得分（坐标）：一套使用中心化的原始数据矩阵 Y 获得在原始变量 Y 空间内的样方排序坐标（即计算 YU，所获得的坐标称为"样方得分"，即物种得分的加权和）；另一套使用拟合值矩阵 $\hat{Y}$ 获得在解释变量 X 空间内的样方排序坐标（即计算 $\hat{Y}U$，所获得的坐标称为"样方约束"，即约束变量的线性组合）。

（3）一般来讲，RDA 过程执行到上步就算完成了。但一般情况下我们会同时对残

差矩阵 Y_{res} 运行 PCA，获得残差非约束排序。非约束轴即代表了解释变量未能对响应变量作出解释的部分，严格地来说不属于 RDA 的范畴，但能够帮助我们获取更多信息。

Zeleny 使用仅包含一个解释变量（环境变量）的数据形象化地展示了 RDA 过程[①]：

（1）执行物种 *spe*1 与环境变量 *env*1 的线性回归（由于此处示例中仅存在一个环境解释变量，故此回归为一元线性回归；当存在多解释变量时，即为多元线性回归），将回归模型拟合的物种丰度值存储在拟合值矩阵，物种丰度的残差存储在残差矩阵，如图 7-1 中所示的过程。

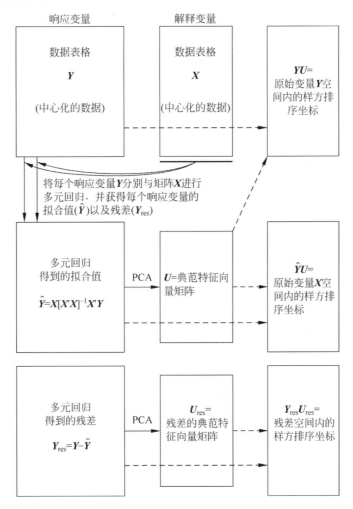

图 7-1　物种丰度残差矩阵

（2）如此对物种组成矩阵中的所有物种重复相同的操作，最终获得包含所有物种丰度拟合值及残差的两个矩阵，如图 7-2 所示的两个矩阵。

（1）（2）过程即形象化地展示了 RDA 中的回归细节部分。

---

① https：//mb3is.megx.net/gustame/constrained-analyses/rda

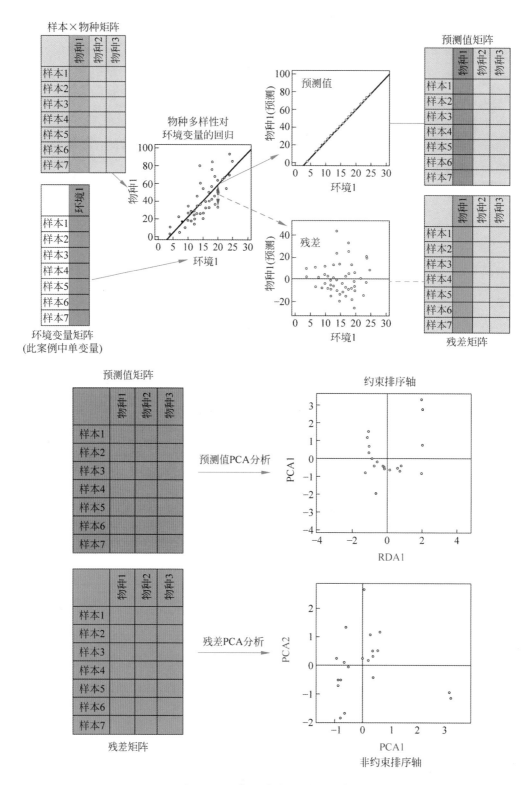

图 7-2　冗余矩阵变换过程示意

（3）回归过程执行完毕后，使用 PCA，在拟合值矩阵中提取约束的排序轴，并在残差值矩阵中提取非约束的轴。如图 7-2 所示的过程，在该示例中，由于仅有一个解释变量（环境变量 env1），因此仅得到一个约束的排序轴（排序图中的垂直轴是第一个非约束轴）。

RDA 排序结果产生的约束轴的数量为 min [p，m，n–1]；如果同时获得非约束排序结果（即 PCA），则非约束轴数量为 min [p，n–1]。其中，p 为响应变量数量；m 为定量解释变量数量以及定性解释变量（因子变量）的因子水平的自由度（即该变量因子水平数减 1）；n 为排序对象数量。

3. 城镇化—生态环境系统的冗余涵义

对于城镇化—生态环境系统的胁迫效应研究来说，对一个特定的区域或国家，针对周期性经济危机、气候变化导致极端气候灾害、紧急事件处置增加等"不确定性高""随机性强"与"破坏性大"问题，应进行外部"扰动"、响应变量与解释变量间的冗余分析和弹性化研究，以建立和增加系统的自组织、自学习、自适应能力（抗干扰—恢复—重定向—更新），构建弹性测度指标体系。

对于一个地区或一个国家来说，冗余要素存在正负两方面的作用。正面意义的探索，是基于对其防范潜在风险的价值认同，侧重于长远作用。但不可否认的是，从系统现有状况来看，冗余要素的消极影响不可忽视。当前未被充分部署的资源的存积不可避免地会提升系统整体造价，加大运行成本，如软件的响应时长、硬件的荷载压力等。因此如何在给定资源的条件下进行系统冗余度的最优配置成为研究的重点。冗余分析的核心在于构建一个最简约的回归模型来解释最多的响应变量，让所有解释变量对响应变量的解释都具有显著贡献。因此，冗余分析的特点在于一方面能有效分析一个或多个解释变量和多个响应变量间的关系，独立保持各个解释变量对响应变量变化的贡献率，另一方面可以确定对响应变量具有最大解释能力的最小变量组。

7.1.2 弹性研究

1. 弹性与弹性研究

弹性（Resilience），源自拉丁文 Resilio（re=back 回去，silio=to leap 跳），即跳回的动作。弹性首先被物理学家用来描述弹簧的特性，阐述物质抵抗外来冲击的稳定性。20 世纪 70 年代，弹性概念由美国学者 Holling 应用到生态学中（Holling，1973），将其定义为"生态系统受到扰动后恢复到稳定状态的能力"（Holling，1973；Manyena，2006）。从 20 世纪 70 年代开始，将对弹性的研究领域从生态系统扩展到多学科领域，使弹性内涵从工程弹性、生态弹性、演进弹性不断得到深化（表 7-1）。弹性的基本含义是系统预期和化解外部冲击的能力（Cai，2012），在危机发生时维持其主要功能运作，同时利用现有资源和机遇提升自身的能力。弹性联盟（Resilience Alliance）进一步提出了弹性的三个本质特征：①系统能够承受一系列变化和维持其功能和结构的控制力，即"均衡性"；②自组织能力，即"自组织性"；③建立和促进学习自适应的能力，即"创新性"（Tongyue，2014）。

2015 年 3 月，国际标准化组织（ISO）新组建了安全标准化技术委员会（ISO-TC292），原来的名称叫安全（Security）。2015 年 3 月，将其名称由"安全"拓展为"安全与弹性"（Security and Resilience）。2015 年 3 月 14—18 日，在日本仙台召开的第三届联合国减灾大会（WCDRR）的重要主题就是弹性。当时提出了"弹性"的概念，即："一个暴露于危害之下的系统、社区或社会通过保护和恢复重要基本结构和功能等办法，及时有效地抗御、吸收、适应灾害影响和灾后复原的能力"。

表 7-1　弹性概念的转变

弹性视角	工程弹性	经济系统弹性	生态系统弹性	社会—生态系统弹性	城市系统弹性
特点	恢复时间、效率	适应力、恢复能力	缓冲能力，抵挡冲击，保持功能	重组，维持，发展	"转换—学习"能力
关注	恢复、恒定	波动、冲击	坚持，鲁棒性	适应能力，可变换性，学习，创新	组织制度、治理模式和政策安排
语境	邻近单一平衡状态	增长和发展	多重平衡	适应性循环，跨尺度动态交互影响	综合系统反馈

2. 城镇化—生态环境系统中经济弹性研究

对于城镇化—生态环境系统的弹性研究而言，最重要和最直接的是区域经济增长。经济学家引用弹性概念，主要定义区域经济系统的弹性，即：一个城市或区域的经济或产业具备应对内部波动或外来冲击的适应能力和恢复能力（Carpenter et al.，2001；Rose and Liao，2005；Pendall et al.，2010；彭翀，等，2015；陈梦远，2017；孙久文，孙翔宇，2017）。

关于区域经济弹性起源于（后）危机时代，西方学者为解决区域经济复苏和可持续发展问题而提出的新议题，是一个包含自组织和人工组织过程的耦合系统，该系统通常与区域政策、管理、规划等有关（Xiao，2012）。新经济时代背景下，随着各类外界的冲击不断发生，如 2008 年金融危机的爆发，使一些学者更加关注区域经济的弹性问题（Boschma，2015；Martin et al.，2015）。一些学者从政策管理的角度指出，区域经济弹性程度取决于发展策略、社会经济特征和经济结构的多样性（Dabson，2012），其弹性可能受到人为干预影响，如前期规划、政策指导和战略管理。

如图 7-3 所示，区域经济在遭受冲击后恢复过程按其发展路径分为 4 种：①恢复到原有（Pre-shock）发展路径，保持原有的增长速度，如图曲线 A 所示；②恢复原有增长速度，但是不能回到原有发展路径，保持较低发展路径，如图曲线 B 所示；③由于受到严重冲击，无法恢复到原有路径，并持续衰退如图曲线 C 所示；④在冲击中把握机遇，恢复到原有的状态，并且维持更高水平的发展路径如图曲线 D 所示。

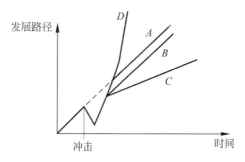

图 7-3   区域经济经历干扰后的应对

在外部冲击爆发后，由于时空的改变，地方或区域经济通常无法完全恢复到原来的状态和发展轨迹（Martin and Sunley，2006；Simmie，2010），意味着第一个发展路径（曲线 A）不是常见的模式。许多学者致力于研究"自我强化效应"过程（曲线 D）和"自我减弱效应"过程（曲线 C）（Crespo，2013；David，2007；Xiao，2012）。前者的经济可以承受和消化外部冲击，从而重新走上适应性发展的道路，后者表明经济未能适应新的变化并逐渐走向衰退。有几种方法可以打破"自我减弱效应"状态，相当多的研究和例子论证了保持路径独立性、路径创造、政策支持和经济多样性可能是形成区域经济差异的最重要因素（Harrison，2015；Hassink，2010；Martin，2010；Pike，2010），包含以下几个方面：

（1）经济结构多样性：结构多样性有助于防止单一工业结构造成的区域封锁，减少区域经济危机的破坏力，并促进区域经济的迅速复苏（Martin，2010）。

（2）经济类型多样性：与专门领域相比，以多样性为特征的领域表现出更强的弹性。多样化的地区可以使外部冲击向不同方向转移和扩散，并有助于区域经济复苏和适应（Dawley，2010；Xiao，2012）。

（3）经济实施多样性：即使在"自我强化效应"阶段，仅凭经济增长也无法充分发挥弹性，经济实施的迅速转变更为重要。调整经济结构，加强科学技术创新，合理开发生态资源和环境保护等措施可以有效地提高弹性。

3. 城镇化—生态环境系统中生态弹性研究

生态系统的脆弱性受到多种因素的影响。由于这种复杂性，应考虑单一平衡和多元平衡的过程（Berkes and Folke，1998；Folke，2006；Gunderson，2002）。任何冲击都会影响生态系统，使其难以恢复到原来的状态，长期限制在地域以往发展等级的状态下，还可能通过结构重组超越原来的水平进入更好的发展状态（Simmie，2010）。生态系统的弹性，主要是指生态系统通过适应性循环重新组织和形成新的结构（Holling，1996；Alberti，1999；Alberti and Marzluff，2004）。

对于一个区域或国家而言，进行城镇化—生态环境系统胁迫研究，主要是在全球气候变化、资源枯竭和环境质量衰退背景下，探索单纯的生态系统自恢复力。生态弹性定义大致可分为两大类：

（1）单一平衡态观点或静平衡中心观点（Xiu，2008），强调吸收干扰回归常态（Berkes and Folke，1998；Folke，2006），并保持原有功能不发生变化的过程（Adger，2000；Xiu，2008）。

（2）生态恢复能力强调生态恢复能力是生态系统以可接受的恢复速度不断更新、重组和持续发展的能力（Qiu，2011；Shi，2010；Yan et al.，2013）。

生态学者通过利用适应循环确定了影响区域演化的因素：①潜在值；②关联度；③弹性。充分从内部和外部力量理解生态弹性系统。适应循环的每个阶段都需要联合一种弹性程度及对于突然袭击、压力和振动系统弱点的判断（Pendall，2009）。

4. 城镇化—生态环境系统中社会弹性研究

社会弹性，也可被视为弹性的保障（表 7-2），而政府机构可通过弹性管理和决策在其他方面维持和发展弹性。政府行动和决策是影响社会弹性的主要因素，政府和有关部门应努力提高生产力（事情做得更好）和创造力（做更好的事情），以确保社会具有足够的弹性（Cho，2011）。社会弹性包括：①弹回弥补：从最后一次冲击、紧急情况和灾难所造成的破坏中弥补，并恢复原状；②向前跳跃：预测、准备及尽可能阻止下一次冲击所带来的不良影响（Cho，2011）。

表 7-2　社会弹性的基本行为通过制定策略

行为	目标	结果
决策者重新理解弹性的定义，并以新的方式关注行政机构的增长弹性	通过决策建立弹性意识	促进政策的基本弹性特征
建立相应的弹性组织和机构	敦促人们思考需要怎样的社区、城市和地区	建设安全、有保障的社区，多元公众参与，提升老年人福利，保障青年工作和健康
公共决策部门和机构更加有弹性	承担社会经济的生产力责任，逐步发展为更好的创新模式，增强改革意识	回应、适应和发展公众福利和安全。增加资产、改善基础设施和创新工作程序，以最少的浪费和成本推动改革
公共决策部门和机构的执政行为	敦促公共部门从根本上认识到公民利益和权利的重要性	促进社会、公民和政府融合，实现预期均衡结果（Folke，2006）

资料来源：Cho，2011；Mazur，2013.

社会弹性冲击主要包括有形或无形冲击，例如发展中国家的政策变化、受金融危机影响的经济变化、人口老龄化和人口流动不平衡的人口变化、人口压力下的环境变化、农业和水资源枯竭以及正在逐渐改变传统生活方式的技术变革等（Mazur，2013）。

事实上，弹性的概念也被引入工程领域。所谓工程弹性，是指一项具体的工程建成后具备应对外部冲击的能力，特别强调基础设施在灾后实现有效恢复的能力（Allenby and Fink，2005；McDaniels，2008）。更进一步，弹性的概念还被引入社会—经济系统，首先认识到社会—生态系统既包含"自然和环境生态"要素，也包括"社会经济发展"要素；社会—经济系统弹性强调系统基于适应性循环（Adaptive Cycle）的演化过程，以及系统内部的多尺度变换的稳定程度（Duxbury and Dickinson，2007；Wardekker et al.，2010；Ostrom，2010；汪辉，等，2017）。以上几个方面，都将是国家规划时，都需要考虑的方方面面。

7.2 弹性城市及其研究框架

顾朝林　李彤玥　曹根榕　等

7.2.1 弹性城市概念

弹性城市（Resilient Cities）是指城市系统具备能够准备、响应特定的多重威胁并从中恢复，并将其对公共安全健康和经济的影响降至最低的能力，即城市系统具备能够吸收干扰，同时维持同样基础结构和功能的能力（Wilbanks T，Sathaye J，2007；蔡建明，郭华，汪德根，2012；李彤玥，牛品一，顾朝林，2014）。一些研究机构提出：城市弹性是一个城市的个人、社区和系统在经历各种慢性压力和急性冲击下存续、适应和成长的能力（Sharifi A，Yamagata Y，2014；钱少华，徐国强，沈阳，等，2017；翟国方，邹亮，马东辉，等，2018），包含创新性、独立性、多样性、相互依赖性、灵活性、冗余性、鲁棒性、足智多谋性、恢复力、自学习、包容性和自组织等12个主要特征（表7-3）（李彤玥，2017）。在城市研究领域，弹性城市更加侧重强调城市应对周期性经济危机、全球温度增加、极端气候灾害、城市恐怖袭击等危机威胁的恢复力。

表7-3　弹性城市应该具备的特征 [①]

弹性特征	具体内容
创新性（Innovation）	城市经济和产业发展能够通过"去锁定""重定向""破坏式创新"等方式打破随时间而僵化形成的路径依赖，实现弹性提升，也包括城市规划和管理创新
独立性（Independence）	系统在受到干扰影响时能够在没有外部支持的情况下保持最小化功能运转

---

① 李彤玥，牛品一，顾朝林. 弹性城市研究框架综述［J］. 城市规划学刊，2014（5）：23–31.

续表

弹性特征	具体内容
多样性（Diversification）	城市经济具备多元平衡部门，能够保护免受外生经济冲击的影响；土地利用模式、基础设施、人口结构的多样性确保城市系统存在冗余功能
相互依赖性（Interdependency）	确保系统作为综合集成网络的一部分，获得其他网络系统的支持
灵活性（Flexibility）	系统塑造具有伸缩性、机动性及抗扰动能力
冗余性（Redundancy）	基础设施等系统具备相似功能组件的可用性，以及跨越尺度的多样性和功能复制重叠，确保某一组件或某一层次的能力受损时，城市仍然能够依靠其他层次运转以防止全盘失效
健壮（鲁棒）性（Robustness）	系统能够抵挡内部和外部冲击，确保主要功能不受损伤
足智多谋性（Resourcefulness）	决策者可以使用所有资源，进行准备、响应和从可能的破坏中恢复
恢复力（Recovery）	具有可逆性和还原性，受到冲击后仍能回到系统原有的结构或功能
自学习（Self-learning）	"干中学""边做边学"，从过去的干扰中吸取经验，及时实现物理性和制度性的调整以更好地应对下一次灾害
包容性（Inclusive）	重视各子系统存在意义，尊重其差异性
自组织（Self-organization）	灾害来临时，市民和公共管理者能够立即行动起来实现局部修复，而无需等待相对滞后的来自于政府或其他机构的援助

资料来源：CCC.

7.2.2　弹性城市研究框架

施伦克等人（Schrenk et al., 2011）认为，弹性城市研究应关注 3 个结构：①自然 / 环境结构，城市环境的物理要素，例如建筑、基础设施、绿地系统网络等；②社会经济结构，社会群体分布、收入分布、经济和社会一致程度等；③制度结构，制度层级结构、制度决策合法化、公众对制度的信任、体系人员的数量和质量、负责任程度、体系之间的合作和协同程度。

Desouza 和 Flanery 基于复杂适应性系统（Complex Adaptive Systems，CAS）理论提出了弹性城市研究框架（Desouza and Flanery, 2013）。他们认为：城市是由大量智能体（Agents）组成，智能体之间、智能体与环境之间存在广泛而密切的相互作用和反馈。其中，相互作用具有非线性特征，向系统施加的微小扰动将通过非线性作用放大为宏观模式的涌现（Emerge）；各智能体具备"自学习"（Self-learning）能力。Surjan A，Sharma A，Shaw R（2011）提出基于冗余—灵活—重组能力—学习能力四要素特征的弹性城市研究框架。日本北九州城市中心（KUC）提出从制度—基础设施—生态系统建构弹性城市研究框架（图 7-4）。

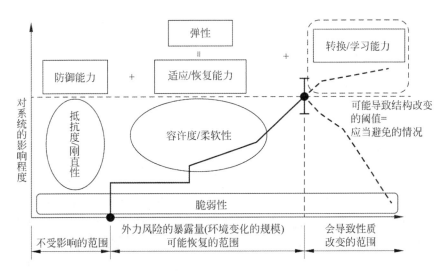

图 7-4 弹性城市的 3 个阶段

7.2.3 弹性城市的规划研究

在国外，"弹性"（Resilience）概念的运用缺乏定义明确的方式（Davoudi et al.，2012），而是一种通用的涵盖性术语，在很多情况下等同于适应（Adaptation）或者缓解（Mitigation）（Wilbanks and Sathaye，2007）。从文献看主要包括：

（1）城市总体规划的弹性路径和方法论研究（Teigão and Partidário，2011；Mitchell et al.，2014；Pizzo，2015；Pickett et al.，2004；Wilkinson，2012；Liao，2012）。

（2）城市总体规划的弹性研究框架（Fleischhauer，2008；Jabareen，2013；Lu and Stead，2013；Schrenk et al.，2011；Lioyd et al.，2013）。

（3）弹性理念下城市和区域发展战略研究（Cowell，2013；Raco and Street，2012；Alam et al.，2011；Bonnet，2010）。

（4）弹性理念下土地利用和道路系统规划研究（Albers and Deppisch，2013；Storch et al.，2011；Douven et al.，2012）。

（5）弹性理念下城市总体规划评估（Fu and Tang，2013）。

（6）弹性理念下相关案例研究（Saavedra and Budd，2009；Jun and Conroy，2014；Khailani and Perera，2013）。

在国内，弹性城市的规划研究尚处于起步阶段。已发表成果主要包括翻译文章（廖桂贤，林贺佳，汪洋，2015；西明·达武迪，等，2015）、综述文章（李彤玥，牛品一，顾朝林，2014；托马斯·J. 坎帕内拉，等，2015；Perera et al.，2015；Meerow et al.，2016；杨敏行，等，2016）及综述为主的启发讨论性文章（郑艳，等，2013；刘丹，华晨，2014；徐振强，等，2014；邵亦文，徐江，2015；李亚，等，2016；杨敏行，等，2016；景天奕，黄春晓，2016；欧阳虹彬，叶强，2016；王祥荣，等，2016）。

7.2.4　弹性城市规划的概念框架

Jabareen Y（2013）提出"脆弱性分析—城市治理—预防—不确定性导向"的弹性规划框架；黄晓军，黄馨（2015）从"脆弱性分析与评价—面向不确定性的规划—城市管治—弹性行动策略"4 个维度构建了弹性城市规划的概念框架。首先，进行脆弱性分析，识别城市中相对脆弱的人群和社区，评估城市非正式空间的规模及其社会经济环境状况（彭翀，林樱子，顾朝林，2018；钟琪，戚巍，2010），同时分析城市未来可能的不确定性情景，进行空间分布表达。其次，建立政府管制机制，将与弹性相关的多样化参与者纳入规划协作过程，考虑影响公平的社会要素，制定减缓气候变化的有效制约行动。再次，实施预防策略，减少城市温室气体排放、倡导替代性能源等（Béné et al.，2017；Frazier et al.，2014；Tyler S，Moench M，2012）。最后编制不确定导向规划，运用土地利用管理、街区和建筑设计来调节灾害频发地区的发展，营造可持续城市形态（戴伟，等，2017.）。Lu P，Stead D（2013）提出基于系统动力过程的弹性规划框架。李彤玥（2017）基于弹性理念提出城市总体规划研究框架（图 7-5）。

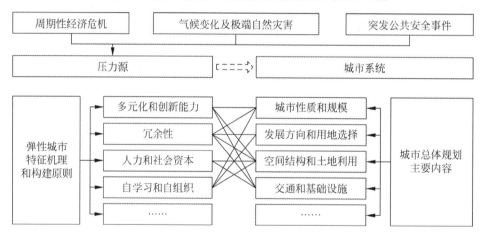

图 7-5　基于弹性理念提出城市总体规划研究框架

资料来源：李彤玥，2017.基于弹性理念的城市总体规划研究初探［J］.现代城市研究（9）：14–23.

7.2.5　弹性城市建设响应

伦敦提出了构建"弹性伦敦"（London Resilience）。"弹性伦敦"的构建也是从风险评估做起，主要评估伦敦可能发生的重大灾害事故风险及应对能力和措施。当重大灾害事故发生时，城市可以快速决策响应减小损失。谈到"弹性"的时候，伦敦强调个人在应对突发事件的时候应该如何做，企业应该如何做，社区应该如何做，乃至整个城市应该如何做。

纽约在"桑迪"飓风对其生命线系统造成重大破坏以后，纽约市长提出要建设一个更加强大、更具弹性的纽约（A Stronger，More Resilient New York），旨在保护城市建筑、地铁、交通、道路等城市生命线关键基础设施。

新加坡也提出了构建"弹性城市"（Resilient City）。新加坡的弹性城市一方面讲了政府领导的作用，包括对长远趋势的预测、政府决策等。另一方面讲到个人和社区的共同参与，包括协同合作调动多方资源、社区自我恢复、联合网络联动、多样性及创新性、监督与平衡等内容。这里的网络联动不是狭义的网络，而是指社会治理的网络。

美国国土安全部对城市基础设施的保护和灾害管理做了很多事情，而且有一个相当全面的规划，包括持续监测、数据融合、巨灾预警，而且通过推演和研判进行实时决策，整体上对常态化进行安全规划和重点管理。

日本提出了城市公共安全架构，包括应急响应系统、多部门协同系统、关键基础设施管理系统、市民服务和移民控制系统、公共管理服务系统、警务执法系统和信息管理系统，对城市重点区域进行全面的监测、监控，并进行实时的安全评价和预警。日本做这些工作做得相当细致。东京大学教授介绍，他们来评估假定日本东京会发生一次9级地震，这会有多大的损失？它要评估在不同的时段，另外要评估震中是在东京的什么位置。因为同样的9级地震带来的损失和应对的方式会有很大的差异。

在中国，国家发改委批复了城市安全重大事故防控技术支撑基地建设项目，这个项目将建在清华大学昌平校区。基地会有很多大型试验装置，可以为我们在应对灾害过程中获得比较可靠、科学的数据。

7.3 区域弹性及其研究

7.3.1 区域弹性的概念

随着"弹性城市"的深入研究以及视角宏观拓展，"区域如何应对各种危机和挑战？""如何消化区域的不利影响？""如何适应新的环境？""危机后如何恢复区域经济？"等问题引起了广泛关注，并就"区域弹性"和"弹性区域"引发了一场热议（Hill，2008；Klein，2003；Pendall，2009；Swanstrom，2008；Xiao，2012）。区域弹性研究近年来逐步发展（Boschma，2015；Christopherson，2010；Qi，2010；Yan et al.，2012）。"弹性"在应用于区域生态和社会系统之后，重新界定了区域发展和竞争力的内涵（Berkes et al.，2003；Walker，2002）。在"弹性"和"弹性城市"研究的基础上，"区域弹性"可以根据"稳定性""自组织性"和"创新性"三个特征来定义，如表 7-4 所示。

表 7-4　基于弹性特征的区域弹性定义分类

特征	定　　义
稳定性	稳定性是指区域面临外部干扰或冲击时，预测、准备、应对和恢复的能力（Dabson，2012；Foster，2007；Wilbanks，2008；Xiao，2012） 区域弹性反映了区域危机应对能力，这是衡量区域发展稳定性的指标（Qi，2010）
自组织性	有能力对紧急情况作出及时、有效、公正和合理的反应，以确保更快、更好、更安全和更公平的恢复（Wilbanks，2008） 区域以自身弹性能力减轻区域脆弱性，在一个区域所含能量总值为 1 个单位，则：区域弹性 =1– 区域脆弱性（Qi，2010）
创新性	当区域在不改变其系统结构和功能情况下恢复其原有状态或改变其原始轨迹特征并进入新状态的特征（Hill，2008）

资料来源：Foster，2007；Hill，2008；Qi，2010；Wilbanks，2008；Xiao，2012.

区域弹性的基本含义是系统具有在危机运作中自我预期、化解外部冲击、维持自身主要功能、利用资源和机会进一步提升自身的能力。区域弹性的核心价值是预测区域空间的威胁及其范围，并采取先决行动减轻危害影响，同时在面对突发的区域冲击时，能够及时做出反应，缓解区域空间的冲击，或在受到区域条件影响后趋于稳定，以一种新的平衡促进区域空间恢复。

7.3.2　区域弹性的构成

基于区域弹性，即预测、准备、应对和恢复外部干扰的能力，许多研究者提出了不同的区域弹性构成部分及其内部联系（Cai，2012；Dabson，2012；Foster，2007），将其总结为：①区域弹性属性，即预测危害和冲击后可承受的最大冲击；②区域弹性过程，即震前、震中和震后；③区域弹性能力，即决定区域震动前后平稳状态差异的因素。

1. 属性构成要素

区域弹性属性是整个体系的基础能力，取决于系统的易损性和资源的可用性。系统易损性包括物质损害（硬件物质设施的根本性损坏）、经济损害（对于经济中长期较大波动和影响）和社会损害（对政府部门运行、社会稳定和正常生活运转等方面造成影响和损害）（Tongyue，2014）。资源可用性指的是资源冗余（Dabson，2012）和区域在开发过程中遭受冲击时的资源可调配度。

因此，增强区域弹性要求减少系统脆弱性并增加可用资源，这也有利于加强政府部门之间的合作以增强抗灾政策。

2. 过程构成要素

区域弹性循环过程中，基于着重点不同有着不同的分类。多数学者强调弹性循环过程最终成果，即加强区域弹性基本属性和容量，其循环关系简化为抵抗—更新—恢复—好转（Martin，2012）。此外，这一弹性过程也被表述为"震动—容量—影响—轨迹—

结果—新能力"框架（Dabson，2012）（图 7-6）。其中，轨迹可分为静态轨迹和动态轨迹，前者是指一个区域必须具有抵抗功能损伤并使其恢复到震荡前状态的能力（Dabson，2012），而后者则是指获得与震荡前不同的新平衡（可能更好或更坏）。

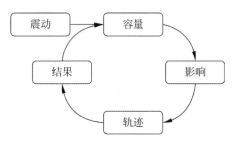

图 7-6　弹性循环过程示意图（Dabson，2012）

3. 能力构成要素

弹性能力是指区域系统能够承受的最大压力，主要包括反抗力、恢复力和创造力（Frommer，2011；Weick，2011），高弹性系统均可以展现出这 3 种弹性能力（图 7-7）。

反抗力指系统承受干扰的能力，类似缓冲能力，被认为是系统在不改变其功能和结构的情况下能够承受的最大破坏程度，如图 7-7B（Frommer，2011）所示。

恢复力是一种"应对能力"，它描述了系统在一段时间后可以恢复到破坏前状态的功能（Frommer，2011；Yan，2009）。这是系统恢复能力的一个重要指标，系统恢复到原来状态的速度越快，恢复能力就越强，如图 7-7A 所示（Frommer，2011；Maguire，2007）。

创造力指系统适应新形势的能力，这种能力不仅使系统恢复到原来的水平，而且还能达到更高的水平，这是弹性的"适应能力"（Frommer，2011；Maguire，2007）。如图 7-7C 所示，高弹性系统具有自学习能力，可以从经验和新环境中提高自身能力。

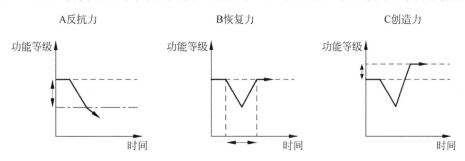

图 7-7　弹性能力的三种构成（Maguire，2007）

通过对区域弹性概念和文献进行分析，我们将区域弹性大致分为 3 个阶段：评估阶段、弹性阶段和恢复阶段。通过改善区域弹性，遵循适当的弹性进程，并促进弹性的恢复，我们可以建立一个更有弹性的区域系统。

7.3.3　区域弹性的实践

区域弹性已成为国家和区域发展的重要议题。近年来，在美国和英国提出的区域弹性概念的指导下，许多国家进行了案例研究（Foster，2010；Hill，2008；Pendall，2009；Swanstrom，2008）。在美国，由加州大学伯克利分校领导的许多大学和研究机构共同建立了建设弹性区域研究网络，旨在对大都市的区域弹性进行定性和定量的政策分析。不同学者，如 Foster，Swanstrom，Pendall，Hill，Reckhow，Weir 等，对大都市区进行了不同规模研究和比较（Foster，2010）（表 7-5）。2013 年亚太经合组织领导人非正式会议和 2013 年冬季达沃斯论坛围绕"弹性"和"区域弹性"专题进行了激烈的辩论。在国际城市与区域规划学术界，美、英、德、法等国相继建立了和"区域弹性"相关的研究机构与团体，对"区域弹性"建设问题开展广泛研究。在中国，"区域弹性""弹性城市""弹性规划"引起了城市与区域研究和规划工作者们的广泛关注，2013 年国际中国规划学会（IACP）年会、2012 年北京大学建筑与景观设计学院论坛等都将"弹性"作为会议主旨展开研讨。在探索空间问题时，将区域弹性的实践分为 3 个部分，即空间研究、空间规划和空间治理。《明尼苏达中部区域规划》是其典型代表，该规划以"创建区域弹性"作为目标，涵盖经济、社会与文化、基础设施和生态几方面在内的 11 个主题，并展开规划编制和公众参与的实施进程。英国的案例研究以大学学者为主体，主要针对 Cambridge、Swansea、North-east England 等城市区域展开（Capello，2015；Dawley，2010；Martin，2012；Simmie，2010；Williams，2013），近期研究已开始转向定量分析。另有少量见于欧亚的研究，如德国、意大利和中国香港地区等（Frommer，2011；Raco，2012；Wilbanks，2008）。

表 7-5　区域弹性规划思考步骤

步骤	行　动	机　构
第一阶段	阐明区域地理、文化、生态背景，重点研究海平面上升及存在的相关区域问题	政府与公共管理部门
第二阶段	主要收集海平面上升背景下的人口、基础设施建设、生态系统、农业和经济数据	大学学者、专家以及公共事务性质的机构
第三阶段	基于研究和信息收集，着重缓解和适应两个方面，并关注特殊情况和细节	政府、非政府团体和公众
第四阶段	执行规划进程，包括政府和非政府团体参与制定规划、执行战略和讨论	政府、非政府团体和公众

资料来源：Crespo，2013.

1. 区域弹性空间规划

目前关于区域弹性规划实用方法的内容丰富，可以分为两个方面。

（1）硬质手段，即工程措施、政策手段和经济手段，加强区域弹性属性。德国学者根据本国国情提出了"硬区位因子"，包括服务中心、教育研究机构、交通、城市基础设施和其他要素，这些要素的配置应在均衡发展的总体理念指导下，通过传统空间规划加以解决（Xiao，2014）。总的来说，硬质手段会通过经济发展以及社会成熟稳定，逐步达到统一均衡的状态，充分达到区域弹性的基础属性极限，并非增强区域弹性的长远手段。

（2）软性手段，即通过生态、部分经济手段和社会服务等方面加强本地区的弹性。"软区位因子"包括优质生活环境、户外运动和休闲机会、绿色生态环境、多样化文化氛围、优质的人工和自然资源等（Xiao，2014）。在某种程度上，软区位因子是逐步提升区域弹性能力，是促使其进行有利循环周期的关键因素。

Saxenian 通过对硅谷的产业研究得出区域弹性形成所具备的基本特征：一方面，需要具有历史基础的中心城区，强健等级制度和商业规模，具备"硬质基础"（Crespo，2013；Xiao，2014）。另一方面，该区域需要保持与外部世界联系的能力，并发展外部租赁（Crespo，2013），同时，应避免群体行为机制，加强周边接触，即通过"软"性联系和力量形成区域弹性。目前，人们认为生态媒体可以维持集聚区之间的软实力。基于这样的想法，"区域公园"的概念应运而生，这是一个不同于传统风景区的特殊公园区。涵盖单一的行政界限（如省、市或县）或跨行政界限（Xiao，2014；Yan，2009），这是一种软区位因子，可以提高城市的竞争力，公园也是一种面向景观和开放空间的区域性政府工具。

2. 区域弹性空间治理

在传统的区域弹性规划研究和实践的基础上，展开针对特殊条件下的区域提出弹性规划管理策略。近几年，美国海岸线委员会经济机构针对于旧金山沿海区域的弹性规划展开会议讨论（Crespo，2013），其综合各方面因素提出区域弹性的管理策略与实践的思考步骤（见表7-5）。区域弹性的研究和实践正在全球上升。全球范围内对区域弹性的研究与实践正在兴起，实践案例正在从加强硬基础转变为增加软性方式以增强区域弹性的手段。

7.3.4 弹性空间规划应用

欧洲国家（德国、荷兰等）在地区规划（Regional Planning）、地方土地利用规划（Local Land-use Planning）和部门规划（Sectoral Plans，包括水管理、景观规划、交通规划等）三个层面空间规划（Spatial Planning）框架下，通过影响城市结构在缓解多元灾害、降低城市脆弱性中扮演重要作用（表7-6）（Fleischhauer，2008）。德国城市Rostock，将"模块性"原则用于空间规划，强调多中心的城市空间结构，即使城市的其他部分受到极端事件的影响，具备独立性的城市中心功能仍然能够继续运转；瑞典Stockholm 将"多样性"原则用于布局多样绿地空间和公园，如居住区绿地空间、公园、森林公园等（Albers and Deppisch，2013）。法国城市 Orl'eans 在规划分析中，基于图论，以道路网络"冗余率"表征交通系统"吸收能力"。新西兰城市 Chrischuch 在经历强震之后，当地规划研究者提出基础设施分布式网络的规划原则，以取代传统的分散式网络（Chalmers University of Technology，2014）。

表 7-6　弹性城市原则在不同层次规划的运用

城市弹性原则	地区规划	地方土地利用规划	部门规划
冗余性、多样性	多中心结构	用多元节点降低城市密度、物理结构	多元节点的物理结构
力量	保护自然环境要素，吸收或降低灾害影响；确保保护性基础设施可用性	结构性防御措施；确保保护性基础设施空间的可用性	建设和保护基础设施

资料来源：Fleischhauer M，2008. The role of spatial planning in strengthening urban resilience［A］// Resilience of Cities to Terrorist and other Threats［M］. Dordrecht：Springer Netherlands：273–298.

7.4　弹性城镇化的思考 [①]

顾朝林　曹根榕

7.4.1　基于经济多元化和创新发展城市发展战略

弹性理论认为，增长快速并且具有经济多元化和多元平衡部门的城市弹性较强（Minsky and Kaufman，2008），相比于过分依赖小量产业的区域，更能够保护自己免受外生经济冲击的影响（Berkes，2007；Pike et al.，2010），即：经济多元化是确保城市应对经济波动和冲击的重要属性，民众能够用以实现生计的多元经济资源条件（收入、储蓄和投资）的多样性确保城市系统存在冗余功能。相反地，经济基础"狭窄"的城市，面对市场情况的变化脆弱性明显。同时，建立动态的、不确定导向的、高灵活性的规划框架，允许持续调整，不断将外部挑战转化为发展机遇，便于借助外部冲击或经济衰退的契机，对城市经济发展进行重新定位，增强城市经济系统的弹性。

7.4.2　基于资源环境承载力的城市发展规模

弹性城市理论强调冗余性，即通过一定程度的功能重叠以防止系统的全盘失效，但是也存在重复、备用和浪费资源与设施现象。在城镇化—生态环境系统胁迫条件下，土地资源非常珍贵，水资源基本依靠外部输入，适度规模弹性城市理念，能够确保城市在建设用地、用水两大制约城市发展的条件下，存在一定的缓冲，消除城市规模超

---

① 顾朝林，曹根榕，2019. 韧性城市的规划研究：澳门的思考［J］. 澳门研究，2019（1）：53-62.

过承载力极限，对城市未来空间拓展可能造成的威胁。首先，弹性城镇化研究，需要基于资源环境承载力分析确定城市规模（人口规模、用地规模）。其次，采用"资源超载度"和"资源宽松度"（赵建世，等，2008）、"因灾超载度"（高晓路，等，2010）等表征城市规模针对资源约束阈值的冗余性特征指标，基于不同资源环境风险（地震、水污染等）影响下城市资源环境约束条件变化情景，确定可供参考的城市适度规模。最后，针对承载力弱、地质灾害复杂、易发地区，需要建立"承载力评价—发展安全评价—用地条件评价"为一体的用地规模控制体系。结合城市建设用地选址和生态保育防护措施，进一步对城市发展规模提出比较明确的环境限制，使城市发展规模控制在城市本身承载范围之内。

7.4.3　基于脆弱性研究城市建设用地选址

脆弱性一般由暴露度、敏感性和适应能力三方面构成，共同表征城市在发展过程中抵抗资源、生态环境、经济、社会发展等内外部自然要素和人为要素干扰的应对能力（Thomalla et al.，2006；Ahen，2011；Cutter，1996；方创琳，王岩，2015）。例如，澳门地域狭小，城市运行过程中脆弱性特别明显。首先，进行灾害危险性和城市用地暴露性评估，加快搬迁城市新区接近的电厂、垃圾焚烧发电厂等市政设施（别朝红，林雁翎，邱爱慈，2015）。其次，调整灾害脆弱地区的土地利用，禁止居住、商业、工业用地和城市生命线系统布局在高暴露性（灾害高发）地区，减缓人口和经济活动暴露在灾害风险的范围和程度，以道路、绿地与广场、地下空间等为载体构建城市安全防护隔离带；降低高敏感性地区的人口和经济活动密度及土地开发比例和强度，避免大规模居住用地及商业服务业设施用地的布局，增加绿地避险空间和医疗恢复资源的供给；提高低适应性地区市政基础设施布局的空间均衡性，加强公共管理与公共服务用地布局，提升教育资源的空间分配质量，低适应地区往往分布在城市边缘地区，这些地区现存较多城中村及流动人口，由于非正规性等因素，无法获得可靠的灾后恢复援助，并且基础设施建设水平较低、人口弹性社会资本积累相对匮乏；从用地布局上预防工业安全事件对城市生活可能造成的不利影响，避免可能成为危险源的工业用地在城市发展地区的继续布局，同时严格控制安全距离，设置安全隔离区（绿化、道路、水系等）以减轻工业生产安全事件可能造成的危害。

7.4.4　基于社会资本积累和管治网络培育的社区规划

城市社区拥有社会资本越多，社区群体的弹性越强（Adger，2000；Cutter et al.，2008；Frommer，2011；彭翀，郭祖源，彭仲仁，2017）。因为，城市在受到灾害冲击而破坏的情况下，如果市民和基层社区组织能够立即行动起来避免损伤，而无需等待来自于中央政府或其他外部机构的援助，相比于依赖往往存在滞后性的外部援助，这种"自下而上"的城市局部修复功能能够使系统迅速、有效地重组。弹性城市的社区规划，应注重培育基于社区社会资本的社区自组织能力，形成多中心性、透明性、责任性、灵活性、包容性的网络式社区管治网络。

城市再开发和更新，应避免旧城区大量传统街坊式社区解体、公共交流空间丧失为代表的社会资本流失。新社区规划建设应从"合理邻里尺度"和不同社区规模对社区社会资本积累的影响考虑出发，进行居住区规模和人口密度控制，避免大规模超级街区和门禁社区的布局，促进良好的社区互动和社区社会纽带的形成以及社区活力公共空间的营造。

7.4.5 基于冗余性和多样性的基础设施科学规划

基础设施是城市运营的基础。弹性城市规划，应加强基于冗余性、多样性、分布式网络的基础设施规划研究，形成科学支撑的规划方案。包括：①运用 GIS 空间分析、位置分配模型（LA）和设施服务能力冗余率测度方法，评估城市医疗卫生设施和绿地系统的服务能力冗余率（Redundancy Ratio）性能；②运用图论和复杂网络拓扑分析方法，评估城市交通系统网络的冗余特征。

7.4.6 重视城市防灾减灾规划

面对气候变化和海平面上升，空间规划师的规划策略基本是缓解和适应兼用（Davoudi et al., 2009；Godschalk, 2003）。运用多智能体系统（Multi-Agent System, MAS）和地理信息系统（GIS），对城市灾害应急及恢复系统布局进行仿真模拟（Roggema and van den Dobbelsteen A, 2012）。强调城市绿地系统在城市防灾、减灾中的重要作用，提出均衡且具有合理层级结构和平灾转换能力的绿地、广场、学校等避险场地布局规划，城市道路广场的建设和布局以及地下空间的开发利用，都应考虑灾害发生时人群疏散、临时避灾、紧急救援的需要。合理设置多种类型的防灾疏散通道，应考虑除城市公路体系以外的多样化途径，如空中、地下等，且在各个方向至少应保证有两条防灾疏散通道。在灾害高危险区的城市生命线系统，应适当提高其设防标准，加大抵御风险的能力，确保在遭受灾害时，城市生命线工程基本运转正常。

第 8 章

基于生态环境—能源约束的中国
城镇化过程模拟

顾朝林　管卫华　曹祺文　鲍　超　叶信岳　刘合林　易好磊　彭　翀　吴宇彤　翟　炜

基于多要素—多尺度—多情景—多模块集成的城镇化与生态环境交互胁迫的动力学模型，按照 2020—2050 年间国家发展目标进行多情景多方案模拟，测算国家层面经济、社会、资源、环境和生态等重要指标阈值和参数，为国家规划提供决策参考。

8.1　中国城镇化 SD 模型模拟[①]

顾朝林　管卫华　刘合林

8.1.1　数据及其来源

改革开放以来，中国社会经济得到快速发展，1978 年全国 GDP 为 3645.2 亿元，2015 年增长到 67.67 万亿元，人均 GDP 也由 1978 年的 381 元增长为 2015 年的 5.2 万元。与此同时，中国城镇化进程也由 1978 年的 17.92% 增加到 2015 年的近 56.10%，尤其是近些年城镇化水平以年均近 1.0% 的速度增长，中国已经进入快速城镇化发展阶段。本节数据取于《新中国六十年统计资料汇编》《全国各省、自治区、直辖市历史统计资料汇编》及历年《中国统计年鉴》《中国城市统计年鉴》《中国县（市）社会经济统计

---

① 本节引自：Gu C L，Guan W H，Liu H L，2017.Chinese urbanization 2050：SD modeling and process simulation［J］. Science China Earth Sciences，60（6）：1067–1082.

　　顾朝林，管卫华，刘合林，2017. 中国城镇化 2050：SD 模型与过程模拟［J］. 中国科学：地球科学，47（7）：818–832.

年鉴》《中国固定资产投资统计年鉴》等。城镇化水平预测的研究以中国大陆为主。由于港澳台地区数据获取较为困难，故未进行模拟研究。

在中国社会经济处于转型时期，影响中国城镇化动力机制的因素不仅涉及人口和劳动力，还涉及经济规模、发展水平，以及相关的资本、资源、教育、卫生等，因而选取的数据分为人口数据、经济数据、社会发展数据等。由于社会经济系统具有复杂的非线性特征，社会经济的数据在时间序列上也多是非线性、非平稳的数据，就本节所需要分析的中国城镇化及相关数据属性来看也是属于非线性的数据。

8.1.2　模型系统参数设置

本次模拟选取 1998—2012 年数据，采用以下方法确定模型系统参数：

（1）利用历史统计资料作算术平均的有：城市人口出生率（0.0111）、农村人口出生率（0.014）、城市人口死亡率（0.0052）、农村人口死亡率（0.006）、农业劳动力系数（0.436）、第二产业从业系数（0.333）、第三产业从业系数（0.4137）、资本积累率（0.49）、第一产业产值增长率（0.0552）、第二产业产值增长率（0.094）、第三产业产值增长率（0.117）、农业劳动力增长速度（－0.0196）、第二产业从业人员增长率（0.0233）、第三产业从业人员增长率等（0.0276）等；

（2）采用发展趋势法进行推算的有：农村计划生育影响因子（1.15）、城市计划生育影响因子（1.05）、农村健康影响因子（0.95）、城市健康影响因子（0.92）、医疗因子（0.98）等；

（3）采用表函数确定参数的有：城市产业劳动力需求因子、城市教育水平因子、城市医疗水平因子；

（4）采用回归法确定参数的有：城市医生人数、城市中小学教师数、城市中小学学生数等；

（5）采用 CD 函数求得参数有：第一（二、三）产业资本和劳动力弹性系数；

（6）采用 GM（1，1）模型修正参数有耕地面积，考虑到运用 G（1，1）模型预测耕地变化时可能会导致预测值与实际值之间的误差逐渐变大，对此设定了一个阈值，即 18 亿亩耕地，当预测耕地数值达到 18 亿亩时，耕地数就不再变化。

1. GDP 增长率

诺贝尔经济学奖得主罗伯特·福格尔（Robert William Fogel）2010 年在德国《法兰克福评论报》以"亚洲经济中心：对中国的预测"为题发表文章，预测 2030 年中国人均 GDP 将达到 85000 美元，到 2040 年中国经济总量将达到 123 万亿美元。中国专家认为这一预测过于乐观，需要几乎每年 10% 的 GDP 增长率，还要再加上人民币汇率升值。2015 年以来，中国经济进入转型发展的"新常态"，GDP 增速下行趋势也已经出现，预计 GDP 年增长率今后将不会超过 8%，同时考虑到 2013 年以来中国产业结构已经由"二、三、一"变为"三、二、一",第三产业将替代第二产业,成为经济增长的主导产业(刘伟等,2015),中国经济正进入结构性减速时期(韩永辉等,2016)。此外 1996—2013 年中国第一产业产值平均增速仅为 4%,据此将中国 GDP 增长率分为高、中、低不同情境方案。在高方案中将第一、二、三产业产值增速分别设为 4%、7% 和 8%,在中方案中将第一、二、三产业产值增速分别设为 3.5%、6.5% 和 7.5%,在低方案中将第一、二、三产业产值增速分别设为 3%、6% 和 7%。

2. 计划生育政策

2007 年中国人口发展战略研究课题组《国家人口发展战略研究报告》预测:"总人口将于 2020 年达到 14.5 亿人,2033 年前后达到峰值 15 亿人左右"。但近年来随着原有的独生子女政策所带来的劳动力短缺,人口老龄化等问题也日益突出,因此现有的计划生育政策已经开始调整。本文利用 1998 年以来历年《中国人口统计年鉴》和《中国人口和就业统计年鉴》中抽样调查数据,以及 2000 年第五次人口普查数据,得到 1998—2013 年城市和农村育龄妇女分孩次的出生数,以及一孩、二孩和三孩及以上数据。考虑到 1998 年以来中国一直执行的独生子女政策,如果实行 2 孩和 1.5 孩政策则将会对城市和农村计划生育影响因子的作用发生变化,得到 2 孩政策和 1.5 孩政策对计划生育影响因子的影响作用公式(8-1)和公式(8-2)。据此,计算出中国计划生育政策对城镇化影响系数如表 8-1。

2 孩政策对计划生育影响因子的作用 =1+(一孩数 – 二孩数)/ 一孩数   (8-1)

1.5 孩政策计划生育影响因子的作用 =1+(一孩数 /2– 二孩数)/ 一孩数   (8-2)

表 8-1   中国计划生育政策对城镇化影响系数(1998—2013 年)

年份	城市地区		乡村地区	
	2 孩政策	1.5 孩政策	2 孩政策	1.5 孩政策
1998	1.84	1.34	1.54	1.04
1999	1.86	1.36	1.48	0.98
2000	1.84	1.34	1.50	1.00
2001	1.88	1.38	1.47	0.97
2002	1.86	1.36	1.45	0.95
2003	1.87	1.37	1.47	0.97
2004	1.85	1.35	1.46	0.96
2005	1.75	1.25	1.33	0.83
2006	1.80	1.30	1.42	0.92
2007	1.83	1.33	1.41	0.91
2008	1.83	1.33	1.44	0.94
2009	1.82	1.32	1.44	0.94
2010	1.72	1.22	1.36	0.86
2011	1.77	1.27	1.45	0.95

续表

年份	城市地区		乡村地区	
	2 孩政策	1.5 孩政策	2 孩政策	1.5 孩政策
2012	1.75	1.25	1.42	0.92
2013	1.69	1.19	1.42	0.92
平均值	1.81	1.31	1.44	0.94

通过上式得到 1998—2013 年历年的城市和农村在 2 孩政策和 1.5 孩政策下对计划生育政策对中国城镇化的影响作用，可以看出：在城市地区，2 孩政策的影响因子平均为 1.81，1.5 孩政策影响因子平均为 1.31；在农村地区，2 孩政策影响因子平均为 1.44，1.5 孩政策影响因子平均为 0.94。因此，可以认为：从"一对夫妇生一个孩子"计划生育政策调整为 1.5 孩，对中国城镇化的影响不大，上升到 2.0 孩时将会产生较大的影响。

8.1.3　情景模拟

中国城镇化 SD 模型采用 Ventana Systems，Inc.（Harvard，MA，USA）功能齐全的系统动力学软件包 Vensim1 PLE 进行仿真模拟。所选的单位时限是 1 年，进行为期 35 年的系统模拟运行，为中期预测，具有比较高的准确度。模拟以 2013 年为起始年份，则相关状态变量的起始值为 2013 年相应值，运用现有中国城镇化系统动力模型对不同人口政策和 GDP 增长趋势条件下对 2013—2050 年中国城镇化进行情景模拟，进而分析不同政策条件下 2014—2050 年间中国城镇化水平的变化趋势，从而找出不同政策对中国城镇化进程的影响程度，为国家宏观决策提供科学支撑（图 8-1）。

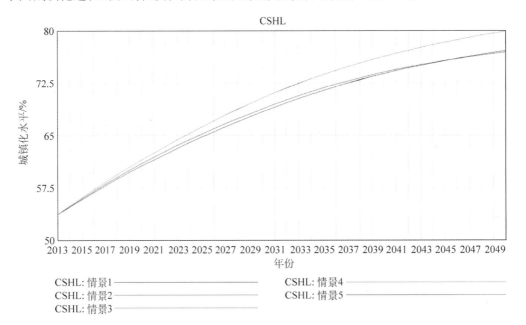

图 8-1　不同情景下的中国城镇化水平（2013—2050 年）

情景 1　GDP 高增长率和一孩计划生育政策

假设现有一孩的计划生育政策不变，GDP 增长率采用高增长方案，即现有的农村和城市的计划生育影响因子不变，第一、二、三产业产值增速为 4%、7% 和 8%，进行 2013—2050 年中国城镇化进程的情景预测。从图 8-1 和表 8-2 可见，在 GDP 高增长和一孩计划生育政策下，2035 年以后中国城镇化率将达到 70% 以上，到 2050 中国城镇化率将达到 77.0765%。

情景 2　GDP 低增长率和二孩计划生育政策

假设实行二孩的计划生育政策，GDP 增长率采用低增长方案，则对现有的农村和城市的计划生育影响因子的作用程度分别提升 1.44 和 1.81 倍，第一、二、三产业产值增速为 3%、6% 和 7%，进行 2013—2050 年中国城镇化进程的情景预测。从图 8-1 可见，在 GDP 低增长率和二孩计划生育政策下，2035 年以后中国城镇化率将达到 70% 以上，到 2050 年中国城镇化率将达到 76.8673%。

情景 3　GDP 中增长率和 1.5 孩家庭

假设实行 1.5 孩的计划生育政策，GDP 增长率采用中增长方案 %，则对现有的农村计划生育影响因子作用程度变为 0.94，而对城市的计划生育影响因子的作用程度提升 1.31 倍，第一、二、三产业产值增速为 3.5%、6.5% 和 7.5%，进行 2013—2050 年中国城镇化进程的情景预测。从图 8-1 可见，在 GDP 中增长率和 1.5 孩计划生育政策下，2030 年以后中国城镇化率将达到 70% 以上，到 2050 中国城镇化率将达到 79.8624%。

情景 4　GDP 低增长率和 1.5 孩家庭

假设实行 1.5 孩的计划生育政策，GDP 增长率采用低增长方案，则对现有的农村计划生育影响因子作用程度变为 0.94，而对城市的计划生育影响因子的作用程度提升 1.31 倍，第一、二、三产业产值增速为 3%、6% 和 7%，进行 2013—2050 年中国城镇化进程的情景预测。从图 8-1 可见，在 GDP 低增长率和 1.5 孩计划生育政策下，2030 年以后中国城镇化率将达到 70% 以上，到 2050 中国城镇化率将达到 79.8614%。

情景 5　GDP 低增长率和 1.0 孩家庭

假设继续实行 1 孩的计划生育政策，GDP 增长率采用低增长方案，则对现有的农村(城市)计划生育影响因子作用程度不变，第一、二、三产业产值增速为 3%、6% 和 7%，进行 2013–2050 年中国城镇化进程的情景预测。从图 8-1 可见，在 GDP 低增长率和 1 孩计划生育政策下，2035 年以后中国城镇化率将达到 70% 以上，到 2050 中国城镇化率将达到 77.0745%。

8.1.4　模拟结果

除了上述五种情景外，也对未来不太可能出现的四种情景进行了系统模拟，得到中国主要年份不同情景城镇化水平预测值（2015—2050 年）如表 8-2 所示。从 2013—

2050 年不同计划生育人口政策和 GDP 增长率的假设条件看，中国城镇化水平到 2035 年都将达到 70% 以上，到 2050 年都将达到 75% 甚至以上，这也与国外发达国家的城镇化历程相一致。从国外城镇化研究的有关理论和实践也证明，城镇化发展过程是呈现 S 形曲线，当城镇化率达到 70% 以后将会进入城镇化稳定发展阶段，是城镇化发展的一般趋势和规律，当前国外发达国家的城镇化发展历程来看当前已经普遍进入这一阶段。从计划生育人口政策和 GDP 增长率对中国城镇化作用程度来看，显然计划生育人口政策对中国城镇化影响大于 GDP 的影响。从不同计划生育人口政策对中国城镇化影响程度看，1.5 孩政策对中国城镇化作用程度更显著，其次为 1 孩政策，反而 2 孩政策对中国城镇化影响相对较小。

表 8-2　中国主要年份不同情景城镇化水平预测值（2015—2050 年）　　　%

方案	情景	2015 年	2020 年	2025 年	2030 年	2035 年	2040 年	2045 年	2050 年
1	GDP 高增长，1.0 孩政策	55.8625	60.613	64.7493	68.3447	71.4142	73.8208	75.6662	77.0765
2	GDP 低增长，2.0 孩政策	55.9801	60.9496	65.1846	68.7679	71.773	74.0341	75.6839	76.8673
3	GDP 中增长，1.5 孩政策	56.121	61.4804	66.1899	70.3022	73.6693	76.2679	78.2901	79.8624
4	GDP 低增长 %，1.5 孩政策	56.1207	61.4799	66.1885	70.3009	73.6681	76.2668	78.289	79.8614
5	GDP 低增长 %，1.0 孩政策	55.8621	60.6123	64.747	68.3424	71.4119	73.8186	75.6641	77.0745
6	GDP 高增长 %，1.5 孩政策	56.121	61.4806	66.1908	70.3032	73.6701	76.2687	78.2908	79.8631
7	GDP 高增长 %，2.0 孩政策	55.9804	60.9503	65.1866	68.7699	71.7749	74.036	75.6857	76.869
8	GDP 中增长 %，1.0 孩政策	55.8625	60.6128	64.7483	68.3437	71.4132	73.8199	75.6653	77.0756
9	GDP 中增长 %，2.0 孩政策	55.9804	60.9501	65.1858	68.7691	71.7741	74.0352	75.685	76.8683

8.1.5　结论

本节通过构建中国城镇化 SD 模型进行过程模拟，可以得出如下结论：

（1）采用 1998—2013 年数据进行系统存流量检验和系统灵敏度分析，结果显示中国城镇化 SD 模型有效且具有实际仿真的可操作性。可以认为：中国城镇化将是一个比较长期的社会过程，不是政府短期可以实现的目标。

（2）运用 1998—2013 年数据和系统参数进行中国城镇化过程多情景模拟（2015—2050 年）显示，中国趋向稳定状态的城镇化水平是 2035 年左右达到 70.0%～72.0%。

（3）从经济增长和社会发展两方面看，计划生育人口政策对中国城镇化影响大于 GDP 增长的影响。从计划生育人口的本身政策看，一个家庭生 1.5 孩会对中国城镇化影响较大，2.0 孩的影响反而相对较小。

（4）到 2050 年，中国城镇化水平将达到 75% 左右，中国也将进入稳定和饱和的城镇化社会状态。

综上所述，可以认为：中国城镇化过程是一个长期的社会发展过程，还需要至少20 年以上才能基本完成这一社会转型过程。中国城镇化水平最终的饱和状态在 75% ~ 80%，在长远的未来仍将有 20% ~ 25% 的人口分布在广大农村地区。

8.2　基于水资源约束的中国城镇化 SD 模型模拟 [①]

曹祺文　鲍　超　顾朝林　管卫华

在中国城镇化水资源供需模拟研究方面，预测结果差异较大。如姚建文等（1999）预测 2030 年和 2050 年中国总需水量将达 7800 亿 ~ 8200 亿 m³ 和 8500 亿 ~ 9000亿 m³。刘昌明等（2001）预测中国 2030 年和 2035 年可供水量约为 6990 亿 m³ 和7300 亿 m³，需水量则约为 7119 亿 m³ 和 7319 亿 m³，最终于 2050 年实现基本供需平衡。高珺等（2014）预测 2025 年中国水资源需求和供给量分别约为 7255 亿 m³ 和7057 亿 m³。Sun 等（2017）则预测 2020 年中国约需水 5457.30 亿 ~ 5486.45 亿 m³，供水量则约为 3259.44 亿 m³。不同研究的预测结果千差万别，难以对中国未来城镇化及水资源的可持续利用决策提供科学依据。造成上述差异的一个原因是方法论问题。部分研究仅采用较为简单的多元回归（姚建文等，1999）或单一的经济学供需平衡理论（高珺等，2014），从相对简单的要素出发，难以真正实现对水资源供需这一复杂巨系统的解析（Winz et al.，2009；Chen and Wei，2014）。本节拟将水资源作为主控要素，尝试从水资源供给、需求和水环境等层面拓展和重构等基于经济、人口和社会服务子系统所建立的中国城镇化 SD 模型（Gu et al.，2017），并对中国未来城镇化过程的水资源利用进行多情景模拟。

8.2.1　数据及来源

随着经济发展和人口增长，中国用水总量整体呈现增长态势，1998 年中国用水总量为 5435.40 亿 m³，2015 年增长至 6103.20 亿 m³。作为农业大国，农业用水是最主要的需水来源，但所占比例逐渐降低，1998—2015 年由 69.28% 降低至 63.10%。工业用水是第二大用水来源，其比例略有提高，1998—2015 年由 20.72% 增长至 21.90%。2015 年生活用水占总用水量的 13%，在快速城镇化过程中，城镇生活用水在总生活水中所占比例逐年增加，农村生活用水与之相反。生态环境用水，自 2003 年《中国水

① 本节引自：曹祺文，鲍超，顾朝林，管卫华，2019. 基于水资源约束的中国城镇化 SD 模型与模拟研究［J］. 地理研究，38（1）：1-14.

资源公报》开始统计，2003—2015 年其所占比例由 1.49% 提升至 2.00%。研究所用水资源数据主要整理自历年《中国水资源公报》《中国环境统计公报》《中国统计年鉴》等。社会经济、人口等其他数据与 Gu（2017）相同。

8.2.2　情景与方案参数设定

本节根据产业发展速率、家庭生育因子和不同部门用水效率等变量，设定了 4 种社会经济和人口增长情景，以及农业需水、工业需水、生活需水、生态环境需水和再生水利用的高、中、低方案（表 8-3），以分别分析中国未来城镇化中不同经济发展和人口增长，以及不同用水方案条件下的水资源利用状况。

表 8-3　中国城镇化资源利用方案设置

类别	方案	参数设置
农业需水	节水农业	万元第一产业增加值需水量：年降低率为 3.4%
	一般耗水农业	万元第一产业增加值需水量：年降低率为 3.2%
	耗水农业	万元第一产业增加值需水量：年降低率为 3.0%
工业需水	节水工业	万元工业增加值需水量：年降低率为 6.3%
	一般耗水工业	万元工业增加值需水量：年降低率为 5.8%
	耗水工业	万元工业增加值需水量：年降低率为 5.3%
生活需水	低生活需水	人均生活需水定额：城镇 2030 年和 2050 年分别增长至 232L/d 和 252L/D 农村 2030 年和 2050 年分别增长至 87L/d 和 102L/D
	中生活需水	人均生活需水定额：城镇 2030 年和 2050 年分别增长至 237L/d 和 257L/D 农村 2030 年和 2050 年分别增长至 92L/d 和 107L/D
	高生活需水	人均生活需水定额：城镇 2030 年和 2050 年分别增长至 242L/d 和 262L/D 农村 2030 年和 2050 年分别增长至 97L/d 和 112L/D
生态环境需水	低生态环境需水	生态环境需水年综合增长率 3.5%
	中生态环境需水	生态环境需水年综合增长率 4.0%
	高生态环境需水	生态环境需水年综合增长率 4.5%
再生水利用	低再生水利用	再生水回用系数：2030 年为 12%；2050 年为 19%
	中再生水利用	再生水回用系数：2030 年为 17%；2050 年为 24%
	高再生水利用	再生水回用系数：2030 年为 23%；2050 年为 29%

4 种情景中，经济高速发展情景设定第一、二、三产业产值增速为 4%、7% 和 8%，经济中高速发展情景设定第一、二、三产业产值增速分别为 3.5%、6.5% 和 7.5%，这两种情景控制城市和农村计划生育影响因子为 1 孩的参数值（Gu et al.，2017）。全面二孩生育情景和 1.5 孩生育情景相应调整城市和农村计划生育影响因子参数值，这两种情景控制经济发展为中高速增长。这 4 种情景均采用相同部门的用水效率等变量参数值，

包括：设定水资源开发利用率 2030 年为 22.5%，2050 年为 24%；万元第一产业增加值需水量年降低率为 3.2%；万元工业增加值需水量年降低率为 5.8%；城镇人均生活需水定额 2030 年和 2050 年分别增长至 237L/d 和 257L/d，农村人均生活需水定额 2030 年和 2050 年分别增长至 92L/d 和 107L/d；生态环境需水年综合增长率为 4%；再生水回用系数 2030 年为 17%，2050 年为 24%。

对于用水方案，主要考虑不同部门用水效率或定额以及再生水回用率等指标。农业需水方面，主要调整万元第一产业增加值需水量这一关键变量的年降低率，形成节水农业、一般耗水农业和耗水农业 3 种方案。工业需水方面，主要调整万元工业增加值需水量的年降低率，形成节水工业、一般耗水工业和耗水工业方案。3 种方案均可满足《全国水资源综合规划（2010—2030 年）》中万元工业增加值需水量在 2020 年比 2008 年降低 50%、2030 年比 2020 年降低 40% 左右的目标。生活需水方面，主要调整城镇和农村人均生活需水定额参数值。根据《全国水资源综合规划（2010—2030 年）》，规划 2030 年全国城镇和农村居民生活用水定额较 2008 年分别增长 25L/d 和 20L/d，故以此为中生活需水方案，并进行小幅调整，设定出低、高生活用水方案的居民生活用水定额。生态环境需水方面，通过调整年综合增长率而形成低、中、高生态环境用水方案。再生水利用方面，主要调整再生水回用系数。根据《全国水资源综合规划（2010—2030 年）》设定的 2030 年全国废污水排放量和再生水量目标，推算出 2030 年再生水回用系数约为 17%，故以此为中再生水利用方案，并进行小幅调整，设定出低、高再生水利用方案。在考察用水效率等条件变化带来的水资源利用状况差异时，采用相同的经济和人口情景，即假定经济保持中高速增长、生育情景为 1.5 孩。将一般耗水农业、一般耗水工业、中生活需水、中生态环境需水、中再生水利用的组合作为中等用水基本方案，此后每次改变其中一项用水参数，分析其对水资源利用的影响。

进一步地，为模拟中国走向可持续城镇化过程中的水资源利用状况，设定综合协调方案。随着中国经济发展进入"新常态"，产业增长逐渐由数量型转为质量型，经济增速从过去的高速增长转为中高速增长，故假定三次产业产值增长率为"中高速"。人口增长方面，随着中国人口总量增长势头的减弱，老龄化和人口结构性问题日益突出，国家由计划生育的政策导向逐渐转为全面推行二孩政策，但同时考虑到部分育龄人群二孩生育意愿较低的现实，故设定为 1.5 孩的家庭生育情景更符合实际。在用水方案方面，该情景实行节水农业和节水工业，最大限度地提升用水效率，减少农业、工业这两大主要用水需求。同时，实行高生活需水和高生态环境需水方案，以尽可能保障居民日常生活水平，不断接近发达国家和地区水平，并减小对生态用水的排挤，改变传统以人类需求为中心的水资源管理观念。此外，高再生水利用在一定程度上为水资源供给提供了补充性来源，有助于减小水资源供需缺口。

8.2.3　中国城镇化水资源利用模拟

Gu 等（2017）预测中国城镇化水平将于 2035 年达到 70% 以上，从而进入城镇化稳定发展阶段。而 2050 年是中国建设社会主义现代化强国的重要目标年，故本节将重点考察以上述两个时间点为代表的水资源利用状况。

基于不同城镇化发展情景的水资源利用模拟，表 8-4 主要反映部门用水效率和定额一定时，经济发展速率和人口增长变动所带来的水资源利用状况差异。在经济高速发展情景中，第一、二、三产业产值均达到最高水平，但同时也形成巨大的水资源需求，特别是农业需水和工业需水，其需水总量、水资源供需缺口和工业废水排放总量也相对最大。经济中高速发展情景中，第一、二、三产业产值有所减小，而水资源需求也随之形成相对较小的增幅。由于该情景需水总量有所降低，故水资源供需缺口得以减小。在全面 2 孩生育情景中，由于人口数量达到较高水平，故随之形成较大规模的生活需水。1.5 孩生育情景中，人口数量增幅有所减小，其生活需水与全面 2 孩生育情景相比也相

表 8-4　中国城镇化发展情景及水资源利用模拟结果

变量	经济高速发展情景		经济中高速发展情景		全面 2 孩生育情景		1.5 孩生育情景	
	2035 年	2050 年	2035 年	2050 年	2035 年	2050 年	2035 年	2050 年
第一产业产值（1990 年价格）/ 亿元	36162	62493	33838	56883	33946	58296	33761	56040
第二产业产值（1990 年价格）/ 亿元	373846	1159900	349977	860107	348960	853677	349647	858087
第三产业产值（1990 年价格）/ 亿元	461287	929749	437015	1097050	440923	1124260	438269	1105250
城市人口 / 万人	106107	121263	106159	121444	118639	144784	109876	127704
农村人口 / 万人	43828	38173	43860	38255	48043	45790	40935	34386
农业需水 / 亿 m³	4116.07	4367.04	3851.51	3975.05	3863.77	4073.74	3842.80	3916.12
工业需水 / 亿 m³	1685.12	1586.70	1577.53	1467.85	1752.94	1456.88	1576.04	1464.40
生活需水 / 亿 m³	1090.41	1286.59	1090.99	1288.61	1215.84	1536.98	1113.60	1332.22
需水总量 / 亿 m³	7159.06	7722.01	6787.49	7213.18	6920.01	7549.27	6799.90	7194.41
水资源供给总量 / 亿 m³	6588.58	6919.18	6586.73	6917.62	6598.88	6941.03	6588.92	6921.71
水资源供给缺口 / 亿 m³	570.49	802.83	200.76	295.56	321.14	608.24	210.99	272.71
生活污水排放量 / 亿 m³	601.65	610.55	601.97	611.50	670.85	729.37	614.44	632.20
工业废水排放量 / 亿 t	167.96	116.81	157.24	108.06	156.78	107.25	157.09	107.80
污水排放总量 / 亿 t	769.61	727.36	759.20	719.56	827.64	836.62	771.53	740.00
再生水资源量 / 亿 m³	136.61	145.47	134.76	143.91	146.91	167.32	136.95	148.00

对较小。通过比较各情景需水总量和水资源供需缺口，可以发现在部门用水效率一定的条件下，经济发展速率提高对需水总量的拉动作用总体上大于人口增长的拉动作用。

基于不同用水方案的水资源利用模拟（表8-5），节水农业的农业需水量基本保持不变甚至有所降低，该方案在2050年实现水资源供需平衡。一般耗水农业和耗水农业方案的农业需水则有较大增长，并出现相对严重的水资源供需缺口。工业需水方面，随着工业比例的调整和用水效率的进步，节水工业和一般耗水工业方案的工业需水量总体有所降低，而耗水工业方案则基本保持不变。节水工业方案在2050年基本实现水资源供需平衡，其他两种方案则出现相对较大的水资源供需缺口。3种方案的工业废水排放量依次增大，但总体均表现为下降趋势。生活需水方面，低、中、高3种方案的生活需水量均呈现增长趋势。3种生活用水方案对水资源供需缺口的改善作用相对较小，均呈现出中等规模缺口。生态环境需水方面，低、中、高方案的生态环境需水量在2050年分别达406.91亿 m^3、481.68亿 m^3 和569.72亿 m^3，其对水资源供需缺口的影响也相对较小。再生水利用方面，低、中、高方案的再生水资源量在2050年分别达125.80亿 m^3、148亿 m^3 和170.20亿 m^3，在不同程度上弥补了水资源供需缺口。

进一步地，在实行节水农业、节水工业、高生活需水、高生态环境需水和高再生水利用的综合协调方案中，2050年中国城镇化的发展约共需6789.70亿 m^3 水资源，实现水资源供需平衡，未出现水资源供需缺口。其中，农业需水3642.65亿 m^3，占需水总量的53.65%；工业需水1215.53亿 m^3，占需水总量的17.90%；生活需水1361.80亿 m^3，占需水总量的20.06%；生态环境需水569.72亿 m^3，占需水总量的8.39%。污水排放水平逐渐下降，2050年约排放735.72亿 t，回用处理再生水资源约169.22亿 m^3（表8-5）。

8.2.4 结论与讨论

1. 结论

当部门用水效率一定时，产业发展通过影响农业需水和工业需水两大主要需水源，成为比人口增长更为明显的水资源供需平衡调控因子。在社会经济发展情景保持一定的条件下，提高用水效率，实行节水农业和节水工业，能够有效地缓解水资源供需紧张状况，耗水农业和耗水工业方案则极大地加剧水资源供需不平衡，且相对产生较多废污水，不利于中国城镇化可持续发展。生活需水和生态环境需水的低、中、高方案对水资源供需缺口的影响则相对较小，而再生水利用在一定程度上成为水资源供给的补充性来源。

表8-5 基于不同用水方案的中国城镇化水资源利用模拟结果

方案	年份	农业需水	工业需水	城镇生活需水	农村生活需水	生活需水总量	生态环境需水	需水总量	水资源供需缺口	工业废水排放量	生活污水排放量	污水排放总量	再生水利用
中等用水基本方案	2035	3842.80	1576.04	970.54	143.06	1113.60	267.46	6799.90	210.99	157.09	614.44	771.53	136.95
	2050	3916.12	1464.40	1197.93	134.29	1332.22	481.68	7194.41	272.71	107.80	632.20	740.00	148.00
节水农业方案*	2035	3687.09						6644.19	55.27				
	2050	3642.65						6920.95	-0.76				
耗水农业方案*	2035	4004.76						6961.86	372.94				
	2050	4209.49						7487.79	566.08				
节水工业方案*	2035		1416.90					6640.77	54.67	141.23		755.67	134.13
	2050		1215.53					6945.54	27.49	89.48		721.68	144.34
耗水工业方案*	2035		1752.06					6975.92	383.89	174.64		789.08	140.06
	2050		1762.50					7492.51	566.41	129.75		761.95	152.39
低生活需水方案*	2035			950.49	135.59	1086.08		6772.38	186.16		599.26	756.35	134.25
	2050			1174.62	128.02	1302.64		7164.83	245.93		618.16	725.97	145.19
高生活需水方案*	2035			990.59	150.54	1141.13		6827.43	235.81		629.63	786.72	139.64
	2050			1221.23	140.57	1361.80		7224.00	299.48		646.24	754.04	150.81
低生态环境需水方案*	2035						242.88	6775.33	186.41				
	2050						406.91	7119.65	197.94				
高生态环境需水方案*	2035						294.38	6826.83	237.91				
	2050						569.72	7282.45	360.75				

续表

方案	年份	农业需水	工业需水	城镇生活需水	农村生活需水	生活需水总量	生态环境需水	需水总量	水资源供需缺口	工业废水排放量	生活污水排放量	污水排放总量	再生水利用
低再生水利用方案*	2035								234.13				113.80
	2050								294.91				125.80
高再生水利用方案*	2035								187.84				160.09
	2050								250.51				170.20
综合协调方案	2035	3687.09	1416.90	990.59	150.54	1141.13	294.38	6539.50	-72.42	141.23	629.63	770.86	159.95
	2050	3642.65	1215.53	1221.23	140.57	1361.80	569.72	6789.70	-153.23	89.48	646.24	735.72	169.22

注：① 带 "*" 的用水方案，与 "中等用水基本方案" 相比，只改变了一项水资源系统参数，其余参数设置相同。如 "节水农业方案" 中除万元第一产业增加值需水量的年降低率设置为低方案，其余参数设置同 "中等用水基本方案"，其他带 "*" 方案以此类推。因此，表 8-5 中空白处数据也与 "中等用水基本方案" 一致。

② 除生活污水排放量、工业废水排放量、污水排放总量单位为亿 t 外，其余变量单位为亿 m³。

在综合协调方案中，2050 年中国城镇化的发展约共需 6789.70 亿 m³ 水资源。其中，农业需水 3642.65 亿 m³，工业需水 1215.53 亿 m³，生活需水 1361.80 亿 m³，生态环境需水 569.72 亿 m³。该情景方案不仅有利于保障稳定高质量的经济发展和人口增长，还实现了水资源供需平衡，尽可能地保障居民日常生活和生态环境用水，是一种有利于实现水资源节约、高效、可持续利用，且促进社会经济良性发展的城镇化情景。

2. 讨论

（1）中国在迈向可持续发展的城镇化过程中，需要直面日益严峻的水资源约束现实。尝试提出以下两方面政策性建议：①在具有统领作用的国土空间规划中，加强对重要水源涵养区、江河水系、湿地资源的科学划定，实行严格的空间用途管制，防止水源涵养功能受损和水环境破坏，严守水资源开发利用控制红线。②优化调整产业结构和布局，限制高耗水型行业发展，在水资源承载力基础上合理确定发展区规模，"以水定产""以水定城"。通过提高有效灌溉水平、减少蒸发和渗漏等措施控制农业用水，发展节水农业。通过循环利用、降低定额等方式减少工业用水，加快研发再生水资源利用技术，发展节水工业。构建城镇化与水资源系统之间的良性协调关系，应当成为中国新型城镇化道路的必由之选。

（2）本节所构建的基于水资源约束的中国城镇化 SD 模型，虽然主要采用全国尺度数据和参数，但理论上城镇化的经济、人口、社会要素与水资源供给、水资源需求、水环境要素间的耦合关系和因果循环逻辑可在本节所确定的基本概念框架基础上，通过结合研究区实际特点而灵活调整参数设置，从而在城市、流域等其他尺度上进行多情景模拟应用。

将水资源这一重要基础资源作为内部主控要素，嵌入中国城镇化 SD 模型，弥补了仅基于社会经济层面的传统城镇化研究的不足。但本节所构建的基于水资源约束的中国城镇化 SD 模型仍有待将土地等更多关键资源环境要素嵌入模型系统之中，并尝试在城市群、流域等其他尺度上加以推广。

8.3 基于土地资源约束的中国城镇化 SD 模型模拟 [①]

曹祺文 顾朝林 管卫华

8.3.1 数据及其来源

本研究从《中国城市建设统计年鉴》和全国土地变更调查数据中采集整理了 1998—2017 年土地利用数据（表 8-6）。《中国城市建设统计年鉴》涉及城市居住用地、城市工业用地、城市第三产业用地、城市道路交通设施用地、其他城市用地等城市建设用地数

---

① 曹祺文，顾朝林，管卫华，2020. 中国城镇化与土地资源利用预测研究［J］. 资源科学学报，刊出过程中。

据。其中，城市第三产业用地包括商业服务业设施用地和物流仓储用地，因 1998—2011 年商业服务业设施用地未在《中国城市建设统计年鉴》中单独列出，而是与公共管理与公共服务用地合并为公共设施用地，故本研究结合 2012—2017 年商业服务业设施用地数据按线性趋势估算了 1998—2011 年数据，进而得到城市第三产业用地。其他城市用地为除居住用地、工业用地、城市第三产业用地、道路交通设施用地以外的城市建设用地。

全国土地变更调查数据涉及村镇建设用地、耕地、林地、牧草地、水域和其他土地，地类按《土地利用现状分类》（GB/T 21010—2007）调整归并。其中，村镇建设用地包括村庄、建制镇、采矿用地和农村道路。林地和园地统一并为林地类别。特殊用地和裸地因数据获取受限，且面积相对较小，未包含在内。此外，因调查统计方式、分类标准调整，部分数据在 2009 年前后出现明显"断层"，虽然本研究尝试按统一的分类方式进行数据处理，但不连贯性问题仍难以完全避免，故在模型中将相关变量作为时间表函数，以反映不同阶段趋势。

社会经济和人口数据主要源于 1998—2017 年《中国统计年鉴》《中国人口和就业统计年鉴》（1998—2006 年为《中国人口统计年鉴》）《第五次人口普查数据》《第六次人口普查数据》《新中国六十五年统计资料汇编》《中国教育统计年鉴》。港澳台地区数据未包含其中。

表 8-6　土地利用数据分类及来源

大类	小类	来源与说明
建设用地	城市居住用地	《中国城市建设统计年鉴》（1998—2017 年）
	城市工业用地	《中国城市建设统计年鉴》（1998—2017 年）
	城市第三产业用地	《中国城市建设统计年鉴》（1998—2017 年），包括商业服务业设施用地和物流仓储用地
	城市道路交通设施用地	《中国城市建设统计年鉴》（1998—2017 年）
	其他城市用地	《中国城市建设统计年鉴》（1998—2017 年），城市建设用地中除上述类型以外的用地
	村镇建设用地	全国土地变更调查（1998—2017 年），包括村庄、建制镇、采矿用地和农村道路
非建设用地	耕地	全国土地变更调查（1998—2017 年）
	林地	全国土地变更调查（1998—2017 年），包括林地和园地
	牧草地	全国土地变更调查（1998—2017 年）
	水域	全国土地变更调查（1998—2017 年）
	其他土地	全国土地变更调查（1998—2017 年）

8.3.2　系统参数设置

系统参数设置方法主要为：

（1）基于历史数据取算术平均值，如第一产业资本存量比例、农业劳动生产率增长速度、第二和第三产业劳动生产率增长率、城市 / 乡村 14 岁人口死亡率等。

（2）线性回归，如工业用地和城市第三产业用地的估算方程，为用地面积与产业产值、固定资产投资、地均产值等相关变量的线性拟合。

（3）曲线估计，主要针对具有非线性特征的变量，如人均机动车拥有量为人均GDP 的指数函数。

（4）生产函数，模拟各产业产值增长。

（5）表函数，如各产业产值增长率、工业用地地均产值变化率、第三产业用地地均产值变化率等具有阶段特征的变量，以及国土开发强度约束、粮食自给率、人均森林占有量年变化率、单位面积牧草地畜肉产量年增长率、单位面积水域水产品产量年增长率等情景调控变量。其他参数设置方法同原中国城镇化 SD 模型（顾朝林等，2017 ；GU et al.，2017 ；曹祺文等，2019 ；GU et al.，2020 ）。

8.3.3　情景设定

根据中国城镇化过程，设定经济低、中、高速增长情景（表 8-7 ）。

表 8-7　土地资源约束的中国城镇化 SD 模型情景设定

GDP 年增长率	由 6.8% 降至 3%	由 6.8% 降至 4.5%	由 6.8% 降至 6%
总和生育率	1.4	1.6	1.8
2050 年城镇化水平 /%	77.5	78	78.5
耕地保有量 / 百 km²	≥ 12166.67	≥ 12166.67	≥ 12166.67
粮食自给率 /%	100	95	90
人均森林占有量年变化率 /%	0.45	0.30	0.15
单位面积水域水产品产量年增长率 /%	3.00	3.20	3.40
单位面积牧草地畜肉产量年增长率 /%	1.20	1.40	1.60
2050 年城镇人均住房建筑面积 /m²	2050 年增长至 50	2050 年增长至 60	2050 年增长至 67
城市工业用地地均产值年变化率 /%	1.00	1.10	1.20
城市第三产业用地地均产值年变化率 /%	3.10	3.30	3.50

选取 GDP 年增长率、总和生育率、粮食自给率、人均森林占有量年变化率、单位面积水域水产品产量年增长率、城镇人均住房建筑面积、城市工业用地地均产值年变化率、城市第三产业用地地均产值年变化率等为调控变量，对 2020—2050 年土地利用进行模拟。

（1）经济发展：我国经济已由高速增长转向高质量发展，2017 年 GDP 增速为 6.8%，2019 年已降 6.1%，未来可能继续放缓。Bai 等预测 2016—2050 年经济增速将从 6.28%降至 2.98% 左右（Bai and Zhan，2017）。国家统计局副局长盛来运等基于国际比较测算，认为 2049 年之前 GDP 年均增速保持 4.4% 以上，有望顺利实现第二个百年奋斗目标（盛来运，郑鑫，2017）。亚开行和北京大学的研究报告则称 2020—2030 年经济增速可达 6%（Zhuang et al.，2012）。因此，设定不同情景 2017—2050 年 GDP 年增长率由 6.8% 分别降至 3%、4.5% 和 6%。

（2）人口变化：中国虽然已实施全面二孩政策，但人口负增长的趋势难以避免。有学者以"五普""六普"和 2015 年小普查数据测算总和生育率分别为 1.22、1.18、1.05，但翟振武认为该结果可能由于数据不准确而比实际偏低（翟振武，2019）。陆旸和蔡昉以及翟振武提出未来总和生育率将大约为 1.6（翟振武，2019；陆旸，蔡昉，2016）。《国家人口发展规划（2016—2030 年）》则将总和生育率 1.8 作为预期发展目标。世界银行预计 2020—2050 年总和生育率约为 1.7 ~ 1.8（World Bank，2019）。据此，假定总和生育率的低、中、高方案为 1.40、1.60 和 1.80。

（3）城镇化水平：到 2050 年基本完成中国城镇化过程，城镇化水平达到 78% 左右（Gu et al.，2017）。

（4）耕地不减少：根据《全国国土规划纲要（2016—2030 年）》，要严格控制非农业建设占用耕地，到 2030 年全国耕地保有量不低于 18.25 亿亩。此外，粮食自给率关乎粮食安全，一般认为 100% 以上为完全自给，95% ~ 100% 为基本自给，90% ~ 95% 为可接受水平，90% 以下则粮食安全面临较大风险（唐华俊，2014）。部分学者认为未来粮食自给率约需保持在 90%（陈百明，周小萍，2005；唐华俊，李哲敏，2012）。《国家粮食安全中长期规划纲要（2008—2020 年）》则提出要稳定在 95% 以上。因此，设定耕地保有量不低于 1.22 亿 hm²，粮食自给率为 90%、95% 和 100%。

（5）生态林地显著增加：预期未来将加强森林资源保护与修复，逐步提升林地面积。根据第六至第九次全国森林资源连续清查数据[①]，全国人均林地占有量总体保持增长，1999—2003 年约为 0.220hm²/人，2014—2018 年约为 0.232hm²/人，大约年均增长 0.34%。据此，设定各情景人均森林占有量年变化率为 0.45%、0.30% 和 0.15%。

（6）水资源及水域面积不减少：随着城市人口增多和农村消费水平提高，水产品消费水平将持续提升，必须依靠水域满足居民对优质水产品和水资源环境的需求。结合历史数据情况，设定各情景单位面积水域水产品产量年增长率为 3.0%、3.2% 和 3.4%。

（7）建设用地满足城镇化需求：随着未来城镇化格局基本形成，应合理安排建设用地规模，保障社会经济发展必需的建设用地，并严控新增建设用地。其中，城镇人均住房面积将继续增加，国务院发展研究中心市场经济研究所预计 2020 年、2035 年和2050 年将分别达 38.5m²、42.5m² 和 46m² 左右（邓郁松，邵挺，2018），但国家统计局数据显示 2018 年城镇人均住房面积已达 39m²（国家统计局，2018），因此这一预估结果可能偏低。恒大研究院以韩国、俄罗斯人均住房水平为基准目标，假设 2019—2030年中国城镇人均住房面积将年均增长 1.3% ~ 1.5%（任泽平，2019），据此可推算 2030年城镇人均住房面积约为 45.54 ~ 46.63m²，若此后继续保持该增速，则 2050 年约为58.96 ~ 62.80m²。若以当前美国水平为基准目标，则可假定 2050 年增长至 67m²。此外，

---

① 数据源自中国林业数据库，http：//www.forestry.gov.cn/data.html.

城市工业用地和城市第三产业用地的单位面积土地产值水平将不断提升，结合历史数据情况，设定未来城市工业用地地均产值年变化率约为 1.2%～1.4%，城市第三产业用地地均产值年变化率约为 3.4%～3.6%。

8.3.4　情景模拟

1. 非建设用地模拟结果

根据表 8-8、表 8-9 和图 8-2，经济低、中、高增长情景中经济增长将逐渐放缓，2020 年国内生产总值（1990 年价格）分别为 270974 亿元、271141 亿元和 271309 亿元，2050 年则分别增长为 705693 亿元、787816 亿元和 870148 亿元，提高到 2.60 倍、2.91 倍和 3.21 倍。总人口在 2030 年前后达到峰值，并开始负增长，到 2050 年分别为 137965 万、141902 万和 145702 万人。城镇化水平将在 2030 年后达到 70% 以上，2050 年提升至 78% 左右。

在上述城镇化过程中，各情景耕地将不可避免地出现不同程度减少，预计各情景耕地 2020 年为 13254.20 万 hm²、13231.60 万 hm² 和 13208.50 万 hm²，较 2017 年约减少 234.02 万 hm²、256.62 万 hm² 和 279.72 万 hm²，2030 年约减少 236.30 万 hm²、321.50 万 hm² 和 413.80 万 hm²，2035 年约减少 217.40 万 hm²、260.90 万 hm² 和 311.00 万 hm²，2040 年约减少 203.70 万 hm²、246.70 万 hm² 和 298.60 万 hm²，2050 年约减少 230.20 万 hm²、319.00 万 hm² 和 431.10 万 hm²，最终面积为 12366.60 万 hm²、12083.50 万 hm² 和 11754.00 万 hm²。若按照《全国国土规划纲要（2016—2030 年）》中耕地不低于 12166.67 万 hm² 的约束目标，经济中速和高速增长情景应分别从其他土地中补充耕地 83.17 万 hm² 和 412.67 万 hm²。

生态用地则总体呈现先增加后减少的变化趋势。其中，林地资源在严格保护之下，对生态用地增长的贡献最大，预计各情景林地 2020 年约为 27509.60 万 hm²、27464.60 万 hm² 和 27419.00 万 hm²，较 2017 年约增加 807.94 万 hm²、762.94 万 hm² 和 717.34 万 hm²，2030 年净增量约 1886.60 万 hm²、1701.70 万 hm² 和 1510.90 万 hm²，2035 年净增量约 493.70 万 hm²、392.60 万 hm² 和 286.00 万 hm²，2040 年净增量约 338.80 万 hm²、236.10 万 hm² 和 125.90 万 hm²，2050 年净增量约 505.10 万 hm²、294.70 万 hm² 和 64.80 万 hm²，面积达 30733.80 万 hm²、30089.70 万 hm² 和 29406.60 万 hm²。牧草地表现为先增加后减少，这是因为人口增长趋缓乃至负增长使得畜肉产品需求总量下降，而单位面积牧草地畜肉产量水平则相对提升。预计各情景牧草地 2020 年约为 29030.10 万 hm²、28940.80 万 hm² 和 28851.80 万 hm²，较 2017 年约增加 415.44 万 hm²、326.14 万 hm² 和 237.14 万 hm²，2030 年净增量约 441.40 万 hm²、118.30 万 hm² 和 −205.20 万 hm²，2035 年均开始减少，净增量为 −263.20 万 hm²、−422.70 万 hm² 和 −582.90 万 hm²，2040 年净增量为 −416.40 万 hm²、−569.20 万 hm² 和 −722.90 万 hm²，2050 年净增量为 −982.00 万 hm²、

–1268.00 万 hm² 和 –1556.30 万 hm²，面 积 达 27809.90 万 hm²、26799.20 万 hm² 和 25784.50 万 hm²。水域面积在 2020—2050 年整体没有减少乃至略有增加，具体表现为在呈现一定增长趋势后，略有不同幅度缩减，但 2050 年面积仍高于 2020 年。预计各情景水域 2020 年约为 4314.25 万 hm²、4313.95 万 hm² 和 4301.12 万 hm²，较 2017 年约增加 94.53 万 hm²、94.23 万 hm² 和 81.40 万 hm²，2030 年净增量约 179.79 万 hm²、175.36 万 hm² 和 126.44 万 hm²，2035 年净增量为 17.58 万 hm²、14.57 万 hm² 和 –11.04 万 hm²，2040 年净增量为 –6.67 万 hm²、–9.81 万 hm² 和 –35.33 万 hm²，2050 年净增量为 –40.05 万 hm²、–46.6 万 hm² 和 –97.30 万 hm²，面积达 4464.90 万 hm²、4447.44 万 hm² 和 4283.89 万 hm²。

表 8-8　土地资源约束的中国城镇化 SD 模型模拟结果

年　份		国内生产总值 / 亿元（1990 年价格）			总人口 / 万人			城镇化水平 /%		
		经济低速增长	经济中速增长	经济高速增长	经济低速增长	经济中速增长	经济低速增长	经济低速增长	经济低速增长	经济低速增长
2017	实际值	226782	226782	226782	139008	139008	139008	58.52	58.52	58.52
2020	预测量	270974	271141	271309	141298	141701	142102	61.51	61.56	61.61
	净增量	44192	44359	44527	2290	2693	3094	2.99	3.04	3.09
	净增率 /%	19.49	19.56	19.63	1.65	1.94	2.23	5.11	5.19	5.28
2030	预测量	430889	440301	449678	144359	146040	147702	69.45	69.63	69.81
	净增量	159915	169160	178369	3061	4339	5600	7.9381	8.0714	8.2005
	净增率 /%	59.01	62.39	65.74	2.17	3.06	3.94	12.91	13.11	13.31
2035	预测量	510459	530916	551341	143525	145805	148048	72.20	72.43	72.66
	净增量	79570	90615	101663	–834	–235	346	2.7501	2.8043	2.8547
	净增率 /%	18.47	20.58	22.61	–0.58	–0.16	0.23	3.96	4.03	4.09
2040	预测量	584458	620770	657103	141929	144785	147576	74.36	74.65	74.92
	净增量	73999	89854	105762	–1596	–1020	–472	2.1609	2.2138	2.2617
	净增率 /%	14.50	16.92	19.18	–1.11	–0.70	–0.32	2.99	3.06	3.11
2050	预测量	705693	787816	870148	137965	141902	145702	77.53	77.93	78.31
	净增量	121235	167046	213045	–3964	–2883	–1874	3.1675	3.2827	3.3848
	净增率 /%	20.74	26.91	32.42	–2.79	–1.99	–1.27	4.26	4.40	4.52

表 8-9　土地资源约束的中国城镇化 SD 模型非建设用地模拟结果

年份		耕地 / 万 hm²			林地 / 万 hm²		
		经济低速增长	经济中速增长	经济高速增长	经济低速增长	经济中速增长	经济高速增长
2017	实际值	13488.22	13488.22	13488.22	26701.66	26701.66	26701.66
2020	预测量	13254.20	13231.60	13208.50	27509.60	27464.60	27419.00
	净增量	–234.02	–256.62	–279.72	807.94	762.94	717.34
	净增率 /%	–1.73	–1.90	–2.07	3.03	2.86	2.69
2030	预测量	13017.90	12910.10	12794.70	29396.20	29166.30	28929.90
	净增量	–236.30	–321.50	–413.80	1886.60	1701.70	1510.90
	净增率 /%	–1.78	–2.43	–3.13	6.86	6.20	5.51
2035	预测量	12800.50	12649.20	12483.70	29889.90	29558.90	29215.90
	净增量	–217.40	–260.90	–311.00	493.70	392.60	286.00
	净增率 /%	–1.67	–2.02	–2.43	1.68	1.35	0.99

续表

年份		耕地 / 万 hm²			林地 / 万 hm²		
		经济低速增长	经济中速增长	经济高速增长	经济低速增长	经济中速增长	经济高速增长
2040	预测量	12596.80	12402.50	12185.10	30228.70	29795.00	29341.80
	净增量	−203.70	−246.70	−298.60	338.80	236.10	125.90
	净增率 /%	−1.59	−1.95	−2.39	1.13	0.80	0.43
2050	预测量	12366.60	12083.50	11754.00	30733.80	30089.70	29406.60
	净增量	−230.20	−319.00	−431.10	505.10	294.70	64.80
	净增率 /%	−1.83	−2.57	−3.54	1.67	0.99	0.22

表 8-9　土地资源约束的中国城镇化 SD 模型非建设用地模拟结果（续表）

年份		牧草地 / 万 hm²			水域 / 万 hm²		
		经济低速增长	经济中速增长	经济高速增长	经济低速增长	经济中速增长	经济高速增长
2017	实际值	28614.66	28614.66	28614.66	4219.72	4219.72	4219.72
2020	预测量	29030.10	28940.80	28851.80	4314.25	4313.95	4301.12
	净增量	415.44	326.14	237.14	94.53	94.23	81.40
	净增率 /%	1.45	1.14	0.83	2.24	2.23	1.93
2030	预测量	29471.50	29059.10	28646.60	4494.04	4489.31	4427.56
	净增量	441.40	118.30	−205.20	179.79	175.36	126.44
	净增率 /%	1.52	0.41	−0.71	4.17	4.06	2.94
2035	预测量	29208.30	28636.40	28063.70	4511.62	4503.88	4416.52
	净增量	−263.20	−422.70	−582.90	17.58	14.57	−11.04
	净增率 /%	−0.89	−1.45	−2.03	0.39	0.32	−0.25
2040	预测量	28791.90	28067.20	27340.80	4504.95	4494.07	4381.19
	净增量	−416.40	−569.20	−722.90	−6.67	−9.81	−35.33
	净增率 /%	−1.43	−1.99	−2.58	−0.15	−0.22	−0.80
2050	预测量	27809.90	26799.20	25784.50	4464.90	4447.44	4283.89
	净增量	−982.00	−1268.00	−1556.30	−40.05	−46.63	−97.30
	净增率 /%	−3.41	−4.52	−5.69	−0.89	−1.04	−2.22

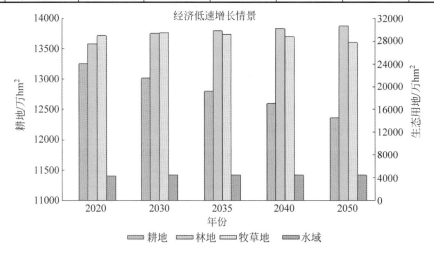

图 8-2　非建设用地变化趋势

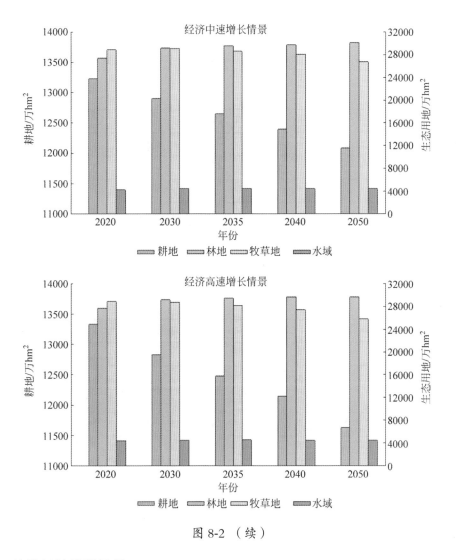

图 8-2 （续）

2. 建设用地模拟结果

根据表 8-10 和图 8-3，随着城镇化水平推进，经济低、中、高速增长情景中建设用地总量需求均将有不同程度增长，但增长幅度将明显下降。预计 2020 年建设用地较 2017 年的净增量分别为 94.09 万 hm^2、104.74 万 hm^2 和 114.04 万 hm^2，2030 年净增量为 143.21 万 hm^2、180.01 万 hm^2 和 211.65 万 hm^2，2035 年净增量为 12.17 万 hm^2、30.14 万 hm^2 和 45.38 万 hm^2，2040 年净增量为 1.63 万 hm^2、18.66 万 hm^2 和 32.93 万 hm^2，2050 年净增量为 −1.14 万 hm^2、28.74 万 hm^2 和 52.92 万 hm^2。由此，当 2050 年中国城镇化水平达 78% 左右时，各情景建设用地总量分别为 4007.29 万 hm^2、4119.62 万 hm^2 和 4214.25 万 hm^2。

表 8-10 土地资源约束的中国城镇化 SD 模型建设用地模拟结果

年份		城市居住用地 / 万 hm²			城市工业用地 / 万 hm²		
		经济低速增长	经济低速增长	经济高速增长	经济低速增长	经济中速增长	经济高速增长
2017	实际值	169.79	169.79	169.79	110.84	110.84	110.84
2020	预测量	190.34	195.59	199.51	114.66	114.59	114.53
	净增量	20.54	25.80	29.71	3.82	3.75	3.69
	净增率 /%	12.10	15.19	17.50	3.45	3.39	3.33
2030	预测量	228.89	253.91	272.89	131.12	131.97	132.79
	净增量	38.55	58.32	73.38	16.46	17.38	18.26
	净增率 /%	20.25	29.82	36.78	14.36	15.16	15.94
2035	预测量	242.01	277.21	304.14	135.69	137.46	139.14
	净增量	13.12	23.30	31.25	4.57	5.49	6.35
	净增率 /%	5.73	9.18	11.45	3.48	4.16	4.78
2040	预测量	252.25	297.44	332.31	138.36	141.29	144.01
	净增量	10.24	20.23	28.17	2.68	3.83	4.88
	净增率 /%	4.23	7.30	9.26	1.97	2.79	3.51
2050	预测量	267.74	332.18	382.72	139.20	145.08	150.29
	净增量	15.49	34.74	50.41	0.84	3.79	6.28
	净增率 /%	6.14	11.68	15.17	0.61	2.68	4.36

表 8-10 土地资源约束的中国城镇化 SD 模型建设用地模拟结果（续表 1）

年份		城市第三产业用地 / 万 hm²			城市道路交通设施用地 / 万 hm²		
		经济低速增长	经济中速增长	经济高速增长	经济低速增长	经济中速增长	经济高速增长
2017	实际值	55.08	55.08	55.08	83.65	83.65	83.65
2020	预测量	57.64	57.51	57.38	86.76	86.76	86.75
	净增量	2.56	2.43	2.30	3.12	3.11	3.11
	净增率 /%	4.64	4.41	4.18	3.72	3.72	3.71
2030	预测量	68.31	68.42	68.50	103.19	103.86	104.51
	净增量	10.67	10.91	11.12	16.43	17.10	17.76
	净增率 /%	18.52	18.97	19.39	18.93	19.71	20.47
2035	预测量	71.36	71.83	72.25	106.47	107.43	108.33
	净增量	3.05	3.42	3.75	3.28	3.57	3.82
	净增率 / %	4.47	5.00	5.47	3.18	3.44	3.65

年份		城市第三产业用地 / 万 hm²			城市道路交通设施用地 / 万 hm²		
		经济低速增长	经济中速增长	经济高速增长	经济低速增长	经济中速增长	经济高速增长
2040	预测量	73.16	74.11	74.94	107.93	109.07	110.10
	净增量	1.80	2.27	2.69	1.46	1.64	1.78
	净增率 / %	2.52	3.16	3.72	1.37	1.53	1.64
2050	预测量	73.73	75.88	77.67	108.35	109.71	110.90
	净增量	0.56	1.77	2.74	0.42	0.64	0.79
	净增率 / %	0.77	2.39	3.65	0.39	0.59	0.72

表 8-10 土地资源约束的中国城镇化 SD 模型建设用地模拟结果（续表 2）

年份		村镇建设用地 / 万 hm²			建设用地总量 / 万 hm²		
		经济低速增长	经济中速增长	经济高速增长	经济低速增长	经济中速增长	经济高速增长
2017	实际值	3205.77	3205.77	3205.77	3757.33	3757.33	3757.33
2020	预测量	3260.24	3265.32	3270.38	3851.42	3862.07	3871.37
	净增量	54.47	59.55	64.61	94.09	104.74	114.04
	净增率 / %	1.70	1.86	2.02	2.50	2.79	3.04
2030	预测量	3297.48	3315.91	3333.97	3994.63	4042.08	4083.02
	净增量	37.24	50.59	63.59	143.21	180.01	211.65
	净增率 / %	1.14	1.55	1.94	3.72	4.66	5.47
2035	预测量	3278.98	3302.69	3325.67	4006.80	4072.22	4128.40
	净增量	−18.50	−13.22	−8.30	12.17	30.14	45.38
	净增率 / %	−0.56	−0.40	−0.25	0.30	0.75	1.11
2040	预测量	3260.14	3288.15	3314.96	4008.43	4090.88	4161.33
	净增量	−18.84	−14.54	−10.71	1.63	18.66	32.93
	净增率 / %	−0.57	−0.44	−0.32	0.04	0.46	0.80
2050	预测量	3237.08	3269.43	3299.37	4007.29	4119.62	4214.25
	净增量	−23.06	−18.72	−15.59	−1.14	28.74	52.92
	净增率 / %	−0.71	−0.57	−0.47	−0.03	0.70	1.27

随着人口继续由乡村向城市转移，各情景城市居住用地呈现相对较大幅度增长。各情景中 2020 年为 190.34 万 hm²、195.59 万 hm² 和 199.51 万 hm²，较 2017 年净增量为 20.54 万 hm²、25.80 万 hm² 和 29.71 万 hm²，2030 年净增量为 38.55 万 hm²、58.32 万 hm² 和 73.38 万 hm²，2035 年净增量为 13.12 万 hm²、23.30 万 hm² 和 31.25 万 hm²，2040 年净增量为 10.24 万 hm²、20.23 万 hm² 和 28.17 万 hm²，2050 年净增量为 15.49 万 hm²、34.74 万 hm² 和 50.41 万 hm²，面积达 267.74 万 hm²、332.18 万 hm² 和 382.72 万 hm²。城市工业用地的增长随着地均产值不断提升而放缓，规模逐渐达到稳定状态。各情景中 2020 年为 114.66 万 hm²、114.59 万 hm² 和 114.53 万 hm²，较 2017 年净增量为 3.82 万 hm²、3.75 万 hm² 和 3.69 万 hm²，2030 年净增量为 16.46 万 hm²、17.38 万 hm² 和 18.26 万 hm²，2035 年净增量为 4.57 万 hm²、5.49 万 hm² 和 6.35 万 hm²，2040 年净增量为 2.68 万 hm²、3.83 万 hm² 和 4.88 万 hm²，2050 年净增量为 0.84 万 hm²、3.79 万 hm² 和 6.28 万 hm²，面积达 139.20 万 hm²、145.08 万 hm² 和 150.29 万 hm²。城市第三产业用地的变化与城市工业用地类似，随着用地效率提升和第三产业增速放缓，其规模在经过一定程度增长后也基本稳定。各情景中 2020 年为 57.64 万 hm²、57.51 万 hm² 和 57.38 万 hm²，较 2017 年净增量为 2.56 万 hm²、2.43 万 hm² 和 2.30 万 hm²，2030 年净增量为 10.67 万 hm²、10.91 万 hm² 和 11.12 万 hm²，2035 年净增量为 3.05 万 hm²、3.42 万 hm² 和 3.75 万 hm²，2040 年净增量为 1.80 万 hm²、2.27 万 hm² 和 2.69 万 hm²，2050 年净增量为 0.56 万 hm²、1.77 万 hm² 和 2.74 万 hm²，面积达 73.73 万 hm²、75.88 万 hm² 和 77.67 万 hm²。城市道路交通设施用地的增长随着机动车保有量趋于饱和而逐渐平稳。各情景中 2020 年为 86.76 万 hm²、86.76 万 hm² 和 86.75 万 hm²，较 2017 年净增量为 3.12 万 hm²、3.11 万 hm² 和 3.11 万 hm²，2030 年净增量为 16.43 万 hm²、17.10 万 hm² 和 17.76 万 hm²，2035 年净增量为 3.28 万 hm²、3.57 万 hm² 和 3.82 万 hm²，2040 年净增量为 1.46 万 hm²、1.64 万 hm² 和 1.78 万 hm²，2050 年净增量为 0.42 万 hm²、0.64 万 hm² 和 0.79 万 hm²，面积达 108.35 万 hm²、109.71 万 hm² 和 110.90 万 hm²。

村镇建设用地的变化，从长远看，随着农村人口向城镇地区流动以及人口总量下降，其规模将逐渐呈现下降趋势。各情景中 2020 年为 3260.24 万 hm²、3265.32 万 hm² 和 3270.38 万 hm²，较 2017 年净增量为 54.47 万 hm²、59.55 万 hm² 和 64.61 万 hm²，2030 年净增量为 37.24 万 hm²、50.59 万 hm² 和 63.59 万 hm²，2035 年净增量为 −18.50 万 hm²、−13.22 万 hm² 和 −8.30 万 hm²，2040 年净增量为 −18.84 万 hm²、−14.54 万 hm² 和 −10.71 万 hm²，2050 年净增量为 −23.0 万 hm²、−18.72 万 hm² 和 −15.59 万 hm²，面积达 3237.08 万 hm²、3269.43 万 hm² 和 3299.37 万 hm²。

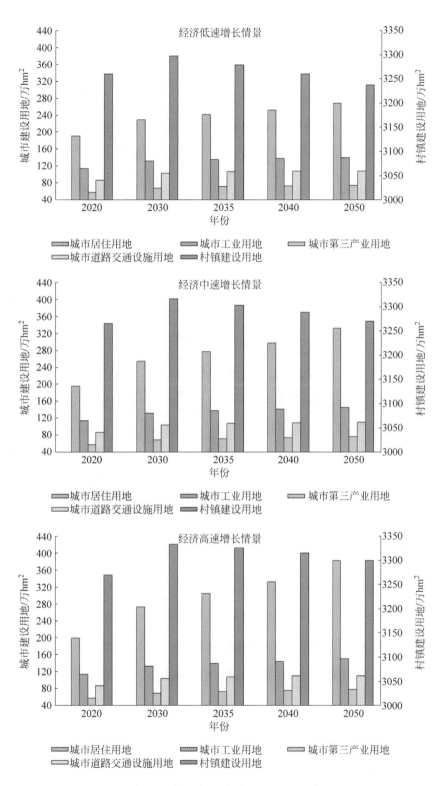

图 8-3 土地资源约束的中国城镇化 SD 模型建设用地模拟

在城市建设用地与城镇化水平之间的关系方面（图 8-4），首先，随着未来城镇化进程推进，各情景城市建设用地在不同时期的增量虽然趋向减少，但总量保持增长，说明土地对未来城镇化仍具有一定主控作用。2020—2030 年，各情景新增城市建设用地约为 105.97 万～148.07 万 hm²，2031—2040 年减少为 44.01 万～85.62 万 hm²，2041—2050 年则减少为 18.78 万～60.71 万 hm²。根据前述用地变化趋势分析，城市建设用地的增长主要源自居住用地，其次为工业用地和城市第三产业用地，究其原因是乡村向城市转移人口不断增多，加上部分城市居民改善住房条件，从而产生巨大住房需求，而产业增长对土地开发的部分需求则被地均产值提升而抵消。其次，就 2020—2050 年城镇化水平每提高 1% 所需城市建设用地而言，经济低、中速增长情景中逐渐下降，分别由 13.35 万 hm²、16.03 万 hm² 减少至 6.73 万 hm² 和 14.42 万 hm²，经济高速增长情景中则有所增长，由 18.06 万 hm² 提升至 20.32 万 hm²。这表明土地对城镇化的主控作用将有所减弱，仅靠大规模土地开发和投入难以持续推进城镇化高质量发展。

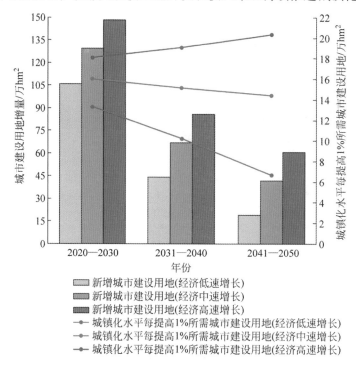

图 8-4　土地资源约束的中国城镇化 SD 模型新增城市建设用地模拟（2020—2050 年）

8.3.5　结论与讨论

通过整合土地利用与经济、人口等城镇化要素的关系，突出了土地在城镇化过程中的主控作用，构建了基于土地利用的中国城镇化 SD 模型，实现了对中国未来快速城镇化过程中土地资源利用的多情景模拟和预测。主要结论如下：

（1）基于存流量检验和灵敏度分析结果，本节所构建的基于土地利用的中国城镇化 SD 模拟模型有效，能够用于预测和模拟未来中国城镇化与土地资源利用。

（2）按照《全国国土规划纲要（2016—2030 年）》国家基本农田维持在 18.25 亿亩不减少的要求，到 2050 年需补充 83.17 万 hm² ~ 412.67 万 hm² 耕地资源。这是因为耕地在未来城镇化进程中将呈现为减少趋势，在经济低、中、高速增长情景中，2050 年耕地保有量将分别减少为 12366.60 万 hm²、12083.50 万 hm² 和 11754.00 万 hm²。

（3）随着城镇化水平提高，建设用地总量将随之增长，具体体现为：到 2050 年，如果中国城镇化水平达到 78%，建设用地相比 2020 年需净增 155.87 万 ~ 342.88 万 hm²，建设用地总量达 4007.29 万 ~ 4214.25 万 hm²。

（4）在 2020—2050 年间，生态用地数量表现为先增加后减少，其中：林地显著增加，2050 年时约为 29406.60 万 ~ 30733.80 万 hm²，牧草地减少为 25784.50 万 ~ 27809.90 万 hm²，水域略有增加，面积约为 4283.89 万 ~ 4464.90 万 hm²。

（5）尽管模型充分考虑了土地利用与城镇化的联系，但受限于部分数据获取和模型可操作性，尚有诸多要素未能纳入模型之中，未来还应考虑更多主控因子，构建融合更多要素的 SD 模型。

8.4 基于能源约束的中国城镇化 SD 模型模拟[①]

顾朝林 叶信岳 曹祺文 管卫华 彭　翀 吴宇彤 翟　炜

8.4.1 数据

本节主要数据来自 1949—2008 年《中国统计资料汇编》《中国统计年鉴》《中国能源统计年鉴》《国家环境统计公报》以及包括国家发展和改革委员会、交通运输部以及中国国家能源局在内的政府机构的调查数据。机动车的平均行驶距离和燃料数据来自《中国汽车能源展望 2012》。由于香港、澳门和台湾的数据缺失，因此 SD 模型仅涵盖中国大陆。以下各节对子系统进行了说明，该模型中的变量和方程式在第 5 章附录 B 中进行了详细说明。研究期为 1998—2050 年，使用 Vensim 软件进行模型构建。

8.4.2 情景设置

为了比较 2015—2050 年不同情景下中国城镇化、能源和环境状况的演变，使用了 8 个参数：第一产业增长、第二产业增长、第三产业增长、煤炭生产增长率、石油生产

① 本节引自：Gu C L，Ye X Y，Cao Q W，Guan W H，Peng C，Wu Y T，Zhai W，2020. System dynamics modelling of urbanization under energy constraints in China［J］. Nature Research, Scientific Report, 2020（10）. http: doi.org/10.1038/S41598-020-66125-3. 李功自始至终参与本研究，特此致谢！

增长率、天然气产量增长率、非化石能源产量增长率以及燃料驱动汽车的数量。设计了三种发展情景：加速经济发展情景（AED），减排约束情景（ERC）和低碳导向发展情景（LOD），如表 8-11 所示。AED 方案反映了中国的高能耗路径；ERC 情景显示化石能源大幅减少，但没有其他能源政策；LOD 场景是通过大幅度增加非化石能源供应同时显著减少化石能源的方式，通过产业结构调整能源结构（表 8-11）。每个变量的初始值设置为 2015 年的初始值，其中 1 年为时间间隔。

表 8-11　基于能源约束的中国城镇化 SD 模型 3 种情景模拟参数

参　　数		情　　景		
		持续经济发展（AED）	减排约束（ERC）	低碳导向发展（LOD）
产出增长率 /%	第一产业	4.0	3.0	3.0
	第二产业	7.0	5.0	5.0
	第三产业	8.0	6.0	8.0
化石能源产量增长率 /%	煤	采用历史数据	0.47（2015—2030 年） 0.98（2031—2050 年）	0.47（2015—2030 年） 0.98（2031—2050 年）
	石油	采用历史数据	4.75（2015—2030 年） 3.61（2031—2050 年）	4.75（2015—2030 年） 3.61（2031—2050 年）
	天然气	采用历史数据	5.67（2015—2030 年） 0.65（2031—2050 年）	5.67（2015—2030 年） 0.65（2031—2050 年）
非化石能源产量增长率 /%		采用历史数据	不变	7.64
机动车政策		采用历史数据	不变	到 2035 年逐步淘汰化石燃料汽车的生产和销售

1. 持续经济发展情景

新兴经济体和发展中经济体都表现出与能源消耗快速激增相关的城镇化步伐（Shahbaz et al., 2013）。能源对经济增长和城镇化至关重要。在 AED 情景下，煤炭、石油、天然气和非化石能源的产量将进一步上升。化石能源仍然是中国能源的主要来源。随着能源需求的增长，能源供应将大大增加。自 2015 年以来，中国进入了调整经济结构的新常态经济发展模式，因此预计不久的将来 GDP 的增长率将不超过 8%（Gu et al., 2017；Asif and Muneer, 2007）。第一产业、第二产业和第三产业的增长率是根据对中国经济增长预测的现有研究确定的，而其他 5 个变量使用的是 1998—2015 年中国的历史平均增长率。因此，增长率第一产业、第二产业和第三产业的产值分别估计为 4%、7% 和 8%。

2. 减排约束情景

中国迫切需要通过严格的环境和能源政策来减少对化石燃料的依赖，特别是考虑到中国化石能源的储量有限的情况（Musa et al.，2018）。中国工程院的中长期能源发展战略研究项目组使用综合评估模型预测，到 2050 年，基准情景下的能源消耗将为 66.57 亿 tec（吨标准煤），低碳情景下为 52.50 亿 tec，50.14 亿 tec（低碳情景下）（China Energy Medium and Long Term Development Strategy Research Project Team，2011）。许多其他研究预测，2050 年的总能源消耗将在 51.89 亿 ~ 89.33 亿 tec 之间（Fan and Li，2011；Jiang, Hu and Liu，2009；Shi et al.，2014）。因此，在 2030—2035 年，中国化石能源消耗和产能峰值将约为 32.76 亿 ~ 49.35 亿 tec（China Energy Long-term Development Strategy Research Project Team，2011；2050 CEACER，2009）。考虑到总能耗的预测以及化石能源在总能源中所占比例的趋势，在 ERC 情景下，化石能源生产的峰值将在 2030 年达到 38 亿 tec，然后在 2050 年降至 29.5 亿 tec。煤炭、石油和天然气的增长率是基于此假设设定的。随着化石燃料供应的减少，第一产业工业产值、第二产业工业产值和第三产业工业产值的增长率也将放缓，以控制能源需求并实现能源供求平衡。

3. 低碳导向发展情景

低碳导向发展情景涉及能源结构的优化以降低对化石能源的依赖（Zhou et al.，2019）。化石能源生产的增长率已经大大降低，但是非化石能源的增长率很高，以确保总能源供应能够满足社会经济发展的需求。根据国家发展和改革委员会能源研究所的《中国 2050 年高可再生能源普及率情景和路线图研究》，到 2050 年，可再生能源将占总能源消耗的 60%。

交通运输是能源消耗和碳排放的主要来源，因此提倡低碳出行非常重要。英国和法国已宣布到 2040 年起全面禁止汽油和柴油动力汽车。在 2030 年环境保护项目中，德国要求严格控制汽车的 CO_2 排放，从 2030 年起只销售零排放汽车。在 2015 年，中国已成为世界上排放量最大的国家和最大的新能源汽车产销市场。在未来，中国的新能源汽车将逐步取代燃料汽车，禁止销售燃油汽车有望在 2035 年实施（Xin，2017）。因此，这种情况将规范机动车的数量。此外，中国可能会通过加速发展服务业来优化产业结构。

8.4.3 结果 1

应用 1998—2015 年的数据验证 SD 模型，第 5 章表 5-14 显示：

（1）城镇化水平与人口：实际值与模拟值之间的差距小于 1.0%。

（2）第三产业产值（1990 年不变价）：除 2013 年误差 6.5% 以上外，其余均在 3.5% 以内。第三产业基础薄弱，生产服务业发展相对缓慢，但随着政府政策的发展而不断发展。

（3）GDP（1990 年不变价格）：平均误差为 2.67%，实际值大于模拟值。这表明中国经济在此期间的增长快于预期。特别是在 2007 年、2008 年和 2015 年，实际 GDP 比模拟值高出 5.0% 以上。

从三次产业看，第一产业的实际产值比模拟的要少，平均误差为 7.29%，尤其是在 2007—2009 年期间超过 5.0%，在 2000—2006 年期间超过 10.0%，表明这一时期的农业部门出现明显的负增长。同期，第二产业产值的实际值大于模拟值，平均误差为 5.53%，2006—2011 年期间的平均误差大于 7.0%，2007—2008 年期间的平均误差大于 10.0%，表明这些期间，工业化进程明显加快。

从能源生产也可以看到这种趋势。通常，实际产量大于模拟量，平均误差为 7.6%，尤其是 2004—2008 年与 2010—2011 年和 2015 年的平均误差大于 10.0%。自 1998 年以来，与工业部门的生产相比，能源生产已实现了"数量增加并确保供应"的目标。由于中国的煤炭资源丰富且民营煤炭公司的数量众多，因此实际煤炭产量要比模拟的要大很多。在 2000—2002 年以及 2013 年和 2015 年实际煤炭产量超出了模拟值 6.9%～9.8%，尤其是 2004—2012 年超过 10.0%。

由于国有企业控制着中国的石油资源和采矿业，实际产出与模拟产出之间几乎没有差异，平均误差仅为 1.56%。天然气是中国的一种新型能源，受到国家政策的极大影响，实际产量大于模拟产量，平均误差为 7.33%。在 2006 年和 2011 年这些经济快速增长的年份中，此类误差达到 11.0%～13.6%。在 2007—2010 年间，这一比例甚至超过了 15.0%，在 2008 年更是达到了 20.17%。对于非化石能源生产，实际产量要比模拟的要小，平均误差为 3.6%，尤其是 2011 年平均误差要低 8.7%，这表明非化石能源的发展不如预期。在能耗方面，实际输出大于模拟输出，平均误差为 6.12%。除了 1998—1999 年的 11.0%～15.0% 和 2004—2006 年的 2008—2008 年的 5.0% 外，其余均不到 5%。

从第一产业、第二产业、第三产业的能源消耗来看，实际能源消耗量大于模拟量，平均误差为 7.04%。特别是在 1998—1999 年和 2004—2006 年经济快速增长期间，实际消费量比模拟值高 10.0%～15.97%。即使在 2007—2008 年的金融危机中，实际消费也比模拟消费高 8.4%。但是，在 2015 年实际能源消费量比模拟量减少了 18.8%，说明中国的生产和经济已进入低增长阶段，这也能从东北和山东省的经济衰退和整体能源需求萎缩得到验证。除了 2002 年的实际能耗不到模拟值的 10.39% 外，大多数年份居民的实际能源消耗量都比模拟值大，平均误差为 3.81%。就能耗吨标准煤而言，大多数年份的误差在 4% 以内，平均误差为 5.19%。居民消费和交通领域能源的持续增长实际上与政府自 2000 年以来推动加快城镇化进程相一致。

8.4.4　结果 2

1. 城镇化水平

在系统仿真中实现了三种替代政策方案，相应的城镇化水平如图 8-5（a）和表 8-12 所示。在持续经济发展（AED）情景下，GDP 总量将从 2015 年的 19.7 万亿元增加到 2050 年的 221.1 万亿元，年增长率为 7.1%。中国的城镇化水平将在 2035 年达到 70.0%，在 2050 年达到 76.79%。但是，在减排约束（ERC）情景下，经济增长速度将放慢且大幅减少能源需求。与持续经济发展（AED）情景相比，到 2050 年，减排约束（ERC）情景下的 GDP 增长率仅为持续经济发展（AED）情景的 57.72%。在这种情况下，中国城镇化的增长率也会随着经济增长的放缓而下降。到 2035 年，城镇化水平将达到 69.59%，到 2050 年将达到 75.96%。在低碳导向发展（LOD）情景下，非化石能源的增长满足快速的能源总供应需求，对促进城镇化和经济发展大有帮助，城镇化水平预计到 2050 年将达到 76.41%。

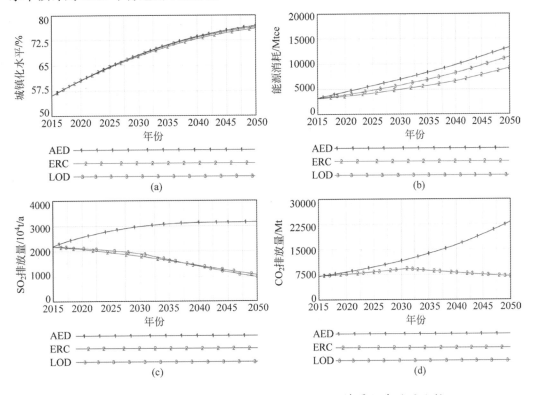

图 8-5   基于能源约束的中国城镇化 SD 模型情景仿真结果比较

2. 能源供求

图 8-5（b）和表 8-12 分别给出了不同部门的总能耗和能源需求的仿真结果。在持续经济发展（AED）情景下，能源消耗总量将从 2015 年的 4126.16Mtce 增加到 2050 年的 13313.46Mtce，增加了 2.23 倍。第一产业、第二产业和第三产业的能源消耗极大地影响了最终的能源消耗。由于重化工业的转型和技术进步，单位 GDP 能耗将逐步下降，工业能耗增速趋于放缓。工业能耗的比重将从 2015 年的 78.03% 降低到 2050 年的 61.78%，而家庭生活耗能的比重将从 2015 年的 12.32% 增长到 2050 年的 33.24%（4425.74Mtce）。运输能源的总量消费量 2050 年将达到 662.41Mtce，是 2015 年的 1.66 倍。

表 8-12　基于能源约束的中国城镇化 SD 模型三种情景模拟值

指标	单位	持续经济发展（AED）情景				减排约束（ERC）情景				低碳导向发展（LOD）情景			
		2015	2020	2035	2050	2015	2020	2035	2050	2015	2020	2035	2050
GDP 总量	万亿元	19.72	28.78	89.37	221.10	19.72	24.81	42.64	127.63	19.72	26.67	71.63	171.97
城镇化水平	%	56.09	60.67	70.00	76.79	56.09	60.56	69.59	75.96	56.09	60.66	71.00	76.41
能源消耗总量	Mtce	4126.16	4521.54	8353.86	13313.46	4126.16	4238.78	5750.57	9238.31	4126.16	4407.88	6929.79	11416.15
工业能耗	Mtce	3219.48	3370.45	5841.15	8225.31	3219.48	3209.56	3658.51	5784.85	3219.48	3321.66	4742.39	7094.85
	%	78.03	74.54	69.92	61.78	78.03	75.72	63.62	62.62	78.03	75.36	68.43	62.15
家庭生活耗能	Mtce	508.46	699.89	1893.74	4425.74	508.46	611.33	1301.38	2816.01	508.46	658.74	1678.91	3682.58
	%	12.32	15.47	22.67	33.24	12.32	14.42	22.63	30.48	12.32	14.94	24.23	32.26
运输能耗	Mtce	398.22	451.20	618.98	662.41	398.22	417.89	579.62	637.45	398.22	427.48	605.62	638.72
	%	9.65	9.98	7.41	4.98	9.65	9.86	10.08	6.90	9.65	9.70	8.74	5.59
煤	Mtce	2610.02	3084.94	3646.27	8411.29	2610.02	2673.21	2707.86	2332.90	2610.02	2673.21	2707.86	2332.90
	%	72.10	71.03	58.89	60.78	72.10	67.13	51.83	35.97	72.10	65.95	45.34	23.47
油	Mtce	307.70	331.48	414.43	518.13	307.70	388.10	558.42	321.87	307.70	388.10	558.41	321.87
	%	8.50	7.63	6.69	3.74	8.50	9.75	10.69	4.96	8.50	9.57	9.35	3.24
天然气	Mtce	177.38	239.62	590.73	1456.34	177.38	233.71	417.59	378.37	177.38	233.71	417.59	378.37
	%	4.90	5.52	9.54	10.52	4.90	5.87	7.99	5.83	4.90	5.77	6.99	3.81
非化石能源	Mtce	524.90	687.00	1540.3	3453.30	524.90	687.00	1540.3	3453.3	524.90	758.48	2288.5	6904.87
	%	14.50	15.82	24.88	24.95	14.50	17.25	29.48	53.24	14.50	18.71	38.32	69.48
CO_2 排放量	十亿 t	7.15	8.31	13.73	23.22	7.15	7.69	8.62	7.07	7.15	7.69	8.76	7.07
SO_2 排放量	Mt	21.97	25.68	30.92	31.67	21.97	17.18	16.29	10.70	21.97	19.77	16.57	9.79

在受化石能源供应限制的减排约束（ERC）情景中，能源消耗总量为 9238.31Mtce，比 2050 年的持续经济发展（AED）情景少 30.45%。到 2050 年，第一产业、第二产业和第三产业中的能源消耗占总能耗的比重将达到少 63%。与持续经济发展（AED）情景相比，到 2050 年，家庭生活耗能占一次能源消费总量的比重下降 3.35%，占一次能源消费总量的 30.05%。

在低碳导向发展（LOD）情景下，2050 年的总能耗将达到 11416.15Mtce。其中，家庭生活耗能将达到 3682.58Mtce，其占一次能源消费总量的比重在 2050 年比减排约束（ERC）情景增加了 1.78%。由于禁止燃油汽车的政策，运输能耗占总能耗的比重将下降 1.31%。

表 8-12 还给出了 2015—2050 年能源供应的结构变化。中国的能源使用结构因情景而异。在持续经济发展（AED）情景下，2050 年的煤炭供应量将是 2015 年的 3.22 倍，仍然表现为强劲的增长趋势，而且仍然领先于其他能源供应量，达到 60.78%。石油的总供应量有所增加，但在能源结构中的份额却在下降。天然气供应需求迅速飙升，将占 2050 年总能源供应量的 10.52%。非化石能源将从 2015 年的 14.47% 增长到 2050 年的 25.1%。

关于减排约束（ERC）情景的能源供应结构，占总能源供应的各种化石能源比例会大大下降。其中，煤炭供应占能源供应总量的比重在 2050 年为 35.97%，比 2015 年下降 36.13 个百分点；石油和天然气在能源供应中的比重在 2050 年分别为 4.96% 和 5.83%。化石能源的供应量将在 2030 年达到顶峰。然后，随着国内资源量的逐渐减少，对外部能源的依赖将增加，到 2050 年将达到 23.7%。

在低碳导向发展（LOD）情景下，煤炭、石油和天然气的供应量将与减排约束（ERC）情景下的供应量几乎相同。然而，由于非化石能源供应的显著增长，化石能源在能源结构中的比例将进一步下降。减排约束（ERC）情景和低碳导向发展（LOD）情景之间的主要区别在于：它们对中国的未来能源结构做出了不同的假设。尽管两种情景中的化石能源量相同，但由于低碳导向发展（LOD）情景中的非化石能源产量大幅增加，因此低碳导向发展（LOD）情景中的总能源供应量比减排约束（ERC）情景高 37.36%，可以更好地满足中国社会经济发展的需求。相应地，外部能源依赖性也从减排约束（ERC）情景中的 29.78% 下降到 14.8%，从而确保了国家能源安全。

3. 能源对环境的影响

图 8-5（c），图 8-5（d）和表 8-12 分别列出了不同情景的 CO_2 和 SO_2 排放值。由于中国能源消费的持续快速增长以及化石能源在能源结构中的主导作用，能源消费产生的 CO_2 排放量将从 2015 年的 71.5 亿 t 增加到 2050 年的 232.2 亿 t，这将进一步加剧中国的 CO_2 排放量持续经济发展（AED）情景中的 CO_2 减排压力。到 2050 年，燃煤产生的 SO_2 排放量将达到 31.67Mt，这是对环境的又一重大危害因素。但是，在减排约

束（ERC）情景和低碳导向发展（LOD）情景中，化石能源的总量受到控制，到 2050 年，由能源消耗引起的 CO_2 排放仅有 70.7 亿 t，比 AED 模式减少 69.55%，相当于 AED 模式 2015 年的水平。到 2020 年，每万元 GDP 的 CO_2 排放量将仅为 28.87t。减排约束（ERC）情景中的 SO_2 排放量减少到 10.70Mt，仅为持续经济发展（AED）情景中的 33.78%。由于单位煤的 SO_2 去除率比减排约束（ERC）情景提高了 2.3%，因此低碳导向发展（LOD）情景中的 SO_2 排放将降至 9.79Mt。

总之，在持续经济发展（AED）情景下，快速的经济增长和充足的能源供应将加速中国城镇化的发展。但是，这种模式不仅忽略了化石能源供应能力增长有限的事实，而且还施加了巨大的环境压力。尽管减排约束（ERC）情景将大大减少 CO_2 排放，但也阻碍了经济的快速增长和城镇化。此外，随着能源供需缺口的增加，中国将面临过度依赖外部能源的风险。可以肯定地得出结论，在以低碳导向发展（LOD）情景下，可以清楚地说明实现城镇化健康快速发展的理想模式，即优先发展可再生能源、优化能源结构以及改善家庭生活方式，将实现 CO_2 排放量的减少，环境保护和社会经济的可持续发展。

8.4.5　讨论与结论

最近，许多研究机构和国内外专家对中国经济、城镇化和能源结构的趋势进行了广泛研究（表 8-13）。通过对照，本研究得出如下重要数据：GDP 的年增长率估计，在 2010—2035 年间为 5.5%～7.0%，在 2035—2050 年为 4.0%～6.0%，在 2050 年之后将低于 3%。城镇化水平在 2035 年将达到 70%～72%，到 2050 年超过 75%。能源消耗总量在 2035 年将达到 5000～6000Mtce，2050 年达到 6000～6500Mtce。煤炭消耗将从 2015 年的 63.0% 降至 2050 年 45% 以下，石油从 20% 降至约 15%，天然气从 5.5% 提升到约 12%，非化石能源从约 10% 降至约 30%。到 2050 年，CO_2 排放量也将从约 80 亿 t 降至约 50 亿 t。通过能源城镇化 SD 模型，设定 GDP 增长率（第一产业增长率为 3%～4%；第二产业增长率为 5%～7%；第三产业增长率为 6%～8%）以实现城镇化水平为 75.0%～80.0%。到 2035 年，能源消耗总量将达到 5750.57～8353.86Mtce，到 2050 年将达到 9238.31～13313.46Mtce。假如 2050 年中国非化石能源使用达到 65% 左右，那么 2050 年 CO_2 排放将达到约 70.7 亿 t。

能源不仅是中国城镇化的必要动力，而且是实现全球 CO_2 减排任务的城镇化制约因素（Weidou and Johansson，2004；Huang et al.，2019）。为了估算 2015—2050 年中国的城镇化发展、能源需求和环境状况，本节开发由 4 个子模型组成的综合 SD 模型（Richardson，2014），其有效性已通过使用 1998—2015 年的数据进行的模拟和敏感性分析得到了模型强壮（鲁棒性）证实，模拟结果表明，低碳导向情景（LOD）需要有效的能源规划和管理政策。

表 8-13 中国经济、城镇化和能源结构的趋势

主要指标	年份				资料来源（参考文献标号）
	2015	2020	2035	2050	
GDP 年增长率/%	8.6	8.0	6.0		（Zhuang et al., 2012）
		7.0	5.0		（Joint Research Group of the World Bank and the Development Research Center of the State Council, 2012）
	7.0~8.4	5.7~7.2	4.3~5.9		（Li and Liu, 2011）
		6.1~7.0	5.0~6.2		（Eichengreen et al., 2011）
		6.28	3.94	2.98	（Bai and Zhang, 2017）
		5.32~5.55（2021—2030年）	3.71~4.38（2031—2040年）	1.54~2.80（2041—2049）年	（Sheng and Zheng, 2017）
		5~6（2019—2028年）			（Liu, 2019）
城镇化水平/%			70.0~72.0	75.0~80.0	（Gu, 2019）
		55.9	70.12（2030年）		（Sun et al., 2017）
		60.34	68.38（2030年）	81.63	（Gao and Wei, 2013）
		55	62（2030年）	68	（Lu and Fan, 2009）
能源消耗总量/Mtce		4000~4200	4500~4800	5500~5800	（China Energy Medium and Long Term Development Strategy Research Project Team, 2011）
	3552.35~4124.96	4038.89~5398.89	5106.92~8421.21		（Li and Liu, 2011）
	3809~4095	4662	5324	6342	（Fan and Li, 2011）
		4105~4718	4273~6115	3425~6153	（Yuan et al., 2014）
		5595~5977	6741~9868	6476~10980	（U.S. Energy Information Administration （EIA）, 2013）
		5345	6674		（British, 2012）
		4191~6499	4125~10188	3560~13463	（Shen et al., 2015）

续表

主要指标	年份				资料来源（参考文献标号）
	2015	2020	2035	2050	
运输总能耗/Mtce		414.92~487.54	689.24~771.69（2030 年）		（Yang and Shi，2017）
居民总能耗/Mtce		427.60~433.21	449.95~459.99（2030 年）		（Yang and Shi，2017）
煤/%	63~63.6	55~57	44~52	32~34	（China Energy Medium and Long Term Development Strategy Research Project Team，2011）
		58~60	51~53	45~47	（Yuan et al.，2014）
	64.1	61.4	53.9	47.3	（Zhu et al.，2009）
油/%	18.5	18	16.5	15	（Yuan et al.，2014）
	20.3	20.1	19.7	19	（Zhu et al.，2009）
天然气/%	6.5	7.0	8.5	10	（Yuan et al.，2014）
	5.4	6.7	10.1	13.1	（Zhu et al.，2009）
非化石能源/%	11.4~12	15.95~16.75	26.04~27.78	38.79~40.90	（China Energy Medium and Long Term Development Strategy Research Project Team，2011）
	10.2	15~17	22~24	28~30	（Yuan et al.，2014）
		11.8	16.4	20.6	（Zhu et al.，2009）
			9~12	7	（China Energy Medium and Long Term Development Strategy Research Project Team，2011）
CO_2 排放量/10 亿 t	7.815~9.620	8.286~12.270	9.628~18.205		（Li and Liu，2011）
	7.669~8.248	7.690~9.072	7.166~10.660	5.218~9.774	（Yuan et al.，2014）
		8.865~10.163	8.323~11.358（2030 年）		（Ouyang and Lin，2017）

因此，"研究的优先重点是开展新的综合研究，旨在闭环：将社会经济和环境系统充分联系起来，并了解其动态相互作用和反馈"（Keune et al.，2013）。本节探讨了3种城镇化模型对能源消耗和排放的影响：持续经济发展（AED）情景、减排约束（ERC）情景和低碳导向（LOD）情景。我们的研究结果表明，在持续经济发展（ADE）情景下，尽管面临着环境恶化和日益增加的 CO_2 减排压力，中国的城镇化水平仍可能达到76.79%。在减排约束（ERC）情景下，中国的 CO_2 排放量将达到 70.7 亿 t，但这将对中国经济发展和城镇化的潜在速度产生负面影响，到 2050 年 GDP 比 AED 情景下降42.27%，城镇化下降 0.83 个百分点。低碳导向（LOD）情景是结合快速城镇化（2050年中国的城镇化水平将达到 76.41%）、低碳排放目标和生态友好型环境而实现可持续发展的理想选择。在 3 种情景下，工业能源消耗都是中国城镇化的重要主控要素。城镇化导致居民能源消费快速增长，到 2050 年将占总能源消费的 30.48% ~ 33.31%，成为仅次于工业能源消费的第二大能源消费部门。中国非化石能源产能的能源需求将从2016 年的 14.5% 增长到 2050 年的 53.24% ~ 69.48%。

为了实现与快速城镇化相关的向低碳转型的范式转变，需要采取以下关键措施：

（1）通过科技创新促进能源强度的降低。迫切需要改善所有行业的技术创新，以促进能源强度的降低和 CO_2 排放量的减少。

（2）低碳家庭对于实现城镇化的低碳转型至关重要。尽管中国与发达国家的人均能耗差距仍然很大，但已达到发达国家的人均能耗水平排名前 10% 的位置。在未来 10 ~ 20 年中，能源、环境以及适应气候变化的挑战将挑战中国城市的社会和经济发展。特别是，中国当前的城镇化模式与过度的能源消耗和环境破坏有关。随着科学技术的进步，这 3 个行业的能源强度和工业能源消耗在总消耗中的比重也将下降。随着城镇化水平的提高，城市人口规模逐渐增加，城市人均能耗大大高于农村地区。面对日益严峻的资源和环境问题，实施低碳城镇化转型至关重要。一方面，低碳经济的发展可以避免碳锁定和路径依赖以及高能耗工业生产和城市基础设施的出现；另一方面，控制城市能源消耗对中国应对日益严重的能源危机和气候变化至关重要。需要引导家庭能源消耗，并积极促进太阳能、风能、沼气和其他清洁可再生能源的使用。

（3）采取一系列技术和体制措施以促进新能源发展至关重要。应优先建立非燃料能源供应能力。建立集成的能源供应系统也很重要。此外，也需要认识中国地理差异的存在可能的节能策略的重要性（Dhakal，2009）。

本节中设置的 3 种情景是中国最可能的 3 种发展路径，肯定还存在其他情景，例如：

（1）不考虑经济发展强劲而直接向低碳（非碳基）能源转移的情景（A Scenario with Robust Economic Development and a Concurrent Shift to Low-carbon Resources）。

（2）不包括石油和天然气（程度较小的煤炭）产量大幅增长的低碳发展情景（a Low-carbon Development Scenario That Does Not Include Very Large Growth in Production of Oil and Gas or/and to a Lesser Degree Coal）。

这些情景将在后续研究中逐步展开。

（翻译：顾朝林）

第 9 章　资源环境—能源约束下城镇化 SD 模型软件系统

管卫华　曹祺文　李　玏　顾朝林

9.1　资源环境约束下城镇化 SD 模型软件及模型构建

9.1.1　资源环境约束下城镇化 SD 模型软件

系统动力学（System Dynamics，SD）模型是建立在控制论、系统论和信息论基础上的，以反映反馈系统结构、功能和动态行为特征的一类动力学模型，其突出的特点是擅长处理非线性、复杂性、长期性和时变性等系统耦合问题。它通过对系统结构的分析和计算机仿真来反映复杂系统结构、功能和动态行为之间的相互作用关系，从而考察该系统在不同条件下（不同参数或不同策略因素）的变化行为和趋势，以达到提供决策的目的（王其藩，1994；何春阳等，2005）。城市化过程是一个复杂巨系统，它不仅包括了自然环境系统，而且以社会文化系统为主体，具备运用系统动力学方法进行研究的基本特征。同时，传统的管理、组织理论和各类系统相应的基本理论为建立城市系统动力学模型提供了信息、经验和判断依据，它们与反馈理论融合即可提炼出系统的动力学模型，现代的计算机仿真技术提供了廉价、有力的仿真计算手段，使我们能够根据模型方便地分析系统动态行为、评价政策，从而达到政策分析及优选目的（桂寿平，2003）。本章采用的是美国 Ventana 公司推出的在 Windows 操作平台下运行的系统动力学专用软件包 Vensim PLE 的 7.2 版本，Vensim PLE 是 Vensim 软件的一种，是为了更便于学习系统动力学而设计的。Vensim 软件是一个可视化的建模工具，提供了用因果关系、流位、流率图建立模拟模型的简便方法。通过使用该软件可以对系统动力学模型进行构思、模拟、分析和优化，同时可以形成文档资料。Vensim 可以对模型进行结构分析和数据集分析，其中结构分析包括原因树分析、结果树分析和反馈环列表分析，数据集分析包括变量随时间变化的数据值及曲线分析（贾仁安等，2002）。

Vensim 的用户界面是标准的 Windows 应用程序界面，除支持菜单和快捷键外，还提供多个工具条或图标，这使用户操作非常方便，进入 Vensim 软件目录后，用鼠标左键双击执行文件 Venple 即进入主菜单。图 9-1 是 Vensim PLE 的主窗口，其中主要有标题栏、菜单栏、主工具条、图形工具条、分析工具条和字体工具条，分别在模型构建中起到不同的功能作用。

图 9-1　Vensim PLE 的主窗口

9.1.2　资源环境约束下城镇化 SD 模型构建过程

系统动力学仿真模型建立的一般过程如图 9-2 所示（贾仁安等，2002）：

资源环境约束下城镇化 SD 模型是在模型建立窗口，主要过程是画出简化流图，然后输入参数和方程。

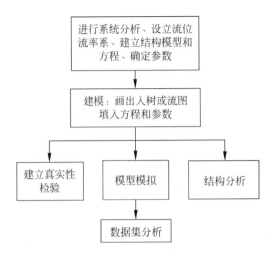

图 9-2 使用 Vensim 软件处理问题的一般过程

首先，在主菜单 File 下，选择 New Model 命令，开始建立生态环境—能源约束下城镇化 SD 模型或者对模型的模拟时段进行修改，跳出窗口用来设置和修改模型仿真运行的 Initial Time（初始时间）、Final Time（结束时间）、Units for Time（时间单位）、Time Step（时间步长）和 Saveper（数据记录步长）等，这些就是控制语句的值，是构建模型的前提和初始条件。在生态环境—能源约束下城镇化 SD 模型中选取设置 1998 年为初始年份，2016 年为结束年份，步长为 1 年进行模型的模拟，再选取设置 2016 年为初始年份，2050 年为结束年份，步长为 1 年进行 2016—2050 年相关数据指标的预测（图 9-3）。

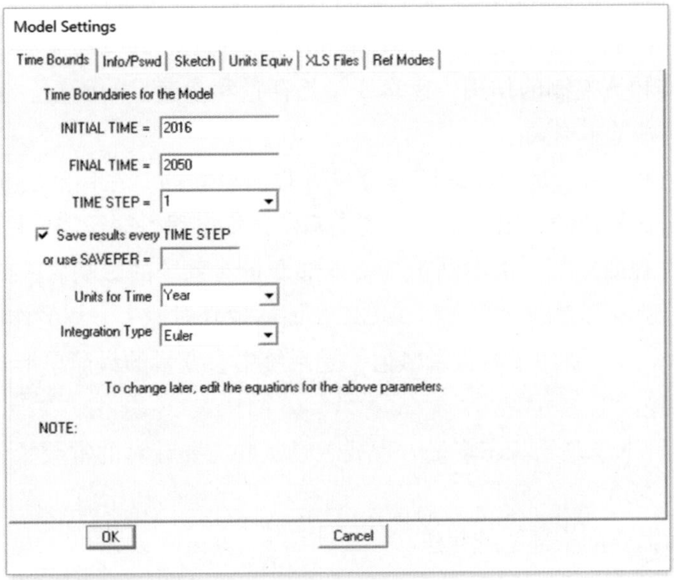

图 9-3 模型设置对话框（2016—2050 年）

在对系统进行分析后，运用 Vensim PLE 软件的流图工具条中所选工具来建立结构模型，通过确立流位流率系中各变量的因果关系，选择 Arrow 箭头工具可以建立各变量之间的因果连线。通过选择流图工具条的 Comment 注释按钮所示的注释对话框对流图加注释，给变量命名和单位。选择变量、函数、数字和运算符构成方程，进行方程和参数的输入，当模型中的所有变量的方程参数输入完毕后，整个模型就已建立，就可以单击主工具栏的 Simulate 按钮进行模拟分析了。

9.2 资源环境约束下城镇化 SD 模型方程

系统动力学流图描绘了复杂系统的组织结构，但在描绘定性因果关系的基础上，还需要把流图转换成数学方程。系统动力学方程形成的过程，就是流图转换成描述变量间函数关系的数学模拟方程的公式化过程。

9.2.1 模型方程类型

系统动力学模型中常用方程主要有状态变量方程（L）、流速变量方程（R）、辅助变量方程（A）、常量方程（C）、初始值方程（N）及表函数方程（T）等。

状态变量方程（L）又称水平方程、流位变量方程、存量方程或积累量方程。一个状态变量方程就像是一个蓄水池，流入的流率引起存量的增加，流出的流率导致存量的减少。在系统中，水平变量起到积累的作用，决定了它的输入和输出流率，因而，状态变量的变化是系统动力学的核心（蔡林，2008）。

流速变量方程（R）是表示系统中流的流动速度，即系统中水平变量变化的强度。流速方程的输出控制着水平变量的增减和各水平变量之间的实物流动，因而速率方程起到对系统内实物流控制的作用，速率变量是存量和参变量的函数。速率包括流入速率和流出速率两种基本形式。

辅助变量方程（A）是为简化流速变量方程而设立的。在实际的系统中，速率变量的影响因素是很复杂的。用一个表达式来确定速率方程，往往需要用多层函数嵌套，这不利于流速方程的编写，也不利于观察外部变量对系统的影响。因此，通过辅助方程将速率方程分解成几个独立的方程，可以全面体现其对速率方程的作用。

常量方程（C）主要用于给常量赋值，是系统中参变量的最简单形式，它与存量共同决定流率的变化。

初始值方程（N）是给状态变量方程或者是某些需要计算的常数赋予初始值，所有模型中的状态变量方程必须赋予初始值。这些状态变量的初始值，提供了决定即将发生的速率变量所需要的全部系统状态。

表函数是自变量与因变量的关系通过列表给出的函数。当不能用函数、辅助方程来定义系统中某些变量间的非线性关系，或者是常量在模拟过程中需要改变其值的时候，可以使用表函数。

9.2.2 主要方程

资源环境约束下城镇化 SD 系统主要由经济子系统、人口—社会子系统、能源子系统、水资源子系统、土地资源子系统构成。在各子系统的方程中，部分变量可通过调整时间表函数中不同时段的参数值和有关初始值，以反映系统在 1998—2050 年不同阶段或情景的趋势特征。下面介绍各子系统方程。

1. 经济子系统

（001）人均 GDP= 国内生产总值 / 总人口

Units：亿元 / 万人

（002）固定资产投资 =EXP（-7.8376）*（国内生产总值 ^1.6249）

Units：亿元

（003）国内生产总值 = 第一产业产值 + 城市生产总值

Units：亿元

（004）城市人均可支配收入 =0.0378* 国内生产总值 +1287

Units：元 / 人

（005）城市生产总值 = 第二产业产值 + 第三产业产值

Units：亿元

（006）城市第三产业资本存量 = 第三产业资本存量比例 * 总资本存量

Units：亿元

（007）城市第二产业资本存量 = 第二产业资本存量比例 * 总资本存量

Units：亿元

（008）外商直接投资金额 =1712*（Time-1998+1）^0.113

Units：亿元

（009）实际第三产业产值增长率 = 年第三产业增长值 /（第三产业产值 - 年第三产业增长值）

Units：Dmnl

（010）实际第二产业产值增长率 = 年第二产业增长值 /（第二产业产值 - 年第二产业增长值）

Units：Dmnl

（011）工业占二产比例系数 =IF THEN ELSE（（Time<=2008），（-0.0003*（（Time-1997）^2）+0.0042*（Time-1997）+0.88），IF THEN ELSE（（（Time>=2009）：AND：（Time<=2016）），0.862172*（1-0.004）^（Time-2009），0.836698*（1-0.004）^（Time-2016）））

Units：Dmnl

（012）工业增加值 = 第二产业产值 * 工业占二产比例系数

Units：亿元

（013）年第三产业增长值 = 第三产业产值增长率 *（1- 第三产业产值 / 第三产业最大产值）*EXP（2.75943）*（第三产业劳动力 ^0.0921972）*（城市第三产业资本存量 ^0.189613）*（城市第三产业用地 ^1.33509）* 水资源约束因子 * 能源约束因子

Units：亿元 / 年

（014）年第二产业增长值 = 第二产业产值增长率 *（1- 第二产业产值 / 第二产业最大产量）*EXP（-2.98246）*（第二产业劳动力 ^0.714527）*（城市第二产业资本存量 ^0.21854）*（工业用地 ^0.925121）* 水资源约束因子 * 能源约束因子

Units：亿元 / 年

（015）总资本存量 = 总资本存量年增加值

Units：亿元

（016）总资本存量年增加值 = 国内生产总值 * 积累率

Units：亿元 / 年

（017）第一产业产值 = 第一产业增长值

Units：亿元

（018）第一产业产值增长率（[（1998，0）-（2050，0.08）]，（1998，0.0207），（2003，0.0207），（2004，0.0765），（2008，0.0765），（2009，0.0696），（2013，0.0696），（2014，0.041），（2015，0.041），（2016，0.043382），（2050，0.043382））

Units：Dmnl

（019）第一产业增长值 = 第一产业产值增长率 *（1- 第一产业产值 / 第一产业最大产值）*EXP（8.98363）*（第一产业劳动力 ^-0.59454）*（第一产业资本存量 ^0.202799）*（农用地 ^0.416622）* 水资源约束因子

Units：亿元

（020）第一产业最大产值 =500000

Units：亿元

（021）第一产业资本存量 = 总资本存量 * 第一产业资本存量比例

Units：亿元

（022）第一产业资本存量比例 =0.0177239

Units：Dmnl

（023）第三产业产值 = 年第三产业增长值

Units：亿元

（024）第三产业产值增长率（[（0，0）-（2050，10）]，（1998，0.13），（2002，0.11），（2003，0.0942782），（2007，0.170026），（2008，0.11），（2015，0.11），（2016，0.06953），（2050，0.06953））

Units：Dmnl

（025）第三产业固定投资 = 固定资产投资 * 第三产业固定投资比例

Units：亿元

（026）第三产业固定投资比例（[（1998，0.5）-（2050，0.8）]，（1998，0.669725），（2002，0.711951），（2003，0.586014），（2008，0.525392），（2009，0.540756），（2016，0.582962），（2050，0.7899）)

Units：Dmnl

（027）第三产业最大产值 =2e+06

Units：亿元

（028）积累率（[（0，0）-（2050，10）]，（1998，0.333424），（2016，0.816），（2050，0.816））

Units：Dmnl

（029）第三产业资本存量比例 =0.5

Units：Dmnl

（030）第二产业产值 = 年第二产业增长值

Units：亿元

（031）第二产业产值增长率（[（1998，0）-（2050，0.2）]，（1998，0.0705），（2002，0.0705），（2003，0.12848），（2007，0.12848），（2011，0.11），（2012，0.044），（2015，0.044），（2016，0.045594），（2050，0.045594））

Units：Dmnl

（032）第二产业最大产量 =2e+06

Units：亿元

（033）第二产业资本存量比例 =1- 第 - 产业资本存量比例 - 第三产业资本存量比例

Units：Dmnl

2. 人口—社会子系统

（034）乡村 0-14 岁人口 = 年乡村人口出生量 - 乡村 0-14 岁人口死亡 - 乡村 0-14 岁转出人口 - 乡村 15-64 岁人口增量

Units：万人

（035）乡村 0-14 岁人口死亡 = 乡村 0-14 岁人口 * 乡村 0-14 岁人口死亡率

Units：万人

（036）乡村 0-14 岁人口死亡率 =IF THEN ELSE（（（ -0.0008 ）*LN（Time-1998+1）+0.0029）>=0.0005，（ -0.0008 ）*LN（Time-1998+1）+0.0029，0.0005）

Units：Dmnl

（037）乡村 0-14 岁人口比例 = 乡村 0-14 岁人口 / 乡村人口

Units：Dmnl

（038）乡村 0-14 岁转出人口 = 年乡村转移城市人口量 * 乡村 0-14 岁人口比例

Units：万人

（039）乡村 14 岁人口死亡率 =3.7e-05

Units：Dmnl

（040）乡村 14 岁人口比例（[（0，0）-（2050，10）]，（1998，0.06），（2004，0.1），（2005，0.09），（2016，0.06），（2050，0.06））

Units：Dmnl

（041）乡村 15-64 岁人口 = 乡村 15-64 岁人口增量 - 乡村 15-64 岁人口死亡 - 乡村 65 岁及以上人口增量 - 乡村 15-64 岁转出人口

Units：万人

（042）乡村 15-64 岁人口增量 = 乡村 0-14 岁人口 *（乡村 14 岁人口比例 - 乡村 14 岁人口死亡率）

Units：万人

（043）乡村 15-64 岁人口死亡 = 乡村 15-64 岁人口 * 乡村 15-64 岁人口死亡率

Units：万人

（044）乡村 15-64 岁人口死亡率（[（0，0）-（2050，10）]，（1998，0.00347851），（2007，0.00311345），（2015，0.00305911），（2016，0.00305911），（2050，0.003））

Units：Dmnl

（045）乡村 15-64 岁人口比例 = 乡村 15-64 岁人口 / 乡村人口

Units：Dmnl

（046）乡村 15-64 岁转出人口 = 年乡村转移城市人口量 * 乡村 15-64 岁人口比例

Units：万人

（047）乡村 64 岁人口死亡率（[（0，0）-（2050，10）]，（1998，0.000150728），（2002，0.000251292），（2003，0.000170377），（2009，0.000170377），（2010，0.000194661），（2016，0.00019461），（2050，0.00019））

Units：Dmnl

（048）乡村 64 岁人口比例（[（1998，0）-（2050，0.04）]，（1998，0.00945682），（2015，0.017），（2016，0.018），（2025，0.024），（2030，0.024），（2050，0.021））

Units：Dmnl

（049）乡村 65 岁及以上人口 = 乡村 65 岁及以上人口增量 - 乡村 65 岁及以上转出人口 - 乡村老龄人口死亡

Units：万人

（050）乡村 65 岁及以上人口增量 = 乡村 15-64 岁人口 *（乡村 64 岁人口比例 - 乡

村 64 岁人口死亡率 *0.01）

Units：

（051）乡村 65 岁及以上人口死亡率（[（1998,0）-（2050,0.06）]，（1998,0.0560146），（2005，0.047694），（2006，0.0408843），（2014，0.0497756），（2016，0.0408325），（2025，0.037），（2030，0.037），（2050，0.036））

Units：Dmnl

（052）乡村 65 岁及以上转出人口 = 年乡村转移城市人口量 * 乡村老龄人口比例

Units：万人

（053）乡村人口 = 乡村 0-14 岁人口 + 乡村 15-64 岁人口 + 乡村 65 岁及以上人口

Units：万人

（054）乡村人口出生率 =（0.009* 乡村总和生育率 + 0.017）* 人口增长阻滞系数

Units：Dmnl

（055）乡村总和生育率 =0.8807* 总和生育率 + 0.4175

Units：Dmnl

（056）乡村老龄人口死亡 = 乡村 65 岁及以上人口 * 乡村 65 岁及以上人口死亡率

Units：万人

（057）乡村老龄人口比例 = 乡村 65 岁及以上人口 / 乡村人口

Units：Dmnl

（058）人口增长阻滞系数 =（1- 总人口 / 最大人口承载量）* 水资源约束因子

Units：Dmnl

（059）农业劳动力迁移速度 =（第一产业劳动力增长率 -（农业劳动力需求 /（第一产业劳动力 - 年第一产业劳动力增长）-1））* 城市化率因子

Units：Dmnl

（060）农业劳动力需求 =（第一产业产值 *10000）/（农业劳动生产率 *（1+ 农业劳动生产率增长速度））

Units：万人

（061）农业劳动生产率 =（第一产业产值 *10000）/ 第一产业劳动力

Units：元 / 人

（062）农业劳动生产率增长速度 =0.0791273

Units：Dmnl

（063）初期城市万人拥有卫生技术人员数 =36.4

Units：人 / 万人

（064）初期城市产业劳动力需求 =35460

Units：万人

（065）初期城市教育师资水平 =405.455

Units：人 / 万人

（066）医疗因子 =1

Units：Dmnl

（067）城市 0-14 岁人口 = 城市转入 0-14 岁人口 + 年城市人口出生量 - 城市 0-14 岁人口死亡 - 城市 15-64 岁人口增量

Units：万人

（068）城市 0-14 岁人口死亡 = 城市 0-14 岁人口 * 城市 0-14 岁人口死亡率

Units：万人

（069）城市 0-14 岁人口死亡率（[（0,0）-（2050,10）],（1998,0.00120786）,（2008, 0.000554404）,（2016, 0.000202224）,（2050, 0.000202224））

Units：Dmnl

（070）城市 14 岁人口死亡率 =1.87e-05

Units：Dmnl

（071）城市 14 岁人口比例（[（0,0）-（2050,10）],（1998,0.068）,（2009,0.08）, （2010,0.07）,（2016,0.0574）,（2050,0.0574））

Units：Dmnl

（072）城市 15-64 岁人口 = 城市转入 15-64 岁人口 + 城市 15-64 岁人口增量 - 城市 15-64 岁人口死亡 - 城市 65 岁及以上人口增量

Units：万人

（073）城市 15-64 岁人口增量 = 城市 0-14 岁人口 *（城市 14 岁人口比例 - 城市 14 岁人口死亡率）

Units：万人

（074）城市 15-64 岁人口死亡 = 城市 15-64 岁人口 * 城市 15-64 岁人口死亡率

Units：Dmnl

（075）城市 15-64 岁人口死亡率 =IF THEN ELSE（（（0.0002*EXP（-0.029*（Time-1998+1）））>=0.0001，0.0002*EXP（-0.029*（Time-1998+1）），0.0001）

Units：Dmnl

（076）城市 64 岁人口死亡率 =-3e-05*LN（Time-1998+1）+ 0.001

Units：Dmnl

（077）城市 64 岁人口比例（[（1998，0）-（2050，0.04）],（1998，0.0100877）, （2002，0.0100877）,（2003，0.0093305）,（2012，0.0093305）,（2013，0.0113197）,（2015， 0.0113197）,（2016，0.0128618）,（2025，0.032）,（2030，0.032）,（2050，0.023））

Units：Dmnl

（078）城市 65 岁及以上人口 = 城市 65 岁及以上人口增量 + 城市转入 65 岁及以上人口 - 城市老龄人口死亡

Units：万人

（079）城市 65 岁及以上人口增量 = 城市 15-64 岁人口 *（城市 64 岁人口比例 - 城市 64 岁人口死亡率）

Units：万人

（080）城市 65 岁及以上人口死亡率（[（1998，0.02）-（2050，0.04）]，（1998，0.039607），（2016，0.0273189），（2025，0.038），（2030，0.038），（2050，0.036））

Units：Dmnl

（081）城市万人拥有医生数增长系数 = 城市万人拥有卫生技术人员数 / 初期城市万人拥有卫生技术人员数

Units：Dmnl

（082）城市万人拥有卫生技术人员数 = 城市卫生技术人员数 *10000/ 城市人口

Units：人 / 万人

（083）城市中小学万名学生拥有教师数 =（城市中小学教师数 *10000）/ 城市中小学学生数

Units：人 / 万人

（084）城市中小学学生数 =EXP（0.1415）*（城市人口 ^0.8256）

Units：万人

（085）城市中小学师资增长系数 = 城市中小学万名学生拥有教师数 / 初期城市教育师资水平

Units：Dmnl

（086）城市中小学教师数 =EXP（-6.5736）*（城市人口 ^1.1763）* 教育因子

Units：万人

（087）城市产业劳动力需求 = 第二产业劳动力需求 + 第三产业劳动力需求

Units：万人

（088）城市产业劳动力需求因子 = 城市产业劳动力需求增长系数

Units：Dmnl

（089）城市产业劳动力需求增长系数 = 城市产业劳动力需求 / 初期城市产业劳动力需求

Units：Dmnl

（090）城市人口 = 城市 0-14 岁人口 + 城市 15-64 岁人口 + 城市 65 岁及以上人口

Units：万人

（091）城市人口出生率 =（0.0192* 城市总和生育率 + 0.004）* 人口增长阻滞系数

Units：Dmnl

（092）城市化率 = 城市人口 / 总人口 *100

Units：Dmnl

（093）城市化率因子（[（30，-0.2）-（90，2）]，（30，1.18），（40，1.13），（50，1.08），（60，0.9），（70，0.65），（75，0.45），（80，0.25），（85，0.05），（90，-0.1））

Units：Dmnl

（094）城市医疗水平 = 城市万人拥有医生数增长系数（[（0.5，0）-（3，2）]，（0.5，0.9），（0.9，0.92），（0.93，0.95），（0.96，0.98），（0.99，1），（1，1），（1.2，1.05），（1.3，1.1），（1.4，1.15），（1.5，1.2），（1.68132，1.23），（2，1.23），（3，1.25））

Units：Dmnl

（095）城市卫生技术人员数 =EXP（-14.684）*（城市人口 ^1.8371）* 医疗因子

Units：万人

（096）城市总和生育率 =0.896* 总和生育率 -0.1

Units：Dmnl

（097）城市教育水平因子 = 城市中小学师资增长系数（[（0.9，0.3）-（3，0.6）]，（0.9，0.37），（0.95，0.38），（0.99，0.39），（1，0.41），（2，0.51），（3，0.56））

Units：Dmnl

（098）城市老龄人口死亡 = 城市 65 岁及以上人口 * 城市 65 岁及以上人口死亡率

Units：万人

（099）城市老龄人口比例 = 城市 65 岁及以上人口 / 城市人口

Units：Dmnl

（100）城市转入 0-14 岁人口 = 乡村 0-14 岁转出人口

Units：万人

（101）城市转入 15-64 岁人口 = 乡村 15-64 岁转出人口

Units：万人

（102）城市转入 65 岁及以上人口 = 乡村 65 岁及以上转出人口

Units：万人

（103）年乡村人口出生量 = 乡村人口 * 乡村人口出生率

Units：万人

（104）年乡村转移城市人口量 = 城市产业劳动力需求因子 * 农业劳动力迁移速度 * 第一产业劳动力 * 城市教育水平因子 * 城市医疗水平 * 水资源约束因子

Units：万人

（105）年城市人口出生量 = 城市人口 * 城市人口出生率

Units：万人

（106）年第一产业劳动力增长 = 第一产业就业人员系数 * 乡村 15-64 岁人口 * 第一产业劳动力增长率

Units：万人

（107）总人口 = 乡村人口 + 城市人口

Units：万人

（108）总和生育率（[（1998，0）-（2050，3）]，（1998，1.48785），（2001，1.0096），（2002，1.39966），（2009，1.39966），（2010，1.18522），（2015，1.185），（2016，1.6），（2050，1.6））

Units：Dmnl

（109）教育因子 =1

Units：Dmnl

（110）最大人口承载量 =220000

Units：万人

（111）第一产业劳动力 = 年第一产业劳动力增长

Units：万人

（112）第一产业劳动力增长率（[（0，-0.04）-（2050，10）]，（1998，0.009），（2002，0.009），（2003，-0.0386714），（2015，-0.0386714），（2016，-0.02），（2050，-0.019））

Units：Dmnl

（113）第一产业就业人员系数（[（1998，0）-（2050，0.7）]，（1998，0.64），（2005，0.69），（2006，0.61），（2016，0.53），（2050，0.320036））

Units：Dmnl

（114）第三产业从业人员增长率 =0.031

Units：Dmnl

（115）第三产业从业人员系数（[（0，0）-（2050，10）]，（1998，0.637），（2003，0.55），（2004，0.57），（2009，0.55），（2010，0.504），（2016，0.562），（2050，0.562））

Units：Dmnl

（116）第三产业劳动力 = 第三产业劳动力增加量

Units：万人

（117）第三产业劳动力增加量 = 城市 15-64 岁人口 * 第三产业从业人员系数 * 第三产业从业人员增长率

Units：万人 / 年

（118）第三产业劳动力需求 = 第三产业劳动力 *（1+ 实际第三产业产值增长率 - 第三产业劳动生产率增长率）

Units：万人

（119）第三产业劳动生产率增长率 =0.087

Units：Dmnl

（120）第二产业从业人员增长率（[（0，-0.02）-（2050，10）]，（1998，-0.010593），（2002，-0.010593），（2003，0.052），（2007，0.052），（2008，0.029），（2012，0.029），（2013，-0.00970264），（2016，-0.00970264），（2050，-0.00970264））

Units：Dmnl

（121）第二产业劳动力 = 第二产业劳动力增加量

Units：万人

（122）第二产业劳动力增加量 = 城市 15-64 岁人口 * 第二产业从业人员增长率 * 第二产业就业人员系数

Units：万人 / 年

（123）第二产业劳动力需求 = 第二产业劳动力 *（1+ 实际第二产业产值增长率 - 第二产业劳动生产率增长率）

Units：万人

（124）第二产业劳动生产率增长率 =0.069

Units：Dmnl

（125）第二产业固定投资比例（[（1998，0）-（2050，0.5）]，（1998，0.317177），（2002，0.261589），（2003，0.384251），（2004，0.407797），（2007，0.445325），（2008，0.445304））

Units：Dmnl

（126）第二产业固定资产投资 = 固定资产投资 * 第二产业固定投资比例

Units：亿元

（127）第二产业就业人员系数（[（0，0）-（2050，10）]，（1998，0.560565），（2003，0.405353），（2004，0.416542），（2007，0.451854），（2016，0.371993），（2050，0.340222））

Units：Dmnl

（128）老龄人口总数 = 乡村 65 岁及以上人口 + 城市 65 岁及以上人口

Units：万人

（129）老龄人口比例 = 老龄人口总数 / 总人口

Units：Dmnl

3. 能源子系统

（130）三次产业能源消费量 = 国内生产总值 * 产业能源消耗强度

Units：万吨标准煤

（131）上年科研产出 =IF THEN ELSE（Time<=2015，DELAY1I（科研产出，1，67889），DELAY1I（科研产出，1，1.75376e+06））

Units：件

（132）二氧化硫产生量 =2* 终端煤炭消费量 * 终端煤炭二氧化硫转化率 * 煤中全硫份含量 + 2* 电力耗煤量 * 电力二氧化硫转化率 * 煤中全硫份含量

Units：万吨

（133）二氧化硫去除量 = 二氧化硫产生量 * 单位煤炭脱硫效率

Units：万吨

（134）二氧化硫排放量 = 二氧化硫产生量 - 二氧化硫去除量

Units：万吨

（135）产业能源消耗强度 =IF THEN ELSE（（Time<=2015），2.56077*（1-0.0189652* 科技进步因子）^（Time-1998），（1.61188*（1-0.0189652* 科技进步因子）^（Time-2016）））

Units：万吨标准煤 / 亿元

（136）人均机动车拥有量 =0.68*EXP（-5.0947*EXP（-1.0716* 人均 GDP））* 机动车政策干预

Units：万辆 / 万人

（137）农村人均生活能源消费量 =0.2556*LN（农村人均纯收入）-1.7115

Units：万吨标准煤 / 万人

（138）农村人均纯收入 =806.76*EXP（7e-06* 国内生产总值）

Units：元 / 人

（139）农村生活能源消费量 = 乡村人口 * 农村人均生活能源消费量

Units：万吨标准煤

（140）化石能源生产量 = 天然气生产量 + 煤炭生产量 + 石油生产量

Units：万吨标准煤

（141）单位煤炭脱硫效率 =IF THEN ELSE（Time<=2002，0.04，0.2385*LN（Time-2002+1）- 0.0593）

Units：Dmnl

（142）城市人均生活能源消费量 =0.161*LN（城市人均可支配收入）-1.0842

Units：万吨标准煤 / 万人

（143）城市生活能源消费量 = 城市人口 * 城市人均生活能源消费量

Units：万吨标准煤

（144）天然气生产增量 = 天然气生产量 * 天然气生产增长率

Units：万吨标准煤 / 年

（145）天然气生产增长率（[（0，0）-（2050，10）]，（1998，0.105），（2003，0.105），（2004，0.19），（2008，0.19），（2009，0.0661531），（2015，0.0661531），（2016，0.0315091），（2050，0.0315091））

Units：Dmnl

（146）天然气生产量 = 天然气生产增量

Units：万吨标准煤

（147）天然气碳排放系数 =0.4241

Units：万吨 / 万吨标准煤

（148）天然气碳排放量 = 天然气生产量 * 天然气碳排放系数

Units：万吨

（149）机动车保有量 = 人均机动车拥有量 * 总人口

Units：万辆

（150）机动车政策干预 =1

Units：Dmnl

（151）机动车能源消耗量 =11921*LN（机动车保有量）-87055

Units：万吨标准煤

（152）煤中全硫份含量 =0.01

Units：Dmnl

（153）煤炭生产增量 = 煤炭生产增长率 * 煤炭生产量

Units：万吨标准煤 / 年

（154）煤炭生产增长率 =（[（1998，-0.04）-（2050，0.2）]，（1998，0.0468618），（2002，0.0468618），（2003，0.158041），（2005，0.158041），（2006，0.055），（2013，0.055），（2014，-0.0366991），（2015，-0.0366991），（2016，0.019），（2029，0.019），（2030，-0.0199683），（2050，-0.0199683））

Units：Dmnl

（155）煤炭生产量 = 煤炭生产增量

Units：万吨标准煤

（156）煤炭碳排放系数 =0.7266

Units：万吨 / 万吨标准煤

（157）煤炭碳排放量 = 煤炭生产量 * 煤炭碳排放系数

Units：万吨

（158）生活能源消费量 = 农村生活能源消费量 + 城市生活能源消费量

Units：万吨标准煤

（159）石油生产增量 = 石油生产增长率 * 石油生产量

Units：万吨标准煤 / 年

（160）石油生产增长率（[（0，-0.04）-（2050，10）]，（1998，0.0108499），（2003，0.0108499），（2004，0.02），（2015，0.02），（2016，0.0522197），（2029，0.0522197），（2030，-0.0089604），（2050，-0.0089604））

Units：Dmnl

（161）石油生产量 = 石油生产增量

Units：万吨标准煤

（162）石油碳排放系数 =0.5588

Units：万吨 / 万吨标准煤

（163）石油碳排放量 = 石油生产量 * 石油碳排放系数

Units：万吨

（164）研究与试验发展经费支出 =EXP（-11.938）*（国内生产总值）^1.6675

Units：亿元

（165）碳排放量 = 天然气碳排放量 + 煤炭碳排放量 + 石油碳排放量

Units：万吨

（166）科技人员全时当量 =EXP（-7.2124）*（国内生产总值 ^1.0782）

Units：万人年

（167）科技进步因子 = 科研产出 / 上年科研产出

Units：Dmnl

（168）科研产出 =EXP（2.92468）*（科技人员全时当量 ^1.68977）*（外商直接投资金额 ^0.0360902）*（研究与试验发展经费支出 ^0.123637）

Units：件

（169）能源供应量 = 能源生产量 + 能源进口量 - 能源出口量

Units：万吨标准煤

（170）能源供需缺口 =IF THEN ELSE（（能源消费量 - 能源供应量）>=0，能源消费量 - 能源供应量，0）

Units：万吨标准煤

（171）能源出口占能源生产比重（[（0,0）-（2050,10）],（1998,0.053443）,（2001,0.081533）,（2011,0.024837）,（2012,0.0210061）,（2015,0.0270668）,（2016,0.0345512）,（2050，0.0345512））

Units：万吨标准煤

（172）能源出口量 = 能源生产量 * 能源出口占能源生产比重

Units：万吨标准煤

（173）能源消费量 = 三次产业能源消费量 + 机动车能源消耗量 + 生活能源消费量

Units：万吨标准煤

（174）能源生产量 = 化石能源生产量 + 非化石能源生产量

Units：万吨标准煤

（175）能源短缺程度 = 能源供需缺口 / 能源消费量

Units：Dmnl

（176）能源约束因子 =（[（0，0.8）-（3，1）]，（0，1），（0.05，0.98），（0.1，0.95），（0.2，0.9），（0.3，0.85），（0.4，0.85），（3，0.85））

Units：Dmnl

（177）能源进口占能源供应量比例（[（0，0）-（2050，10）]，（1998，0.0677），（1999，0.0677），（2000，0.1396），（2008，0.1396），（2009，0.21133），（2016，0.21133），（2050，0.3））

Units：Dmnl

（178）能源进口量 =（能源生产量 - 能源出口量）/（1- 能源进口占能源供应量比例）* 能源进口占能源供应量比例

Units：万吨标准煤

（179）非化石能源生产增量 = 非化石能源生产增长率 * 非化石能源生产量

Units：万吨标准煤 / 年

（180）非化石能源生产增长率（[（1998，0）-（2050，0.2）]，（1998，0.111189），（2015，0.111189），（2016，0.038009），（2050，0.038009））

Units：Dmnl

（181）非化石能源生产量 = 非化石能源生产增量

Units：万吨标准煤

（182）终端煤炭二氧化硫转化率 =0.8

Units：万吨 / 万吨标准煤

（183）终端煤炭消费量 =0.35* 煤炭生产量

Units：万吨标准煤

4. 水资源子系统

（184）万元工业增加值需水量 =IF THEN ELSE（（Time<=2002），656.883*（1+ 万元工业增加值需水量变化率）^（Time-1998），IF THEN ELSE（（Time>=2003）：AND：（Time<=2012），449.635 *（1+ 万元工业增加值需水量变化率）^（Time-2003），IF THEN ELSE（（Time>=2013）：AND：（Time<=2015），217.744*（1+ 万元工业增加值需水量变化率）^（Time-2013），185.1 *（1+ 万元工业增加值需水量变化率）^（Time-2016））））

Units：亿 m³/ 万元

（185）万元工业增加值需水量变化率（[（0，-7）-（2050，10）]，（1998，-0.06912），（2002，-0.06912），（2003，-0.07655），（2012，-0.07655），（2013，-0.044），（2015，-0.044），（2016，-0.04），（2050，-0.04））

Units：Dmnl

（186）再生水回用系数（[（0,0）-（2050,10）],（1998,0.008567），（2007,0.028554），（2008，0.037958），（2016，0.0759827），（2030，0.17），（2050，0.24））

Units：Dmnl

（187）再生水资源量 = 污水排放总量 * 再生水回用系数

Units：亿 m³

（188）农业需水 = 农田灌溉需水 + 林牧渔业用水

Units：亿 m³

（189）农业需水比例 = 农业需水 / 需水总量

Units：Dmnl

（190）农村人均生活需水定额（[（0，0）-（2050，200）],（1998,78.5704），（2002，86.8323），（2003，71.9774），（2009，79.9791），（2010，94.1484），（2011，93.0974），（2012，78.5229），（2016，85.9708），（2030，92），（2050，107））

Units：L/d

（191）农村生活需水 =（农村人均生活需水定额 *0.001*365）*（乡村人口 *10000）/1e+08

Units：万吨标准煤 / 万人

（192）农田灌溉定额 =IF THEN ELSE（（Time<=2008），（6514.66*（1+ 农田灌溉定额变化率）^（Time-1998）),IF THEN ELSE（（（Time>=2009）:AND:（Time<=2015）），（5610.33*（1+ 农田灌溉定额变化率）^（Time-2009）），（5036.63*（1+ 农田灌溉定额变化率）^（Time-2016）））))

Units：m³/ 公顷

（193）农田灌溉定额变化率（[（1998，-0.02）-（2050，-0.007）],（1998，-0.01384），（2016，-0.01384），（2017，-0.00777633），（2030，-0.00777633），（2050，-0.009））

Units：Dmnl

（194）农田灌溉需水 = 农田灌溉定额 * 有效灌溉面积 /10000

Units：亿 m³

（195）可开发利用水资源 = 水资源总量 * 水资源开发利用率

Units：亿 m³

（196）地下水资源量 =8160.29

Units：亿 m³

（197）地表水与地下水资源重复量 =7126.03

Units：亿 m³

（198）地表水资源量 =27078

Units：亿 m³

（199）城镇人均生活需水定额（[（0，0）-（2050，300）]，（1998，200.48），（2002，202.301），（2003，224.4），（2009，232.268），（2010，218.923），（2011，224.796），（2012，214.695），（2013，211.608），（2016，219.925），（2030，237），（2050，257））

Units：L/d

（200）城镇生活需水 =（城镇人均生活需水定额 *0.001*365）*（城市人口 * 10000）/1e+08

Units：亿 m^3

（201）境外调配水资源 =0

Units：亿 m^3

（202）工业废水排放总量 = 工业需水 * 工业废水排放系数

Units：亿吨

（203）工业废水排放系数 =IF THEN ELSE（（Time<=2004），0.1769，IF THEN ELSE（（（Time>=2005）：AND：（Time<=2015）），（0.1892*（1+ 工业废水排放系数年变化率）^（Time-2005）），（0.1498*（1+ 工业废水排放系数年变化率）^（Time-2016））））

Units：Dmnl

（204）工业废水排放系数年变化率（[（0，-0.03）-（3000，10）]，（1998，0），（2004，0），（2005，-0.0206），（2015，-0.0206），（2016，-0.02），（2050，-0.02））

Units：Dmnl

（205）工业需水 = 工业增加值 * 万元工业增加值需水量 /10000

Units：亿 m^3

（206）工业需水比例 = 工业需水 / 需水总量

Units：Dmnl

（207）年生态环境需水变化量 = 生态环境需水 * 生态环境需水年综合增长率

Units：亿 m^3

（208）有效灌溉系数 =IF THEN ELSE（（Time<=2008），（0.007*（Time-1997）+0.3973），（0.0088*（Time-2008）+0.4254））

Units：Dmnl

（209）有效灌溉面积 = 有效灌溉系数 * 耕地

Units：万公顷

（210）林牧渔业用水 =（林地 + 牧草地 + 水域）* 林牧渔灌溉定额 /10000

Units：亿 m^3

（211）林牧渔灌溉定额（[（0，0）-（2050，90）]，（1998，65.5878），（2002，65.5878），（2003，57.0474），（2004，65.2395），（2011，65.2395），（2012，86.5139），（2013，66.2514），（2016，66.254），（2050，66.2514））

Units：m³/ 公顷

（212）水资源供给总量 =IF THEN ELSE （（（ 可开发利用水资源 + 再生水资源量 +
海水淡化量 + 集雨工程水量 + 境外调配水资源 ）>= 水资源供给总量控制 ）, 水资源供
给总量控制，（ 可开发利用水资源 + 再生水资源量 + 海水淡化量 + 集雨工程水量 + 境外
调配水资源 ））

Units：亿 m³

（213）水资源供给总量控制 （[（ 1998,6000 ）-（ 2050,7000 ）], （ 1998,6500 ）,（ 2020,
6500 ）,（ 2050,6900 ））

Units：亿 m³

（214）水资源供需缺口 = 需水总量 - 水资源供给总量

Units：亿 m³

（215）水资源开发利用率 （[（ 1998, 0 ）-（ 2050,0.3 ）, （ 1998,0.192706 ）, （ 2004,
0.194739 ）,（ 2008,0.205048 ）,（ 2016,0.214554 ）,（ 2020,0.23833 ）,（ 2030,0.249001 ）,
（ 2040,0.259673 ）,（ 2050,0.245 ）], （ 1998,0.194739 ）,（ 2004,0.194739 ）,（ 2005,0.205048 ）,
（ 2008, 0.205048 ）,（ 2009, 0.214554 ）,（ 2015, 0.214554 ）,（ 2016, 0.214554 ）,（ 2030,
0.235 ）,（ 2050, 0.245 ））

Units：亿 m³

（216）水资源总量 = 地表水资源量 + 地下水资源量 - 地表水与地下水资源重复量

Units：亿 m³

（217）水资源约束因子 =1- 缺水程度

Units：Dmnl

（218）污水排放总量 = 工业废水排放总量 + 生活污水排放总量

Units：亿 m³

（219）海水淡化量 （[（ 1998, 0 ）-（ 2050, 20 ）], （ 1998,0.01 ）,（ 1999,0.02 ）,（ 2000,
0.03 ）,（ 2006, 0.1 ）,（ 2008, 0.2 ）,（ 2009, 0.3 ）,（ 2010, 0.4 ）,（ 2012, 1.1 ）,（ 2014,
2.166 ）,（ 2020, 8.03 ）,（ 2030, 10.95 ）,（ 2040, 14.6 ）,（ 2050, 18.25 ））

Units：亿 m³

（220）生态环境需水 = 年生态环境需水变化量

Units：亿 m³

（221）生态环境需水年综合增长率 （[（ 0, 0 ）-（ 2050,10 ）], （ 1998,0.046 ）,（ 2015,
0.046 ）,（ 2016,0.04 ）,（ 2050, 0.04 ））

Units：Dmnl

（222）生态环境需水比例 = 生态环境需水 / 需水总量

Units：Dmnl

（223）生活污水排放总量 = 生活需水 * 生活污水排放系数

Units：亿吨

（224）生活污水排放系数 =IF THEN ELSE（（Time<=2011），（0.3587*（1+生活污水排放系数年变化率）^（Time-1998）），IF THEN ELSE（（（Time>=2012）：AND：（Time<=2015）），（0.6237*（1+生活污水排放系数年变化率）^（Time-2012）），（0.6926 *（1+生活污水排放系数年变化率）^（Time-2016））））

Units：Dmnl

（225）生活污水排放系数年变化率（[（0,-0.04）-（2050,10）],（1998,0.0325771），（2011,0.0325771），（2012,0.0265824），（2015,0.0265824），（2016,-0.01），（2050,-0.01））

Units：

（226）生活需水 = 城镇生活需水 + 农村生活需水

Units：亿 m^3

（227）生活需水比例 = 生活需水 / 需水总量

Units：Dmnl

（228）缺水程度 =IF THEN ELSE（水资源供需缺口 >=0，水资源供需缺口 / 需水总量，0）

Units：Dmnl

（229）集雨工程水量 =8.516

Units：亿 m^3

（230）需水总量 = 农业需水 + 工业需水 + 生活需水 + 生态环境需水

Units：亿 m^3

5. 土地资源子系统

（231）人均住房建筑面积（[（0，0）-（2050，70）],（1998，18.7），（2001，20.8），（2002，24.5），（2010，31.6），（2011，32.7），（2015，34.6），（2016，36.6），（2050，69.5732））

Units：平方米

（232）人均其他城市用地规模（[（0,0）-（2050,10）],（1998,0.00102239），（2011,0.00141987），（2012,0.00166029），（2016,0.00159945），（2050,0.00169406））

Units：万公顷 / 万人

（233）人均森林占有量 =IF THEN ELSE（（Time<=2001），（0.191012*（1+人均森林占有量年变化率）^（Time-1998）），（IF THEN ELSE（（（Time>=2002）：AND：（Time<=2008）），（0.188014*（1+人均森林占有量年变化率）^（Time-2002）），（IF THEN ELSE（（（Time>=2009）：AND：（Time<=2015）），（0.201395*（1+人均森林占有量年变化率）^（Time-2009）），（0.193225*（1+人均森林占有量年变化率）^（Time-

2016 ）））））））

Units：万公顷 / 万人

（234）人均森林占有量年变化率（[（1998，-0.008）-（2050，-0）]，（1998，-0.00543271），（2001，-0.00543271），（2002，-0.0011966），（2008，-0.0011966），（2009，-0.00581892），（2015，-0.005819），（2016，-0.0058），（2050，-0.0058））

Units：Dmnl

（235）人均水产品需求年增长率（[（0，0）-（2050，10）]，（1998，0.0314035），（2001，0.0314035），（2002，0.0304788），（2008，0.0304788），（2009，0.040821），（2015，0.04082），（2016，0.0385），（2050，0.0385））

Units：Dmnl

（236）人均水产品需求量 IF THEN ELSE（（Time<=2001），（0.0271131*（1+ 人均水产品需求年增长率）^（Time-1998）），IF THEN ELSE（（（Time>=2002）：AND：（Time<=2008）），（0.0307884*（1+ 人均水产品需求年增长率）^（Time-2002）），（IF THEN ELSE（（（Time>=2009）：AND：（Time<=2015）），（0.0383*（1+ 人均水产品需求年增长率）^（Time-2009）），（0.0499*（1+ 人均水产品需求年增长率）^（Time-2016）））））））

Units：万吨 / 万人

（237）人均畜肉需求年增长率（[（0，0）-（2050，10）]，（1998，0.0177648），（2001，0.0177648），（2002，0.0285656），（2008，0.0285656），（2009，0.0113572），（2016，0.0113572），（2050，0.0113572））

Units：Dmnl

（238）人均畜肉需求量 =IF THEN ELSE（（Time<=2001），（2.62319*（1+ 人均畜肉需求年增长率）^（Time-1998）），（IF THEN ELSE（（（Time>=2002）：AND：（Time<=2008）），（2.83947*（1+ 人均畜肉需求年增长率）^（Time-2002）），（IF THEN ELSE（（（Time>=2009）：AND：（Time<=2015）），（3.33105*（1+ 人均畜肉需求年增长率）^（Time-2009）），（3.60332*（1+ 人均畜肉需求年增长率）^（Time-2016））））））））

Units：Dmnl

（239）人均粮食占有量（[（1998，300）-（2014，700）]，（1998，410.625），（1999，404.171），（2000，364.655），（2003，333.286），（2004，361.164），（2009，397.768），（2010，407.542），（2011，423），（2014，443.791），（2015，450），（2016，445.683），（2050，626.82））

Units：公斤

（240）住房建筑面积需求 = 城市人口 *10000* 人均住房建筑面积 /1e+06/100

Units：万公顷

（241）其他土地 = 土地面积—城市第三产业用地—居住用地—工业用地—林地—

水域—牧草地—耕地—道路交通设施用地—村镇建设用地—其他城市用地

　　Units：万公顷

　　（242）其他城市用地 = 人均其他城市用地规模 * 城市人口 * 建设用地集约利用因子

　　Units：万公顷

　　（243）农村人均建设用地（[（1998，0）-（2050，0.2）]，（1998，0.0300805），（2008，0.0382589），（2009，0.0428919），（2016，0.0539095），（2050，0.11））

　　Units：万公顷 / 万人

　　（244）农用地 = 耕地 + 林地 + 牧草地 + 水域

　　Units：万公顷

　　（245）单位面积牧草地畜肉产量 =IF THEN ELSE（（Time<=2001），（12.3175*（1+ 畜肉单产增长率）^（Time-1998）），（IF THEN ELSE（（（Time>=2002）：AND：（Time<=2008）），（13.8409*（1+ 畜肉单产增长率）^（Time-2002）），（IF THEN ELSE（（（Time>=2009）：AND：（Time<=2015）），（15.4719*（1+ 畜肉单产增长率）^（Time-2009）），（17.4036*（1+ 畜肉单产增长率）^（Time-2016））))))))

　　Units：万吨 / 万公顷

　　（246）国土开发强度 = 建设用地总量 /96000

　　Units：Dmnl

　　（247）国土开发强度约束目标（[（1998，0.04）-（2050，0.05）]，（1998，0.0402），（2015，0.0402），（2050，0.047））

　　Units：Dmnl

　　（248）土地面积 =82220.5

　　Units：万公顷

　　（249）城市建设用地总量 = 居住用地 + 工业用地 + 城市第三产业用地 + 道路交通设施用地 + 其他城市用地

　　Units：万公顷

　　（250）城市第三产业用地 =-27.1678+15.7672*LN（第三产业产值）+13.7681*LN（第三产业固定投资）-34.6091*LN（城市第三产业用地地均产值）

　　Units：万公顷

　　（251）城市第三产业用地地均产值 =IF THEN ELSE（（Time<=2003），（835.799*（1+第三产业用地地均产值变化率）^（Time-1998）/ 建设用地集约利用因子），IF THEN ELSE（（（Time>=2004）：AND：（Time<=2007）），（1118.63*（1+ 第三产业用地地均产值变化率）^（Time-2004）/ 建设用地集约利用因子），（IF THEN ELSE（（（Time>=2008）：AND：（Time<=2015）），（1411.02*（1+ 第三产业用地地均产值变化率）^（Time-2008）

/ 建设用地集约利用因子),（ 2031.08*（1+ 第三产业用地地均产值变化率)^（Time-2016)
/ 建设用地集约利用因子)))))))

Units：亿元 / 万公顷

（252）居住用地 = 住房建筑面积需求 * 居住用地转换系数

Units：万公顷

（253）居住用地转换系数 =（ -0.085*LN（Time-1998+1)+0.8488)* 建设用地集约
利用因子

Units：Dmnl

（254）工业用地 = -248.2+2.762*LN（第二产业固定资产投资)+54.2*LN（工业增
加值)-43.8*LN（工业用地地均产值)

Units：万公顷

（255）工业用地地均产值 =IF THEN ELSE（（ Time<=2001),（388.83*（1+ 工业
用地地均产值变化率)^（Time-1998)/ 建设用地集约利用因子),（IF THEN ELSE
(((（ Time>=2002)：AND：（Time<=2006)),（401.986*（1+ 工业用地地均产值变化率)
^（Time-2002)/ 建设用地集约利用因子), IF THEN ELSE (((（ Time>=2007)：AND：
(Time<=2011)),（527.454*（1+ 工业用地地均产值变化率)^（Time-2007)/ 建设用地
集约利用因子),（IF THEN ELSE (((（ Time>=2012)：AND：（Time<=205)),（688.732*
(1+ 工业用地地均产值变化率)^（Time-2012)/ 建设用地集约利用因子),（671.38*（1+
工业用地地均产值变化率)^（Time-2016)/ 建设用地集约利用因子)))))))

Units：亿元 / 万公顷

（256）工业用地地均产值变化率（[（ 0,-0.02)-（ 2050,10)],（1998,0.025),（2001,
0.025),（2002, 0.06),（2006, 0.06),（2007, 0.03),（2011, 0.04),（2012, -0.0062),
(2015, -0.0062),（2016, 0.013),（2050, 0.02))

Units：Dmnl

（257）建设用地总量 = 城市建设用地总量 + 村镇建设用地

Units：万公顷

（258）建设用地集约利用因子 =DELAY FIXED（IF THEN ELSE（国土开发强度 >
国土开发强度约束目标 ,（1-（国土开发强度 - 国土开发强度约束目标)/ 国土开发强度
约束目标), 1)), 1, 1)

Units：Dmnl

（259）村镇建设用地 = 乡村人口 * 农村人均建设用地 * 建设用地集约利用因子

Units：万公顷

（260）林地 = 总人口 * 人均森林占有量

Units：万公顷

（261）水产品单产 =IF THEN ELSE（（Time<=2008），（0.794746*（1+ 水产品单产年增长率）^（Time-1998）），IF THEN ELSE（（（Time>=2009）:AND:（Time<=2015）），（1.19849*（1+ 水产品单产年增长率）^（Time-2009）），（1.63369*（1+ 水产品单产年增长率）^（Time-2016）））））

Units：万吨 / 万公顷

（262）水产品单产年增长率（[（1998，0.02）-（2050，0.05）]，（1998，0.0376177），（2008，0.0376177），（2009，0.0452756），（2015，0.04528），（2016，0.04），（2050，0.04））

Units：Dmnl

（263）水产品需求 = 总人口 * 人均水产品需求量

Units：万吨

（264）水域 = 水产品需求 / 水产品单产

Units：万公顷

（265）复种指数 =IF THEN ELSE（（Time<=2008），（0.0074*（Time-1997）+1.1959），（0.0089*（Time-2008）+1.1697））

Units：Dmnl

（266）牧草地 = 畜肉需求 / 单位面积牧草地畜肉产量

Units：万公顷

（267）畜肉单产增长率（[（1998，0）-（2050，0.04）]，（1998，0.0278944），（2001，0.0278944），（2002，0.0354414），（2008，0.0354414），（2009，0.0170171），（2015，0.01702），（2016，0.017），（2050，0.017））

Units：Dmnl

（268）畜肉需求 = 人均畜肉需求量 * 总人口

Units：万吨

（269）第三产业用地地均产值变化率（[（0，0）-（2050，10）]，（1998，0.0575594），（2003，0.0575594），（2004，0.0796724），（2007，0.0796724），（2008，0.0470751），（2016，0.035），（2050，0.035））

Units：Dmnl

（270）粮食生产技术进步因子（[（1998，-0.02）-（2050，0.02）]，（1998，-0.0174356），（2001，-0.0174356），（2002，0.0157994），（2010，0.0157994），（2011，0.016），（2015，0.016），（2016，0.015），（2050，0.01））

Units：Dmnl

（271）粮食自给率（[（0，0）-（2050，10）]，（1998，1），（2015，1），（2016，1），（2050，1））

Units：Dmnl

（272）粮食需求 =（总人口 *10000）*（人均粮食占有量 /1000/10000）* 粮食自给率

Units：万吨

（273）粮食占农作物播种比重（[（0，0）-（2050，10）]，（1998，0.730781），（2001，0.681276），（2002，0.671843），（2008，0.683404），（2009，0.687），（2016，0.678272），（2050，0.6））

Units：Dmnl

（274）耕地 = 粮食需求 /（耕地粮食单产 * 复种指数 * 粮食占农作物播种比重）

Units：万公顷

（275）耕地粮食单产 =IF THEN ELSE（（Time<=2001），（4.50227*（1+ 粮食生产技术进步因子）^（Time-1998）），（IF THEN ELSE（（（Time>=2002）:AND:（Time<=2010）），（4.39941*（1+ 粮食生产技术进步因子）^（Time-2002）），（IF THEN ELSE（（（Time>=2011）:AND:（Time<=2015）），（5.16589*（1+ 粮食生产技术进步因子）^（Time-2011）），（5.4519*（1+ 粮食生产技术进步因子）^（Time-2016）)))))))

Units：万吨 / 万公顷

（276）道路交通设施用地 =（2.6223*LN（机动车保有量）^2-26.283*LN（机动车保有量）+60.572）* 建设用地集约利用因子

Units：万公顷

参 考 文 献

Abadi L S K, Shamsai A, Goharnejad H, 2014. An analysis of the sustainability of basin water resources using Vensim model [J]. Ksce Journal of Civil Engineering, 19 (6): 1-9.

Adger, W N, 2000. Social and ecological resilience: are they related? [J]. Progress in Human Geography, 24 (3), 347-364.doi: 10.1191/030913200701540465.

Ahern J, 2011. From fail-safe to safe-to-fail: sustainability and resilience in the new urban world [J]. Landscape and Urban Planning, 100: 341-343.

Ahmad S, Prashar D, 2010. Evaluating municipal water conservation policies using a dynamic simulation model [J]. Water Resources Management, 24 (13): 3371-3395.

Alam K, Shamsuddoha M, Tanner T, et al., 2011.The political economy of climate resilient development planning in Bangladesh [J]. Ids Bulletin, 42 (3): 52-61.

Albers M, Deppisch S, 2013. Resilience in the light of climate change: useful approach or empty phrase for spatial planning? [J]. European Planning Studies, 21 (10): 1598-1610.

Alberti M, Booth D, Hill K, Coburn B, Avolio C, Coe S, et al., 2007. The impact of urban patterns on aquatic ecosystems: an empirical analysis in Puget lowland sub-basins [J]. Landscape and Urban Planning, 80: 345-361.

Alberti M, Marzluff J M, 2004. Ecological resilience in urban ecosystems: linking urban patterns to human and ecological functions [J]. Urban ecosystems, 7 (3): 241-265.

Alberti M, 1999. Modeling the urban ecosystem: a conceptual framework [J]. Environment and Planning B: Planning and Design, 26 (3): 605-630.

Alexander L L, Eduardo M D C, Thiago Z F, Tan Y, 2016. Smartness that matters: towards a comprehensive and human-centred characterisation of smart cities [J]. Journal of Open Innovation: Technology, Market and Complexity, 2 (8): 1-13.

Allen P M, Boon F, Engelen G, et al., 1984. Modeling evolving spatial choice patterns [J]. Applied Mathematics and Com- putation, 14 (1): 97-129.

Allenby B, Fink J, 2005. Toward inherently secure and resilient societies [J]. Science, 309: 1034-1036.

Alliance R, 2007. Urban resilience research prospectus: a resilience alliance initiative for transitioning urban systems towards sustainable futures [J]. City: Australia/USA/Sweden: CSIRO/Arizona State University/Stockholm University.

Allmendinger P, 2009. Planning Theory (2nd Edition) [M]. Basingstoke: Palgrave.

Allmendinger P, 2017. Planning Theory (3th Edition) [M]. Basingstoke: Palgrave.

Allmendinger P, Haughton, G, 2009. Soft spaces, fuzzy boundaries and meta-governance: the new spatial planning in the Thames Gateway [J]. Environment and Planning A, 41: 617-633.

Allmendinger P, Haughton G, 2010. Critical reflection on spatial planning [J]. Environment and Planning A, 41: 2544-2549.

Allmendinger P, Haughton G, 2012. Post-political spatial planning in England: a crisis of consensus? [J].

Transactions of the Institute of British Geographers, 37 (1): 89-103.

Allmendinger P, 2001. Planning in postmodern time [M]. London: Routledge.

Allmendinger. P, 2011. New labour and planning: from New Right to New Left [M]. London: Routledge.

Al-mulali U, Fereidouni H G, Lee J Y, Sab C N B C, 2013. Exploring the relationship between urbanization, energy consumption, and CO_2 emission in MENA countries [J]. Renewable and Sustainable Energy Reviews, 23: 107-112.

Andersen T, Carstensen J, Hernández-García E, et al., 2009. Ecological thresholds and regime shifts: approaches to identification [J]. Trends in Ecology & Evolution, 24 (1): 49-57.

Ansari N, Seifi A, 2013. A system dynamics model for analyzing energy consumption and CO_2 emission in Iranian cement industry under various production and export scenarios [J]. Energy Policy, 58: 75-89.

Aquafornia Water Education Foundation, 2008. Where does Southern California's water come from? [EB/OL]. (2012-10). http://www.aquafornia.com/index.php/where-does-southern-californias-water-come-from/

Arfanuzzaman M, Rahman A, 2017. Sustainable water demand management in the face of rapid urbanization and ground water depletion for social-ecological resilience building [J]. Global Ecology & Conservation, 10: 9-22.

Armah F A, Yawson D O, Pappoe A A N M, 2010. A systems dynamics approach to explore traffic congestion and air pollution link in the city of Accra, Ghana [J]. Sustainability, 2 (1): 252-265.

Arthur H, 2019. Ecological civilization: values, action, and future needs [R]. International Institute for Sustainable Development.

Asif M, Muneer T, 2007. Energy supply, its demand and security issues for developed and emerging economies [J]. Renewable and Sustainable Energy Reviews, 11 (7), 1388-1413.

Aslani A, Helo P, Naaranoja M, 2014. Role of renewable energy policies in energy dependency in Finland: system dynamics approach [J]. Applied Energy, 113: 758-765.

Bai C, Zhang Q, 2017. Research on China's economic growth potential [M]. Oxford: Routledger: 4-29.

Bai C, Zhang Q, 2017. Forecast of China's economic growth potential: a supply-side analysis considering the convergence of transnational productivity and the characteristics of China's labor force [J]. Journal of Economics, 4 (4): 1-27.

Bai X, 2016. Eight energy and material flow characteristics of urban ecosystems [J]. A Journal of the Human Environment, 45 (7): 819-830.

Bai X, McPhearson T, Cleugh H, Nagendra H, Tong X, Zhu T, Zhu Y, 2017. Linking urbanization and the environment: conceptual and empirical advances [J]. Annual Review of Environment and Resources, 42: 215-240.

Bakirtas T, Akpolat A G, 2018. The relationship between energy consumption, urbanization, and economic growth in new emerging-market countries [J]. Energy, 147: 110-121.

Bao C, Chen X, 2017. Spatial econometric analysis on influencing factors of water consumption efficiency in urbanizing China [J]. Journal of Geographical Sciences, 27 (12): 1450-1462.

Bao C, Fang C, 2009. Integrated assessment model of water resources constraint intensity on urbanization in arid area [J]. Journal of Geographical Sciences, 19 (3): 273-286.

Barclay M H, Thomas D G, Jerome L K, 2007. Comparison of current planning theories: counterparts and contradictions [J]. Journal of the American Planning Association, 26: 387-398.

Barles S, 2010. Society, energy and materials: the contribution of urban metabolism studies to sustainable urban development issues [J]. Journal of Environmental Planning and Management, 53 (4), 439-455.

Barron O V, Barr A D, Donn M J, 2013. Effect of urbanization on the water balance of a catchment with shallow groundwater [J]. Journal of Hydrology, 485 (8): 162-176.

Batten D, 1982. On the dynamics of industrial evolution [J]. Regional Science and Urban Economics, 12 (3): 449-462.

Batty M, Desyllas J, Duxbury E, 2003. Safety in numbers? Modelling crowds and designing control for the Notting Hill Carnival [J]. Urban Studies, 40 (8): 1573-1590.

Batty M, Xie Y C, Sun Z L, 1999. Modeling urban dynamics through GIS- based cellular automata [J].

Computers, Environment and Urban Systems, 23 (3): 205-233.

Batty M, Xie Y, 1994. From cells to cities [J]. Environment and Planning B: Planning and Design, 21 (7): 31-48.

Batty M, 2005. Agents, cells, and cities: new representational models for simulating multiscale urban dynamics [J]. Environment and Planning A, 37 (8): 1373-1394.

Béné C, Mehta L, McGranahan G, et al., 2018. Resilience as a policy narrative: potentials and limits in the context of urban planning [J]. Climate and Development, 10 (2): 116-133.

Berkes F, Folke C, 1998. Linking sociological and ecological systems: management practices and social mechanisms for building resilience [M]. New York: Cambridge University Press.

Berkes F, Colding J, Folke C, 2003. Navigating social-elological systems building resilience for complexity and change [M]. United Kingdom: The Press Syndicate of the University of Cambridge.

Berkes F, 2007. Understanding uncertainty and reducing vulnerability: lessons from resilience thinking [J]. Natural hazards, 41 (2): 283-295.

Bettencourt L M A, 2007. Growth, innovation, scaling, and the pace of life in cities; proceedings of the national academy of sciences of the United States of America [J]. Journal of Urban and Regional Planning, 104 (17), 7301.doi: 10.1073/pnas.0610172104.

Bhuiyan M A, Khan H U R, Zaman K, Hishan S S, 2018. Measuring the impact of global tropospheric ozone, carbon dioxide and sulfur dioxide concentrations on biodiversity loss [J]. Environmental Rsearch, 160: 398-411.

Bigelow D P, Plantinga A J, Lewis D J, et al., 2017. How does urbanization affect water withdrawals？Insights from an econo- metric-based landscape simulation [J]. Land Economics, 93 (3): 413-436.

Bijl D L, Bogaart P W, Kram T, et al., 2016. Long-term water demand for electricity, industry and households [J]. Environmental Science & Policy, 55: 75-86.

Bockermann A, Meyer B, Omann I, Spangenberg J H, 2005. Modelling sustainability [J]. J Policy Model, 27: 189-210.

Bogue D J, Philip M H, 1959. The study of population: an inventory appraisal [M]. Chicago: University of Chicago Press.

Bohle H G, Downing T E, Watts M J, 1994. Climate change and social vulnerability: toward a sociology and geography of food insecurity [J]. Global Environmental Change, 4: 37-48.

Bonnet N, 2010. The functional resilience of an innovative cluster in the montpellier urban area (south of France) [J]. European Planning Studies, 18 (9): 1345-1363.

Borges R C, Santos F V D, Caldas V G, et al., 2015. Use of geographic information system (GIS) in the characterization of the Cunha Canal, Rio de Janeiro, Brazil: effects of the urbanization on water quality [J]. Environmental Earth Sciences, 73 (3): 1345-1356.

Boschma R, 2015. Towards an evolutionary perspective on regional resilience [J]. Regional Studies, 49: 733-751.

Bots P W G, Schlüter M, Sendzimir J, 2015. A framework for analyzing, comparing and diagnosing social-ecological systems [J]. Ecology & Society, 20 (4). doi: 10.5751/ES-08051-200418.

British P, 2012. Energy outlook to 2035 [EB/OL].(2015-02). https: //www.bp.com/en/global/corporate/energy-economics/energy-outlook.html.

Brondizio E S, Vogt N D, Mansur A V, Anthony E J, Costa S, Hetrick S, 2016. A conceptual framework for analyzing deltas as coupled social–ecological systems: an example from the amazon river delta [J]. Sustainability Science, 11 (4): 591-609. doi: 10.1007/s11625-016-0368-2.

Brown D G, Page S E, Riolo R, et al., 2004. Agent- based and analytical modeling to evaluate the effectiveness of green- belts [J]. Environmental Modelling & Software, 19 (12): 1097-1109.

Bruneau M, Chang S E, Eguchi R T, Lee G C, O'rourke T D, Reinhorn A M, et al., 2003. A framework to quantitatively assess and enhance the seismic resilience of communities [J]. Earthquake Spectra, 19: 733-752.

Brunner P H, 2007. Reshaping urban metabolism [J]. Journal of Industrial Ecology, 11 (2): 11-13.

Brunner P H, 2012. Metabolism of the anthroposphere: Analysis, evaluation, design [M]. Cambridge: MIT Press.

Bunn D, Larsen E, 1992. Sensitivity reserve margin to factors influencing investment behavior in the electricity market of England and Wales [J]. Energy Policy, 29: 420-429.

Cai J, Guo H, Wang D, 2012. Review on the resilient city research overseas [J]. Progress in Geography, 31: 1245-1255.

Campbell S, Fainstein S, 1996. Readings in planning theory [M]. Oxford: Blackwell.

Capello R, Caragliu A, Fratesi U, 2015. Spatial heterogeneity in the costs of the economic crisis in Europe: are cities sources of regional resilience? [J]. Journal of Economic Geography, 1: 1-22.

Capps K A, Bentsen C N, Ramírez A, 2016. Poverty, urbanization and environmental degradation: urban streams in the developing world [J]. Freshwater Science, 35 (1): 429-435.

Carpenter S, Walker B, Anderies J M, et al., 2001. From metaphor to measurement: resilience of what to what? [J]. Ecosystems, 4 (8): 765-781.

Carpenter, S R, Gunderson, L H, 2001. Coping with collapse: ecological and social dynamics in ecosystem management [J]. Bioscience, 51 (6): 451-457.

Cassottana B, Shen L, Tang L C, 2019. Modeling the recovery process: A key dimension of resilience [J]. Reliability Engineering & System Safety, 190: 106-528.

Chalmers University of Technology, 2014. Strategies for sustainability and resilience after earthquakes [R]. Daniela Francisca González.

Chan K W, Hu Y., 2003. Urbanization in China in the 1990s: New definition, different series, and revised trends [J]. China Review (3): 49-71.

Chang Y C, Hong F W, Lee M T, 2008. A system dynamic based DSS for sustainable coral reef management in Kent-ing coastal zone, Taiwan [J]. Ecological Modelling, 211 (1-2): 153-168.

Chang I C, Lu, L T, Lin S S, 2005. Using a set of strategic indicator systems as a decision-making support implement for establishing a recycling-oriented society - a taiwanese case study [J]. Environmental Science & Pollution Research International, 12 (2): 96-103.

Chaplin S E, 2011. Indian cities, sanitation and the state: The politics of the failure to provide [J]. Environ Urban, 23: 57-70.

Chen J, Gong P, He C Y, et al., 2002. Assessment of the urban development plan of Beijing by using a CA-based urban growth model [J]. Photogrammetric Engineering and Remote Sensing, 68 (10): 1063-1071.

Chen M X, Liu W D, Tao X L, 2013.Evolution and assessment on China's urbanization 1960-2010: Under-urbanization or over-urbanization [J]. Habitat International, 38: 25-33.

Chen M X, Zhang H, Liu W D, et al., 2014. The global pattern of urbanization and economic growth: Evidence from the last three decades [J]. Plos One, 9 (8). doi: 10.1371/journal. pone.0103799.

Chen Z H, Wei S, 2014. Application of system dynamics to water security research [J]. Water Resources Management, 28 (2): 287-300.

Cheng J Y, Zhou K, Chen D, et al., 2016. Evaluation and analysis of provincial differences in resources and environment carrying capacity in China [J]. Chinese Geographical Science, 26 (4): 539-549.

Cheng Y, Wang Z, Zhang S, Ye X, Jiang H, 2013. Spatial econometric analysis of carbon emission intensity and its driving factors from energy consumption in China [J]. Acta Geographica Sinica, 68 (10), 1418-1431.

Chi K C, Nuttall W J, Reiner D M, 2009. Dynamics of the UK natural gas industry: system dynamics modelling and long-term energy policy analysis [J]. Technological Forecasting & Social Change (76): 339-357.

China Energy Long-Term Development Strategy Research Project Team, 2011. China medium and long-term energy (2030-2050) development strategy study (comprehensive volume) [M]. Beijing: China Science Publishing Press.

Cho A, Willis S, Stewart-W-M, 2011. CISCO white paper: the resilient society-innovation, productivity, and the art and practice of connectedness［R］. Cisco Internet Business Solutions Group (IBSG).

Christopherson S, Michie J, Tyler P, 2010. Regional resilience: Theoretical and empirical perspectives［J］. Cambridge Journal of Regions, Economy and Society, 3: 3-10.

City of Los Angeles Department of Water and Power, 2008. Securing L.A.'s water supply［R］. City of Los Angeles Water Supply Action Plan.

Cline T, A Seekell D, Carpenter S, et al., 2014. Early warnings of regime shifts: Evaluation of spatial indicators from a whole-ecosystem experiment［J］. Ecosphere, 5 (8): 1-13.

Cossu R, Williams I D, 2015. Urban mining: Concepts, terminology, challenges［J］. Waste Manage, 45: 1-3.

Costanza R, Kubiszewski I, 2016. A nexus approach to urban and regional planning using the Four-Capital Framework of Ecological Economics［J］. Environmental Resource Management and the Nexus Approach. Springer International Publishing.

Couclelis H, 1988. Of mice and men: What rodent populations can teach us about complex spatial dynamics［J］. Environment and Planning A, 20 (1): 99-109.

Cowell M M, 2013. Bounce back or move on: Regional resilience and economic development planning［J］. Cities, 30 (3): 212-222.

Crespo J, Suire R, Vicente J, 2013. Lock-in or lock-out？ How structural properties of knowledge networks affect regional resilience［J］. Journal of Economic Geography, 4: 1-21.

Creutzig F, Baiocchi G, Bierkandt R, Pichler P P, Seto K C, 2015. Global typology of urban energy use and potentials for an urbanization mitigation wedge［J］. Proceedings of the National Academy of Sciences, 112 (20): 6283-6288.

Crooks A T, 2006. Exploring cities using agent based models and GIS［C］//Proceedings of the agent 2006 conference on social agents: Results and prospects. Chicago, IL: University of Chicago and Argonne National Laboratory.

Cullingworth B, 1999. British Planning［M］. The Athlone Press.

Customer Data Platform, 2018. http: //news.bjx.com.cn/html/20180306/883787.shtm.

Cutter S L, Barnes L, Berry M, et al., 2008 . A place-based model for understanding community resilience to natural disasters［J］. Global Environmental Change, 18 (4): 598-606.

Cutter S L, 1996. Vulnerability to environmental hazards［J］. Progress in Human Geography, 20 (4): 529-539.

Dabson B, M Heflin C, Miller K K, 2012. Regional resilience research and policy brief［R］. RUPRI Rural Futures Lab. Harry S School of Public Affairs. University of Missouri.

Dace E, Muizniece I, Blumberga A, et al., 2015. Searching for solutions to mitigate greenhouse gas emissions by agricultural policy decisions: Application of system dynamics modeling for the case of Latvia［J］. Science of the Total Environment, 527-528: 80-90.

Dargay J, Gately D, 1999. Income's effect on car and vehicle ownership, worldwide: 1960–2015［J］. Transportation Research Part A: Policy and Practice, 33 (2): 101-138.

David P A, 2007. Path dependence: A foundational concept for historical social science［J］. Cliometrica, 1: 91-114.

Davies P T, Tso K S, 1982. Procedures for reduced-rank regression［J］. Journal of the Royal Statistical Society. Series C (Applied Statistics) , 31 (3): 244-255.

Davis K, 1965. The urbanization of the human population［J］. Sci Am, 213: 40-53.

Davis S J, Caldeira K, Matthews H D, 2010. Future CO_2 emissions and climate change from existing energy infrastructure［J］. Science, 329 (5997): 1330-1333.

Davoudi S, Crawford J, Mehmood A, 2010. Planning for climate change: Strategies for mitigation and adaptation for spatial planners［J］. Town Planning Review, 81 (6): 717-719.

Davoudi S, Shaw K, Haider L J, et al., 2012. Resilience: A bridging concept or a dead end? "Reframing" resilience: Challenges for planning theory and practice interacting traps: Resilience assessment of a pasture management system in northern Afghanistan urban resilience: What does it mean in Pla［J］. Planning Theory & Practice, 13 (2): 299-333.

Dawley S, Pike A, Tomaney J, 2010. Towards the resilient region？ Policy activism and peripheral region development [J]. Local Economy, 25: 650-667.

Deng J, 1982. Control problems of grey systems [J]. Systems and Control Letters, 1 (5): 288-294.

Desouza K C, Flanery T H, 2013. Designing, planning, and managing resilient cities: A conceptual framework [J]. Cities, 35: 89-99.

Desouza K C, 2012. Designing and planning for smart (er) cities [J]. Practicing Planner, 10 (4).

Dhakal S, 2009. Urban energy use and carbon emissions from cities in China and policy implications [J]. Energy Policy, 37: 208-219.

Douglas Webster, Arizona State University, Hubert J, 2019. Urban development: An early look at midterm policy issues [R]. Asian Development Bank.

Douven W, Buurman J, Beevers L, Verheij H, Goichot M, Nguyen N A, Truong H T, Ngoc H M, 2012. Resistance versus resilience approaches in road planning and design in delta areas: Mekong floodplains in Cambodia and Vietnam [J]. Journal of Environmental Planning and Management, 55 (10): 1289-1310.

Du Z, Lin B, 2019. Changes in automobile energy consumption during urbanization: Evidence from 279 cities in China [J]. Energy Policy, 132: 309-317.

Duh J D, Shandas V, Chang H, George L A, 2008. Rates of urbanisation and the resiliency of air and water quality [J]. Science of the Total Environment, 400 (1-3): 238-256.

Dunford M, 2006. Industrial districts, magic circles, and the restructuring of the Italian textiles and clothing chain [J]. Econ Geogr, 82: 27–59.

Duxbury J, Dickinson S, 2007. Principles for sustainable governance of the coastal zone: In the context of coastal disasters [J]. Ecological Economics, 63 (2): 319-330.

Dyner I, Smith R, Pena G, 1995. System dynamics modeling for energy efficiency analysis and management [J]. Journal of Operational Research, 46: 1163-1173.

2050 CEACER, 2009. 2050 China energy and CO_2 emissions report [M]. Beijing: China Science Publishing Press.

Egilmez G, Tatari O, 2012. A dynamic modeling approach to highway sustainability: Strategies to reduce overall impact [J]. Transportation Research Part A: Policy and Practice, 46 (7): 1086-1096.

Eichengreen B, Park D, Shin K, 2011. When fast growing economies slow down: International evidence and implications for China: NBER working paper [R]. No. w16919, https://ssrn.com/abstract=1801089.

Energy Research Institute National Development and Reform Commission, 2015. China 2050 high renewable energy penetration scenario and roadmap study [R]. http://www.efchina.org/Reports-zh/china-2050-high-renewable-energy-penetration-scenario-and-roadmap-study-zh.

Epstein J M, 1999. Agent-based computational models and generative social science [J]. Complexity, 4 (5): 41-60.

Eraydin A, 2015. Attributes and characteristics of regional resilience: Defining and measuring the resilience of Turkish regions [J]. Regional Studies, 2: 1-15.

Evans T P, Kelley H, 2008. Assessing the transition from deforestation to forest regrowth with an agent-based model of land cover change for south-central Indiana (USA) [J]. Geoforum, 39 (2): 819-832.

Ewing R, Rong F, 2008. The impact of urban form on U.S. residential energy use [J]. Housing Policy Debate, 19 (1): 1-30.

Ezcurra R, 2012. Is there a link between globalization and governance? [J]. Environment and Planning C: Government and Policy, 30 (5): 848-870.

Faber M, 2007. How to be an ecological economist [J]. University of Heidelberg, Department of Economics, 66: 1-7.

Fainstein, Campbell, 2011. Readings in Planning Theory [M]. Hoboken: Wiley-Blackwell.

Faludi A, 1973. A reader in planning theory [M]. Oxford: Pergamon Press.

Fan G, Zhang X J, 2019. Moving toward high-quality development [R]. ADB Study for the People's Republic of China's 14th Five-Year Plan.

Fan J, Li P, 2011. Analysis of China's energy consumption based on urbanization and some thoughts on carbon emissions [J]. Advances in Earth Science, 26 (1): 57-65.

Fang C L, Zhou C H, Gu C L, et al., 2017 . A proposal for the theoretical analysis of the interactive coupled effects between urbanization and the eco-environment in mega-urban agglomerations ［ J ］ . Journal of Geographical Sciences, 27 (12): 1431-1449.

Fang C L, Ren Y F, 2017.Analysis of emergy-based metabolic efficiency and environmental pressure on the local coupling and telecoupling between urbanization and the eco-environment in the Beijing-Tianjin-Hebei urban agglomeration ［ J ］ . Sci China Earth Sci, 60: 1083-1097.

Farley J, Voinov A, 2016. Economics, socio-ecological resilience and ecosystem services ［ J ］ . Journal of Environmental Management, 183: 389-398.

Fawzi H, Tabuada P, Diggavi S, 2014. Secure estimation and control for cyber-physical systems under adversarial attacks ［ J ］ . Ieee Transactions on Automatic Control, 59 (6): 1454-1467.

Feng Y Y, Chen S Q, Zhang L X, 2013. System dynamics modeling for urban energy consumption and CO_2 emissions: A case study of Beijing, China ［ J ］ . Ecological Modelling, 252: 44-52.

Filatova T, Polhill J G, Ewijk S V, 2015. Regime shifts in coupled socio-environmental systems: Review of modelling challenges and approaches ［ J ］ . Environmental Modelling & Software, 75: 333-347.

Fischer M M, 1996. Spatial analytical ［ M ］ . Boca Raton, FL: CRC Press.

Fisher-Vanden K, Jefferson G H, Liu H, Tao Q, 2004. What is driving China's decline in energy intensity? ［ J ］ . Resource and Energy Econmics, 26: 77-97.

Fleischhauer M, 2008. The role of spatial planning in strengthening urban resilience. Resilience of cities to Terrorist and other threats ［ J ］ . Springer Science Business media BV: 273-298.

Folke C, 2006. Resilience: The emergence of a perspective for social–ecological systems analyses ［ J ］ . Global Environmental Change, 16: 253-267.

Ford A, 1983. Using simulation for policy evaluation in the electric utility industry ［ J ］ . Simulation, 40 (3): 85-92.

Forrester J W, 1969. Urban dynamics ［ M ］ . Cambridge: MIT Press.

Forrester J W, 1971. World dynamics ［ M ］ . Cambridge, MA, UK: Wright-Allen Press.

Foster A, 2010. Regional resilience. How do we know it when we see it. Washington, DC: Brookings Institution.

Foster K A, 2007.A case study approach to understanding regional resilience ［ R ］ . Berkeley: Institute of Urban and Regional Development, University of California.

Franklin S, Graesser A, 1996. Is it an agent, or just a program: A taxonomy for autonomous agents ［ M ］ //Proceedings of ECAI'96 workshop (ATAL) budapest, hungary. Berlin & Heidelberg, Germany: Springer: 21-35.

Frazier T G, Thompson C M, Dezzani R J, 2014. A framework for the development of the SERV model: A spatially explicit resilience-vulnerability model ［ J ］ . Applied Geography, 2014 (51): 158-172.

Friedmann J, 1997. World city futures: The role of urban and regional policies in the Asia-Pacific region ［ J ］ . The Chinese University of Hong Kong: Hong Kong Institute of Asia-Pacific Studies, 56: 1-35.

Frommer B, 2001. Climate change and the resilient society: Utopia or realistic option for German regions? ［ J ］ . Natural Hazards, 58 (1): 85-101.

Fu X, Tang Z, 2013. Planning for drought-resilient communities: An evaluation of local comprehensive plans in the fastest growing counties in the US ［ J ］ . Cities, 32 (32): 60-69.

Gao C, Wei H, 2013. Prediction of urbanization trends in China ［ J ］ . Contemporary Economic Science, 35 (4): 85-90.

Gao X, Yu T F, 2014. The temporal-spatial variation of water resources constraint on urbanization in the northwestern China: Examples from the Gansu section of west Longhai-Lanxin economic zone ［ J ］ . Environmental Earth Sciences, 71 (9): 4029-4037.

García-Romero L, Delgado-Fernández I, Hesp P A, Hernández-Calvento L, Hernández-Cordero A I, Viera-Pérez M, 2018. Biogeomorphological processes in an arid transgressive dunefield as indicators of human impact by urbanization ［ J ］ . Science of The Total Environment, 650 (1): 73.

Geng B, Zheng X, Fu M, 2017. Scenario analysis of sustainable intensive land use based on SD model ［ J ］ .

Sustainable Cities and Society, 29: 193-202.

Georgiadis P, Besiou M, 2008. Sustainability in electrical and electronic equipment closed- loop supply chains: A system dynamics approach［J］. Journal of Cleaner Production, 16 (15): 1665-1678.

Georgiadis P, Vlachos D, Iakovou E, 2005. A system dynamics modeling framework for the strategic supply chain management of food chains［J］. J Food Eng, 70: 351–364.

Georgiadis P, Besiou M, 2008. Sustainability in electrical and electronic equipment closed-loop supply chains: A system dynamics approach［J］. Journal of Cleaner Production, 16 (15): 1665-1678.

Glansdorff P, Prigogine I, 1971. Thermodynamic theory of structure, stability and fluctuations［M］. London, UK: Wiley-Interscience.

Godschalk D R, 2003. Urban hazard mitigation: Creating resilient cities［J］. Natural Hazards Review, 4 (3): 136-143.

Gong L, Jin C, 2009. Fuzzy comprehensive evaluation for carrying capacity of regional water resources［J］. Water Resources Management, 23 (12): 2505-2513.

Gong P, Liang S, Carlton E J, et al., 2018. Urbanization and health in China［J］. Lancet, 379: 843-852.

Goodchild M F, 1992. Geographical information science［J］. International Journal of Geographical Information Systems, 6 (1): 31-45.

Graedel T, 2011. The prospects for urban mining［J］. Bridge, 41 (1): 43-50.

Grimm, N B, Faeth S H, Golubiewski N E, Redman, et al., 2008. Global change and the ecology of cities［J］. Science, 319 (5864): 756. doi: 10.1126/science.1150195.

Grossman G M, Krueger A B, 1995. Economic growth and the environment［M］. Oxford: Oxford University Press.

Gu C L, Guan W H, Liu H L, 2017. Chinese urbanization 2050: SD modeling and process simulation［J］. Sci China Earth Sci, 60(6): 1067-1082.

Gu C L, Kesteloot C, Cook I G, 2015. Theorising Chinese urbanization: A multi-layered perspective［J］. Urban Studies, 52: 2564-2580.

Gu C L, Ye X Y, Li L, et al., 2020. System dynamics modelling of urbanization under energy constraints in China［J］. Nature Research, Scientific Reports, 2020(10). http: doi. org/ 10.1038/s41598-020-66125-3.

Gu C L, 2019. Urbanization: positive and negative effects［J］. Science Bulletin, 64 (5): 281-283.

Gu C L, 2019. Urbanization: Processes and driving forces［J］. Science China-Earth Sciences, 62 (9): 1351-1360.

Gu C L, Hu L Q, Zhang X M, et al., 2011. Climate change and urbanization in the Yangtze river delta［J］. Habitat Int, 35: 544-552.

Gu C L, Wu L, Cook I, 2012. Progress in research on Chinese urbanization［J］. Front Architectural Res, 1: 101-149.

Gu C L, Guan W H, Liu H L, 2017 Chinese urbanization 2050: SD modeling and process simulation［J］. Science China Earth Sciences, 60 (6): 1-16.

Gu C L, Hu L Q, Cook I G, 2017. China's urbanization in 1949–2015: processes and driving forces［J］. Chin Geogr Sci, 27: 847-59.

Gu C L, Guan W, Liu H, 2017. Chinese urbanization 2050: SD modeling and process simulation［J］. Science China Earth Sciences, 47 (7): 818-832.

Guan D J, Gao W J, Su W C, et al., 2011. Modeling and dynamic assessment of urban economy-resource-environment system with a coupled system dynamics- geographic information system model［J］. Ecological Indicators, 11 (5): 1333- 1344.

Gunderson L H, Holling C S, 2002. Panarchy: Understanding transformations in human and natural systems［M］. California: Island press.

Gunderson L H, Holling C, Light S S, 1995. Barriers and bridges to the renewal of ecosystems and institutions［M］. Manhattan: Columbia University Press.

Güneralp B, Zhou Y, Ürge-Vorsatz D, Gupta M, Yu S, Patel P L, Seto K C, 2017. Global scenarios of urban density and its impacts on building energy use through 2050［J］. Proceedings of the National Academy of Sciences, 114 (34): 8945-8950.

Guo H C, Liu L, Huang G H, et al., 2001. A system dynamics approach for regional environmental planning and management: A study for the Lake Erhai Basin [J] . Journal of Environmental Management, 61 (1): 93-111.

Haase D, 2009. Effects of urbanization on the water balance: A long- term trajectory [J] . Environmental Impact Assessment Review, 29 (4): 211-219.

Haggett P, 1965. Locational analysis in human geography [M] . London: Edward Arnold Ltd.

Haggett P, Chorley R J, 1969. Network analysis in geography [M] . London: Edward Arnold Ltd.

Haghshenas H, Vaziri M, Gholamialam A, 2015. Evaluation of sustainable policy in urban transportation using system dynamics and world cities data: A case study in Isfahan [J] . Cities, 45: 104-115.

Hall P G, Pain K, 2006. The polycentric metropolis: learning from mega-city regions in Europe [M] . London: Routledge.

Halliday T C, Osinsky P, 2006. Globalization of law [J] . Annu. Rev. Sociol., 32: 447-470.

Han J, Hayashi Y, Cao X, et al., 2009. Application of an integrated system dynamics and cellular automata model for urban growth assessment: A case study of Shanghai, China [J] . Landscape and Urban Planning, 91 (3): 133-141.

Harrison J, 2015. Introduction: New horizons in regional studies [J] . Regional Studies, 49: 1-4.

Harrison P, 2008. Planning and transformation [M] . London: Routledge.

Hassink R, 2010. Regional resilience: A promising concept to explain differences in regional economic adaptability? [J] . Cambridge Journal of Regions, Economy and Society, 3: 45-58.

Haughton G, Allmendinger P, Counsell D, Vigar G, 2009. Integrated spatial planning, devolution and governance in the British Isles [M] .London: Routledge.

Haughton G, Allmendinger P, 2010. Spatial planning, devolution and new planning spaces [J] . Environment and Planning C (Government and Policy) , 28 (5): 803-818.

Haynes R, 1986. Cancer mortality and urbanization in China [J] . Int J Epidemio, 115: 268-271.

He C Y, Okada N, Zhang Q F, et al., 2006. Modeling urban expansion scenarios by coupling cellular automata model and system dynamic model in Beijing, China [J] . Applied Geography, 26 (3-4): 323-345.

He C Y, Shi P J, Chen J, Pan Y Z, Li X B, Li J, Li Y C, Li J G, 2005. Developing land use scenario dynamics model by the integration of system dynamics model and cellular automata model [J] . Sci China Ser D-Earth Sci, 48: 1979-1989.

He C, Okada N, Zhang Q, et al., 2006. Modeling urban expansion scenarios by coupling cellular automata model and system dynamic model in Beijing, China [J] . Applied Geography, 26 (3-4): 323-345.

He H B, Pan Y G, Chen L H, 2006. Tentative study on prediction model of regional energy demand (in Chinese) [J] . Prediction Analysis, (23): 3-5.

He C, Huang Z, Ye X, 2014. Spatial heterogeneity of economic development and industrial pollution in urban China [J] . Stochastic environmental research and risk assessment, 28 (4): 767-781.

Hearne J W, 1985. Sensitivity analysis of parameter combinations [J] . Applied Mathematical Modelling, 9 (2): 106-108.

Heimsund B O, Berntsen J, 2004. On a class of ocean model instabilities that may occur when applying small time steps, implicit methods, and low viscosities [J] . Ocean Modelling, 7 (1): 135-144.

Helen P. Developing a human perspective to the digital divide in the smart city [R] . Queensland University of Technology Brisbane, Australia h.partridge@qut.edu.au.

Hill E, Wial H, Wolman H, 2008. Exploring regional economic resilience [J] . Working Paper, Berkley IURD, June (2008): 1-22.

Hill, R C, Kim, J W, 2000. Global cities and developmental states: New York, Tokyo and Seoul [J] . Urban Studies, 37 (12): 2167-2195.

Holling C S, 1996. Engineering resilience versus ecological resilience [M] . Washington DC: National Academy Press.

Holling C S, 1973. Resilience and stability of ecological systems [J] . Annual Review of Ecology and Systematics, 4: 1-23.

Holling C, 1996. Engineering resilience versus ecological resilience [J] . Engineering With in Ecological Constraints: 31-44.

Hou D, Li G, Nathanail P, 2018. An emerging market for groundwater remediation in China: Policies, statistics, and future outlook [J] . Frontiers of Environmental Science & Engineering, 2018 (12): 16. https://doi.org/10.1007/s11783-018-1027-x.

Hou D, L F, 2017. Complexities surrounding china's soil action plan [J] . Land Degradation & Development, 2017 (28): 2315-2320.

Hoyler M, Kloosterman R C, Sokol M, 2008. Polycentric puzzles–emerging mega-city regions seen through the lens of advanced producer services [J] . Regional Studies, 42 (8): 1055-1064.

Hsu, C W, 2012. Using a system dynamics model to assess the effects of capital subsidies and feed-in tariffs on solar PV installations [J] . Applied Energy, 100: 205-217.

Hu A, 2015. Embracing China' s 'new normal' why the economy is still on track [J] . Foreign Affairs, 94 (3): 8-12.

Huang Q, He C, Liu Z, et al., 2014. Modeling the impacts of drying trend scenarios on land systems in northern China using an integrated SD and CA model [J] . Science China-Earth Sciences, 57 (4): 839-854.

Huang L, Kelly S, Lv K, Giurco D, 2019. A systematic review of empirical methods for modelling sectoral carbon emissions in China [J] . Journal of Cleaner Production, 215: 1382-1401.

Huang X, Dijst M, Weesep J, et al., 2014. Residential mobility in China: home ownership among rural–urban migrants after reform of the hukou registration system [J] . Journal of Housing and the Built Environment, 9 (4): 615-636.

Isard W, 1956. Location and space-economy : a general theory relating to industrial location, market areas, land use, trade, and urban structure [M] . Wiley, Chapman & Hall: The Technology Press of Massachusetts Institute of Technology.

Isard W, 1958. Interregional linear programming: an elementary presentation and a general model [J] . Journal of Regional Science, 1 (1): 1-59.

Itami R M, 1994. Simulating spatial dynamics: Cellular automata theory [J] . Landscape and Urban Planning, 30 (1-2): 27-47.

Ives A R, Dakos V, 2012. Detecting dynamical changes in nonlinear time series using locally linear state-space models [J] . Ecosphere, 3 (6): 15.

Jabareen Y, 2013. Planning the resilient city: Concepts and strategies for coping with climate change and environmental risk [J] . Cities, 2013 (31): 220-229.

Jacobs A J, 2013. The city as the nexus model: bridging the state, market, societal, and geospatial contexts [J] . Cities, 51: 84-95.

Jain S, Creasey R, Himmelspach J, White K, Fu M, 2011. Verification and validation of simulation models [C] . In Proceedings of the 2011 Winter Simulation Conference : 183-198.

Jansen A, Schulz C E, 2010. Water demand and the urban poor: A study of the factors influencing water consumption among households in Cape Town, South Africa [J] . South African Journal of Economics, 74 (3): 593-609.

Jiang K, Hu X, Liu Q, 2009. China's energy and carbon emissions report for 2050 [M] . Beijing: Science Press.

Jiang, Z, Lin B, 2012. China's energy demand and its characteristics in the industrialization and urbanization process [J] . Energy Policy, 49: 608-615.

Jin H, Li A, Wang J, et al., 2016. Improvement of spatially and temporally continuous crop leaf area index by integration of CERES-Maize model and MODIS data [J] . European Journal of Agronomy, 78: 1-12.

Jin W, Xu L Y, Yang Z F, 2009. Modeling a policy making framework for urban sustainability: Incorporating system dynamics into the ecological footprint [J] . Ecological Economics, 68 (12): 2938-2949.

Jin H G, Lior N, Zhang X L, 2014. Energy and its sustainable development for China: Editorial introduction and commentary for the special issue of Energy [J] . The International Journal, 35: 42-46.

Johansen L, 1960. A multi-sectoral study of economic growth [M] . Amsterdam, the Netherlands: North-

Holland.

Joint Research Group of the World Bank and the Development Research Center of the State Council, 2012. China in 2030: Building a modern, harmonious, and creative society [M] . Beijing: China Finance and Economics Press: 1-80.

Jones D W, 1991. How urbanization affects energy use in developing countries [J] . Energy Policy, 19 (7): 621-630.

Jones D W, 2004. Urbanization and energy [J] . Encyclopedia of Energy, 6 (6): 329-335.

Jun H J, Conroy M M, 2014. Linking resilience and sustainability in Ohio township planning [J] . Journal of Environmental Planning & Management, 57 (6): 904-919.

Kammen D M, Sunter D A, 2016. City-integrated renewable energy for urban sustainability [J] . Science, 352 (6288): 922-928.

Karanfil F, Li Y, 2015. Electricity consumption and economic growth: exploring panel-specific differences [J] . Energy Policy, 82: 264-277.

Karima K, Peter N, 2012. Smart cities in the innovation age [J] . Innovation: The European Journal of Social Science Research, 25 (2): 93-95.

Kattel G R, Elkadi H, Meikle H, 2013. Developing a complementary framework for urban ecology [J] . Urban Forestry & Urban Greening, 12 (4): 498-508.

Kennedy C, Cuddihy J, Engel‐Yan J, 2007. The changing metabolism of cities [J] . Journal of Industrial Ccology, 11 (2): 43-59.

Keune H, Kretsch C, De Blust G, Gilbert et al., 2013. Science-policy challenges for biodiversity, public health and urbanization: examples from Belgium [J] . Environmental Research Letters, 8 (2): 1-19.

Khailania D K, Pererab R, 2013. Mainstreaming disaster resilience attributes in local development plans for the adaptation to climate change induced flooding: A study based on the local plan of Shah Alam City, Malaysia [J] . Land Use Policy, 30 (1): 615-627.

Khare A, Beckman T, Crouse N, 2011. Cities addressing climate change: introducing a tripartite model for sustainable partnership [J] . Sustainable Cities & Society, 1 (4): 227-235.

Li B, Chen D, Wu S, Zhou S, Wang T, Chen H, 2016. Spatio-temporal assessment of urbanization impacts on ecosystem services: case study of Nanjing city, China [J] . Ecological Indicators, 71: 416-427.

Kim D, Lim U, 2016. Urban resilience in climate change adaptation: A conceptual framework [J] . Sustainability, 8 (5): 405-422.

Klein R J, Nicholls R J, Thomalla F, 2003. Resilience to natural hazards: How useful is this concept? [J] . Global Environmental Change Part B: Environmental Hazards, 5: 35-45.

Knox P, 2009. Urbanization, https: //doi.org/10.1016/B978-008044910- 4.01108-1.

Krassimira A P, 2009. Enabling the smart city: the progress of city e-governance in Europe [J] . Int. J. Innovation and Regional Development, 1 (4): 405-422.

Kuang W H, Yang T R, Liu A L, Zhang C, Lu D S, Chi W F, 2017. An Eco-city model for regulating urban land cover structure and thermal environment: Taking Beijing as an example [J] . Sci China Earth Sci, 60: 1098-1109.

Lafuite A S, Loreau M, 2017. Time-delayed biodiversity feedbacks and the sustainability of social-ecological systems [J] . Ecological Modelling, 351: 96-108.

Lampard E E, 1955. The history of cities in the economically advanced areas [J] . Econ Develop Cul Change, (3): 81-136.

Lankao P R, 2007. Are we missing the point? Particularities of urbanization, sustainability and carbon emissions in Latin American cities [J] . Environ Urban, 19: 159-175.

Lariviere I, Lafrance G, 1999. Modelling the electricity consumption of cities: effect of urban density [J] . Energy Economic, 21 (1): 53-66.

Lauf S, Haase D, Hostert P, et al., 2012. Uncovering land-use dynamics driven by human decision-making: A combined model approach using cellular automata and system dynamics [J] . Environmental Modelling & Software, 27-28: 71-82.

Lechtenböhmer S, Nilsson L J, Åhman M, Schneider C, 2016. Decarbonising the energy intensive basic materials industry through electrification–implications for future EU electricity demand [J]. Energy, 115: 1623-1631.

Legendre P, Anderson M J, 1999. Distance-based redundancy analysis: Testing multispecies responses in multifactorial ecological experiments [J]. Ecological Monographs, 69 (1): 1-24.

Legendre P, Gallagher E D, 2001. Ecologically meaningful transformations for ordination of species data [J]. Oecologia, 129 (2): 271-280.

Legendre P, Legendre L, 1998. Numerical ecology, 2nd English edition [M]. Amsterdam: Elsevier Science BV.

Lenton T M, Dakos V, Bathiany S, et al., 2017. Observed trends in the magnitude and persistence of monthly temperature variability [J]. Scientific Reports, 7 (1): 5940.

Lenzen M, Wier M, Cohen C, Hayami H, Pachauri S, Schaeffer R, 2006. A comparative multivariate analysis of household energy requirements in Australia, Brazil, Denmark, India and Japan [J]. Energy, 31 (2-3): 181-207.

Letiche J M, 1960. Adam Smith and David Ricardo on economic growth [J]. The Punjab University Economist, 1 (2): 7-35.

Lever J, Nes E H V, Scheffer M, et al., 2014. The sudden collapse of pollinator communities [J]. Ecology Letters, 17 (3): 350-359.

Lewis W A, 1954. Economic development with unlimited supplies of labor [J]. Manchester School, 22: 139-191.

Li J, 2015. Wastes could be resources and cities could be mines [J]. Waste Manage Res, 33 (4): 301-302.

Li S, Liu Y, 2011. The Chinese economy in 2030 [M]. Beijing: Economic Science Press: 6-65.

Li W, Jiang Z, Zhang X, et al., 2018. Additional risk in extreme precipitation in China from 1.5℃ to 2.0℃ global warming levels [J]. Sci Bull, 63: 228-234.

Li X, Yeh A G O, 2000. Modelling sustainable urban development by the integration of constrained cellular automata and GIS [J]. International Journal of Geographical Information Science, 14 (2): 131-152.

Li C, Liu M, Hu Y, Shi T, Qu X, Walter M T, 2018. Effects of urbanization on direct runoff characteristics in urban functional zones [J]. Science of the Total Environment, 643: 301-311.

Li H B, Yu S, Li G L, Liu Y, Yu G B, Deng H, Wong M H, 2012. Urbanization increased metal levels in lake surface sediment and catchment topsoil of waterscape parks [J]. Science of the Total Environment, 432: 202-209.

Li L, Zhang G X, 2014. Research on the relationship between economic growth and ecological environment of Beijing-Tianjin-Hebei metropolitan [J]. Ecological Economy, 30: 167-171.

Li S S, Ma Y, 2014. Urbanization, economic development and environmental change [J]. Sustainability, 6: 5143–5161.

Li Y, Li Y, Zhou Y, Shi Y, Zhu X, 2012. Investigation of a coupling model of coordination between urbanization and the environment [J]. Journal of Environmental Management, 98 (1): 127.

Liang Y, Xu Z, 2012. An integrated analysis approach to LUCC at regional scale: A case study in the Ganzhou District of Zhangye City, China [J]. Sciences in Cold and Arid Regions, 4 (4): 320-329.

Liao K H, 2012. A theory on urban resilience to floods: A basis for alternative planning practices [J]. Ecology and Society, 17 (4): 48.

Liddle B, Nelson D R, 2010. Age-structure, urbanization, and climate change in developed countries: revisiting stirpat for disaggregated population and consumption-related environmental impacts [J]. Population & Environment, 31 (5): 317-343.

Limin W, Ehtisham A, Ben B, Hans R, 2019. Financing high-quality development [R]. London School of Economics and Asian Development Bank.

Links G, 2015. World development indicators [R]. http://data.worldbank.org.cn/data-catalog/world-development-indicators.

Liu M, Liu X, Huang Y, et al., 2017. Epidemic transition of environmental health risk during China's urbanization [J]. Sci Bull, 62: 92-98.

Liu M, Yin Y, 2010. Human development in East and Southeast Asian economies: 1990—2010 [J]. Human Development Research Papers.

Liu S, 2019. Ten-year outlook for China's economic growth (2019—2028): Building a high-standard market economy [M]. Beijing: CITIC Publishing House.

Liu W, Cai Z Z, 2015. The upgradation of industrial structure in the process of China's industrialization and its economic growth under the new normal [J]. J Peking Univ- Philos Soc Sci, 52: 5-19.

Liu X, Liang X, Li X, et al., 2017. A future land use simulation model (FLUS) for simulating multiple land use scenarios by coupling human and natural effects [J]. Landscape and Urban Planning, 168: 94-116.

Liu Y, Lv X J, Qin X S, et al., 2007. An integrated GIS-based analysis system for land- use management of lake areas in urban fringe [J]. Landscape and Urban Planning, 82 (4): 233-246.

Liu J, Mooney H, Hull V, Davis S J, Gaskelle J, Hertel T, Lubchenco J, Seto K C, Gleick P, Kremen C, Li S, 2015. Systems integration for global sustainability [J]. Science, 347: 6225 doi: 10.1126/science.1258832.

Liu M, Gao L, 2015. Based on the research of scientific development of urbanization on Beijing-Tianjin-Hebei's bearing capacity of land resources [J]. Urban Development, 2015 (4): 023.

Liu Y, Xie Y, 2013. Asymmetric adjustment of the dynamic relationship between energy intensity and urbanization in China [J]. Energy Economics, 36: 43-54.

Lizarralde G, Chmutina K, Bosher L, Dainty A, 2015. Sustainability and resilience in the built environment: the challenges of establishing a turquoise agenda in the UK [J]. Sustainable Cities & Society, 15: 96-104.

Lloyd M G, Peel D, Duck R W, 2013. Towards a social–ecological resilience framework for coastal planning [J]. Land Use Policy, 30 (1): 925-933.

Lowry I S, 1964. A model of metropolis [M]. Santa Monica, CA: RAND Corporation: 8-18.

Lu P, 2013. Understanding the notion of resilience in spatial planning: A case study of Rotterdam, The Netherlands [J]. Cities, 35: 200-212.

Lu S, Wang Z, Bao H, Shang Y, 2017. Research on synergistic development of urbanization and energy consumption [J]. Energy Procedia, 105: 3673-3676.

Luo K, Hu X B, Qiang H, et al., 2017. Using multivariate techniques to assess the effects of urbanization on surface water quality: A case study in the Liangjiang new area, China [J]. Environmental Monitoring & Assessment, 189 (4): 174.

Luo K, Hu X, He Q, Wu Z, Cheng H, Hu Z, Mazumder A, 2018. Impacts of rapid urbanization on the water quality and macroinvertebrate communities of streams: A case study in Liangjiang New Area, China [J]. Science of the Total Environment, 621: 1601-1614.

Ma H L, Shi C L, Chou N T, 2016. China's water utilization efficiency: An analysis with environmental considerations [J]. Sustainability, 8 (6): 516.

Ma C, Stern D I, 2008. China's changing energy intensity trend: A decomposition analysis [J]. Energy Economics, 30: 1037-1053.

Macal C M, North M J, 2005. Tutorial on agent-based modeling and simulation [C] //Proceedings of the 37th conference on winter simulation. Orlando, FL: IEEE: 2-15.

Maguire B, Hagan P, 2007. Disasters and communities: understanding social resilience [J]. Australian Journal of Emergency Management, 22: 16-20.

Mahmoud S H, Gan T Y, 2018. Urbanization and climate change implications in flood risk management: Developing an efficient decision support system for flood susceptibility mapping [J]. Science of the Total Environment, 636: 152-167.

Manap N, 2012. The application of driving force-pressure-state-impact-response (dpsir) in Malaysia's dredging industry [J]. Journal of Food Agriculture & Environment, 10 (1): 1031-1038.

Manyena S B, 2006. The concept of resilience revisited [J]. Disaster, 30 (4): 434-450.

Maraseni T N, 2013. Selecting a CDM investor in China: A critical analysis [J]. Energy Policy, 53: 484-489.

Marcotullio P J, Hughes S, Sarzynski A, Pincetl S, Sanchez P L, Romero-Lankao P, Runfola D, Seto K. C, 2014. Urbanization and the carbon cycle: Contributions from social science [J] . Earth's Future, 2 (10): 496-514.

Martin R, Sunley P, 2006. Path dependence and regional economic evolution [J] . Journal of Economic Geography, 6: 395-437.

Martin R, Sunley P, Tyler P, 2015. Local growth evolutions: Recession, resilience and recovery [J] . Cambridge Journal of Regions, Economy and Society, 8: 141-148.

Martin R, 2012. Regional economic resilience, hysteresis and recessionary shocks [J] . Journal of Economic Geography, 12 (1): 1-32.

Martin R, 2010. Roepke lecture in economic geography—rethinking regional path dependence: Beyond lock-in to evolution [J] . Economic Geography, 86: 1-27.

Marull J, Galletto V, Domene E, Trullén J, 2013. Emerging mega regions: A new spatial scale to explore urban sustainability [J] . Land Use Policy, 34: 353-366.

Mazur L, 2013. Goldilocks had it right: How to build resilient societies in the 21st century toward resilience [J] . Washington D.C.: Wilson Center.

Mccune B P, Grace J B, 2002. Analysis of ecological communities [J] . Journal of Experimental Marine Biology and Ecology, 289 (2): 448.

Mcdaniels T, Chang S, Cole D, Mikawoz J, Longstaff H, 2008. Fostering resilience to extreme events within infrastructure systems: Characterizing decision contexts for mitigation and adaptation [J] . Global Environmental Change, 18: 310-318.

Mcgrane S J, 2015. Impacts of urbanization on hydrological and water quality dynamics, and urban water management: A review [J] . International Association of Scientific Hydrology Bulletin, 61 (13): 2295-2311.

Meadows D H, Meadows D L, Randers J, Behrens W, 1972. The limits to growth: A report to the club of Rome [M] . New York: Universe Books.

Mohapatra P, Mandal P, Bora M, 1994. Introduction to System Dynamics Modeling [M] . Hyderabad: Orient Longman Ltd.

Meerow S, Newell J P, Stults M, 2016. Defining urban resilience: A review [J] . Landscape & Urban Planning, 147: 38-49.

MEP (Ministry of Environmental Prodtecton of the People's Republic of China) , 2017. Calculation of pollutant discharge coefficient and material balance method [R] . http: //www.zhb.gov.cn/gkml/hbb/bgg/201712/t20171229_428887.htm.

Millennium Ecosystem Assessment Program, 2005. Ecosystems and human well-being: Wetlands and water synthesis : A report of the Millennium Ecosystem Assessment [M] . Washington: Island Press.

Minsky H P, Kaufman H, 2008. Stabilizing an unstable economy [M] . New York: McGraw-Hill.

Mirchi A, 2012. Synthesis of system dynamics tools for holistic conceptualization of water resources problems [J] . Water Resources Management, 26 (9): 2421-2442.

Mitchell M, Griffith R, Ryan P, et al., 2014. Network in urban system planning [J] . City Planning Review, 10: 13-27.

Mohapatra P K J, Mandal P, Bora M C, 1994. Introduction to system dynamics modeling [M] . Las Vegas, NE: University of Nevada Press.

Moran D D, Wackernagel M, Kitzes J A, Goldfinger S H, Boutaud A, 2008. Measuring sustainable development—Nation by nation [J] . Ecological economics, 64 (3): 470-474.

Muggah R, 2012. Researching the urban dilemma: Urbanization, poverty and violence [R] . Ottawa: International Development Research Centre, Research for Development Outputs.

Musa, S D, Zhonghua T, Ibrahim A O, Habib M, 2018. China's energy status: A critical look at fossils and renewable options [J] . Renewable and Sustainable Energy Reviews, 81: 2281-2290.

Mysore V, Gill O, Daruwala R S, et al., 2005. Multi-agent modeling and analysis of the Brazilian food-poisoning scenario [C] //The agent 2005 conference on generative social processes, models, and mechanisms. Chicago, IL: Argonne National Laboratory & the University of Chicago: 13-15.

NDRC (National Development and Reform Commission) , 2016. China's policies and actions for addressing climate change ［R］. http: //qhs.ndrc.gov.cn/zcfg/201611/W020161108342237594465.pdf.

Neumann J, Morgenstern O, 1944. Theory of games and economic behavior ［M］. Princeton, NJ: Princeton university press.

Northam R M, 1975. Urban geography ［M］. New York: John Wiley & Sons.

OECD, 2013. Policy making after disasters: Helping regions become resilient the case of post-earthquake Abruzzo ［M］. Italy: OECD Publishing.

O'Neill B C, Ren X, Jiang L, Dalton M, 2012. The effect of urbanization on energy use in India and China in the iPETS model ［J］. Energy Economics, 34: 339-345.

Osburg T, Schmidpeter R, 2013. Social innovation: Solutions for a sustainable future ［M］. Berlin:Springer.

Ostrom E, 2010. Polycentric systems for coping with collective action and global environmental change ［J］. Global Environmental Change, 20 (4): 550-557.

Ostrom E, 1990. Governing the commons: The evolution of institutions for collective action ［R］. http: //www.intelros.ru/pdf/alternativa/2010/03/12.pdf.

Ostrom E, 2007. A diagnostic approach for going beyond panaceas ［J］. Proceedings of the National Academy of Sciences of the United States of America, 104 (39): 15181.

Ostrom E, 2009. A general framework for analyzing sustainability of social-ecological systems ［J］. Science, 325 (5939): 419. doi: 10.1126/science.1172133.

Ouyang X, Lin B, 2017. Carbon dioxide (CO_2) emissions during urbanization: A comparative study between China and Japan ［J］. Journal of Cleaner Production, 143: 356-368.

Pachauri R K, Reisinger A, 2007. Climate change 2007 synthesis report: Summary for policymakers ［R］. IPCC Secretariat.

Pachauri S, Jiang L, 2008. The household energy transition in India and China ［J］. Energy Policy, 36 (11): 4022–4035.

Pacione M, 2014. Urban geography: A global perspective ［M］. New York: Routledge.

Panagopoulos G P, 2014. Assessing the impacts of socio-economic and hydrological factors on urban water demand: A multi- variate statistical approach ［J］. Journal of Hydrology, 518 (2): 42-48.

Park S H, 1992. Decomposition of industrial energy consumption: An alternative method ［J］. Energy economics, 14 (4): 265-270.

Paton D, Hill R, 2006. Managing company risk and resilience through business continuity management ［M］. Springfield: Charles C. Thomas.

Paton D, Johnston D, 2001. Disasters and communities: Vulnerability, resilience and preparedness ［J］. Disaster Prevention and Management: An International Journal, 10: 270-277.

Paul Davidoff, 2007. Advocacy and pluralism in planning ［J］. Journal of the American Institute of Planners, 31 (4): 331-338.

Pawlowski L, 2007. Historical overview on water management in Berlin ［C］. 2nd International Water Conference (IWC) Berlin, 12 ~ 14 September 2007. http: //www.iwc-berlin.de/cgi-bin/brain_connector. pl? action=Navbar.CreatePage；2x&navbar_action=0, 61000000005&SessionId=anonym.

Peaker A, 1976. New primary roads and sub-regional economic growth: Further results—A Comment on J. S. Dodgson's paper ［J］. Regional Studies, 10 (1): 11-13.

Peck S, 1998. Group model building: Facilitating team learning using system dynamics ［J］. Journal of Organizational Behavior, 49 (7): 766-767.

Pei T Y, Zhang H W, Zhang X H, et al., 2010. Logistic analysis in eco-campus based on system dynamics and sensitivity model ［J］. Sichuan Environment, 29 (4): 64-67.

Pendall R, Foster K A, Cowell M, 2010. Resilience and regions: Building understanding of the metaphor ［J］. Cambridge Journal of Regions, Economy & Society, 3 (1): 71-84.

Peng J, Tian L, Liu Y, Zhao M, Wu J, 2017. Ecosystem services response to urbanization in metropolitan areas: Thresholds identification ［J］. Science of the Total Environment, 607: 706-714.

Peng T, D O'Connor B, Zhao Y, Jin Y, Zhang L, Tian N Z, Li X P, Hou D Y, 2019. Spatial distribution of lead contamination in soil and equipment dust at children's playgrounds in Beijing, China［J］. Environmental Pollution, 245 (2019): 363-370.

Peng C, M Yuan, C Gu, Z Peng, T Ming, 2017. A review of the theory and practice of regional resilience［J］. Sustainable Cities and Society, 29: 86-96.

Perera N, Boyd E, Wilkins G, et al., 2015. Literature review on energy access and adaptation to climate change［R］. UK Department for International Development (DFID).

Phipps M J, 1992. From local to global: The lesson of cellular automata［M］//DeAngelis D L, Gross L J. Individual-based models and approaches in ecology: Populations, communities and ecosystems. New York: Chapman & Hall: 165- 187.

Pickett S T A, Cadenasso M L, Grove J M, 2004. Resilient cities: meaning, models, and metaphor for integrating the ecological, socio-economic, and planning realms［J］. Landscape and Urban Planning, 69 (4): 369-384.

Pickett S T, Cadenasso M L, Grove J M, Groffman P M, Band L E, Boone C G, Law N L, 2008. Beyond urban legends: An emerging framework of urban ecology, as illustrated by the Baltimore Ecosystem Study［J］. AIBS Bulletin, 58 (2): 139-150.

Pike A, Dawley S, Tomaney J, 2010. Resilience adaptation and adaptability［J］. Cambridge Journal of Regions Economy & Society, 3: 59-70.

Pizzo B, 2015. Problematizing resilience: Implications for planning theory and practice［J］. Cities, 43: 133-140.

Polèse M, 2010. The resilient city: On the determinants of successful urban economies［M］. London: Sage.

Portugali J, 2000. Self-organization and the City［M］. Berlin, Germany: Springer-Verlag.

Pumain D, Saint-Julien T, Sanders L, 1986. Urban dynamics of some French cities［J］. Eur J Oper Res, 25: 3-10.

Portugali J, 2012. Self-organization and the city［M］. Berlin & Heidelberg, Germany: Springer.

Prit S, Barbara A, ICLEI European Secretariat, 2010. Making urban water management more sustainable: Achievements in Berlin: A case study investigating the background of and the drivers for, sustainable urban water management in Berlin［R］. ICLEI European Secretariat.

Qi Z, Wei Q, 2010. Regional resilience evaluation model research based on the situation management［J］. Economic Management, 32: 32-37.

Qin H P, Su Q, Khu S T, 2011. An integrated model for water management in a rapidly urbanizing catchment［J］. Environmental Modelling & Software, 26 (12): 1502-1514.

Qiu F, Tong L, Jiang M, 2011. Adaptability assessment of industrial ecological system of mining cities in Northeast China［J］. Geographical Research, 30: 243-255.

Qiu Y, Shi X L, Shi C H, 2015. A system dynamics model for simulating the logistics demand dynamics of metropolitans: A case study of Beijing, China［J］. Journal of Industrial Engineering and Management, 8 (3): 783-803.

Qudrat-Ullah H, Seong B S, 2010. How to do structural validity of a system dynamics type simulation model: The case of an energy policy model［J］. Energy policy, 38 (5): .2216-2224.

Qudrat-Ullah H, 2005. MDESRAP: A model for understanding the dynamics of electricity supply, resources, and pollution［J］. International Journal of Global Energy Issue, 23: 1-14.

Raco M, Street E, 2012. Resilience planning, economic change and the politics of post-recession development in London and Hong Kong［J］. Urban Studies, 49: 1065-1087.

Rao C R, 1964. The use and interpretation of principal component analysis in applied research［J］. Sankhya A, 26 (4): 329-358.

Richardson G P, Pugh A L, 1989. Introduction to System Dynamics Modeling［J］. Waltham, MA: Pegasus Communications.

Ridley T M, Tressider J O, 1970. The London transportation study and beyond［J］. Regional Studies, 4 (1): 63-71.

Roggema R, van den Dobbelsteen A, 2012. Swarm planning for climate change: An alternative pathway for resilience［J］. Building Research & Information, 40 (5): 606-624.

Romero-Lankao P, Gurney K, Seto K C, Chester M, Duren R M, Hughes S, Hutyra L R, Marcotullio P J, Baker L A, Grimm N B, Kennedy C, Patarasuk R, Pincetl S, Runfola D, Sanchez L, Shrestha G, Sarzynski A, Sperling J, Stokes E, 2014. A critical knowledge pathway to low-carbon, sustainable futures: Integrated understanding of urbanization, urban areas, and carbon [J]. Earth's Future, 2 (10): 515-532.

Ronald L, 2019. Population aging: Responding to long-term challenges [R]. University of California, Berkeley.

Rose A, Lim D, 2002. Business interruption losses from natural hazards: conceptual and methodological issues in the case of the Northridge earthquake [J]. Global Environmental Change Part B: Environmental Hazards, 4: 1-14.

Rose A, Liao S Y, 2005. Modeling regional economic resilience to disasters: A computable general equilibrium analysis of water service disruptions [J]. Journal of Regional Science, 45 (1): 75-112.

Rotmans J Asselt M V, Vellinga P, 2000. An integrated planning tool for sustainable cities [J]. Environmental Impact Assessment Review, 20 (3): 265-276.

Saavedra C, Budd W W, 2009. Climate change and environmental planning: Working to build community resilience and adaptive capacity in Washington State, USA [J]. Habitat International, 33 (3): 246-252.

Sadorsky P, 2013. Do urbanization and industrialization affect energy intensity in developing countries? [J]. Energy Economics, 37: 52-59.

Saidi K, Hammami S, 2015. The impact of CO_2 emissions and economic growth on energy consumption in 58 countries [J]. Energy Reports, 1: 62-70.

Sassen S, 1991. The Global City: New York, London, Tokyo [M]. Princeton: Princeton University Press.

Saysel A K, Hekimoğlu M, 2013. Exploring the options for carbon dioxide mitigation in Turkish electric power industry: System dynamics approach [J]. Energy Policy, 60: 675-686.

Scheffer M, Carpenter S, Foley J A, et al., 2001. Catastrophic shifts in ecosystems [J]. Nature, 413 (6856): 591-596.

Schlüter M, Müller B, Frank K, 2012. How to use models to improve analysis and governance of social-ecological systems - The reference frame more [M].Rochester: Social Science Electronic Publishing.

Schrenk M, Neuschmid J, Patti D, 2011. Towards 'resilient cities' – Harmonisation of spatial planning information as one step along the way [C] // Computational science and its applications - ICCSA 2011. Berlin Heidelberg: Springer.

Schulman P R, 2004. Book review for Mega-projects and Risk [J]. Journal of Contingencies and Crisis Management, 12 (4): 173-175.

Scott A, Storper M, 2003. Regions, globalization, development [J]. Regional Studies, 37: 579-593.

Seto K C, Dhakal S, Bigio A, et al., 2014. Human settlements, infrastructure and spatial planning [M] // Climate change 2014: mitigation of climate change [R]. Contribution of working group III to the fifth assessment report of the intergovernmental panel on climate change. Cambridge: Cambridge University Press.

Seto K C, Golden J S, Alberti M, Turner B L, 2017. Sustainability in an urbanizing planet [J]. Proceedings of the National Academy of Sciences, 114 (34): 8935-8938.

Shahbaz M, Khan S, Tahir M I, 2013. The dynamic links between energy consumption, economic growth, financial development and trade in China: Fresh evidence from multivariate framework analysis [J]. Energy Economics, 40 (2): 8-21.

Shahbaz M, Mahalik M K, Shahzad S J H, Hammoudeh S, 2019. Does the environmental Kuznets curve exist between globalization and energy consumption? Global evidence from the cross-correlation method [J]. International Journal of Finance & Economics, 24 (1): 540-557.

Sharifi A, Yamagata Y, 2014. Major principles and criteria for development of an urban resilience assessment index [C] //Green Energy for Sustainable Development (ICUE), 2014 International Conference and Utility Exhibition on. IEEE: 1-5.

Shaw R, Sharma A, (ed.) 2011. Climate and disaster resilience in cities [J]. Management of environmental quality, 6 (5): 47-61.

Shen L, Liu L, Wang L, 2015. Forecast of China's energy consumption in 2050 [J]. Journal of Natural Resources, 30 (3): 361-373.

Shen T Y, Wang W D, Hou M, Guo Z C, Xue L, Yang K Z, 2007. Study on spatio-temporal system dynamic models of urban growth [J]. Syst Eng- Theor Practice, 27: 10-17.

Shen Y J, Oki T, Kanae S, et al., 2014. Projection of future world water resources under SRES scenarios: An integrated assessment [J]. International Association of Scientific Hydrology Bulletin, 59 (10): 1775-1793.

Sheng L, Zheng X, 2017. How fast does it take to achieve the second 'hundred-year' goal? [J]. Management World, (10): 1-7.

Shi M, Zhou S, Li N, Yuan Y, 2014. Prospects for medium and long-term development of Chinese economy under energy constraints [J]. Journal of Systems Engineering, 29 (5): 602-611.

Shi T G, Zhang X L, Du H R, et al., 2015. Urban water resource utilization efficiency in China [J]. Chinese Geographical Science, (6): 1-14.

Shih Y H, Tseng C H, 2014. Cost-benefit analysis of sustainable energy development using life-cycle co-benefits assessment and the system dynamics approach [J]. Applied Energy, 119: 57-66.

Simmie J, Martin R, 2010. The economic resilience of regions: towards an evolutionary approach [J]. Cambridge Journal of Regions, Economy and Society, 3: 27-43.

Sit V F S, Yang C, 1997. Foreign-investment-induced Exo-urbanization in the Pearl River Delta, China [J]. Urban Studies, 34: 647-677.

Smith R, Blouin C, Mirza Z, et al., 2015. Trade and health: building a national strategy [R]. World Health Organization.

Song Y, Hou D, Zhang J, O'Connor D, Li G, Gu Q, Liu P, 2018. Environmental and socio-economic sustainability appraisal of contaminated land remediation strategies: a case study at a mega-site in China [J]. Science of the Total Environment, 610: 391-401.

Spaans M, Waterhout B, 2017. Building up resilience in cities worldwide – Rotterdam as participant in the 100 Resilient Cities Programme [J]. Cities, 61: 109-116.

Srinivasan V, Seto K C, Emerson R, et al., 2013. The impact of urbanization on water vulnerability: A coupled human-environment system approach for Chennai, India [J]. Global Environmental Change, 23 (1): 229-239.

Stein J M, 1995. Classic readings in urban planning [M].New York: McGraw-Hill Inc.

Sterman J, 2000. Business dynamics: Systems thinking and modeling for a complex world [M]. Boston: McGraw-Hill.

Stern D I, 2004. The rise and fall of the environmental kuznets curve [J]. World Development, 32 (8): 1419-1439.

Storch H, Downes N, Katzschner L, et al., 2011. Building resilience to climate change through adaptive land use planning in Ho Chi Minh City, Vietnam [M]. Springer Netherlands: 349-363.

Su S, Liu Z, Xu Y, Li J, Pi J, Weng M, 2017. China's megaregion policy: performance evaluation framework, empirical findings and implications for spatial polycentric governance [J]. Land Use Policy, 63: 1-19.

Sun D, Zhou L, Li Y, et al., 2017. New-type urbanization in China: Predicted trends and investment demand for 2015—2030 [J]. Journal of Geographical Sciences, 27 (8): 943-966.

Sun Y H, Liu N N, Shang J X, et al., 2017. Sustainable utilization of water resources in China: A system dynamics model [J]. Journal of Cleaner Production, 142 (S12): 613-625.

Sun W, Shao M, Granier C, Liu Y, Ye C S, Zheng J Y, 2018. Long‐term trends of anthropogenic SO_2, NO_x, CO, and NMVOCs emissions in China [J]. Earth's Future, 6 (8): 1112-1133.

Swanstrom T, 2008. Regional resilience: A critical examination of the ecological framework [R]. IURD Working Paper Series, Institute of Urban and Regional Development, UC Berkeley: 1-33.

Tang Z, 2015. An integrated approach to evaluating the coupling coordination between tourism and the environment [J]. Tourism Management, 46: 11-19.

Tao J, Fu M, Zhang D, et al., 2013. System dynamics modeling for the pressure index of cultivated land in China [J]. Journal of Food Agriculture & Environment, 11 (2): 1045-1049.

Teigão dos Santos F, Partidário M R, 2011. SPARK: Strategic planning approach for resilience keeping [J]. European Planning Studies, 19 (8): 1517-1536.

The Economist Intelligence Unit, 2014. China's urbanization in 2030 [J]. China Economic Report, (7): 93-98.

The World Bank and the Development Research Center of the State Council (China), 2014. Urban China: Toward efficient, inclusive, and sustainable urbanization [M]. Beijing: China Development Press.

Theobald D M, Gross M D, 1994. EML: A modeling environment for exploring landscape dynamics [J]. Computers, Environment and Urban Systems, 18 (3): 193-204.

Thøgersen J, 2017. Housing-related lifestyle and energy saving: A multi-level approach [J]. Energy Policy, 102: 73-87.

Thomalla F, Downing T, Spanger-Siegfried E, et al., 2006. Reducing hazard vulnerability: Towards a common approach between disaster risk reduction and climate adaptation [J]. Disasters, 30 (1): 39-48.

Tian L, Chen J Q, Yu S X, 2014. Coupled dynamics of urban landscape pattern and socioeconomic drivers in Shenzhen, China [J]. Landscape Ecology, 29 (4): 715-727.

Tian L, Xu G F, Fan C J, et al., 2019. Analyzing mega city-regions through integrating urbanization and eco-environment systems: A case study of the Beijing-Tianjin-Hebei Region [J]. International Journal of Environmental Research and Public Health, 16 (1): 114.

Tierney J, 2009. The richer-is-greener curve [J]. The New York Times, 04-20.

Tobler W R, 1979. Cellular geography [M] //Gale S, Olsson G. Philosophy in geography. Dordrecht, the Netherlands: Springer: 379-386.

Toman M, 1998. Special section: forum on valuation of ecosystem services : why not to calculate the value of the world's ecosystem services and natural capital [J]. Ecological Economics, 25 (5748): 57-60.

Tompkins E L, Hurlston L A, 2011. Public–private partnerships in the provision of environmental governance: a case of disaster management [J]. Journal of International Agricultural & Extension Education, 21 (3): 171-189.

Tong L, Dou Y, 2014. Simulation study of coal mine safety investment based on system dynamics [J]. Int J Mining Sci Tech, 24: 201-205.

Tongyue L, Pinyi N, Chaolin G, 2014. A review on research framework of resilient cities [J]. Urban Planning Forum, 5: 23-31.

Torrens P M K, 2004. Simulating sprawl: A dynamic entity based approach to modeling North American suburban sprawl using cellular automata and multi-agent systems [R]. London, UK: University College London.

Trappey A J, Trappey C, Hsiao C, Ou J J, Li S, Chen K W, 2012. An evaluation model for low carbon island policy: The case of Taiwan's green transportation policy [J]. Energy Policy, 45: 510-515.

Tyler S, Moench M, 2012. A framework for urban climate resilience [J]. Climate and Development, 4 (4): 311-326.

U.S. Energy Information Administration (EIA), 2013. International energy outlook [R]. http://www.eia.gov/forecasts/ieo/pdf/0484 (2013).

Ulam S M, 1961. On some statistical properties of dynamical systems [M] //Proceedings of the 4th Berkeley symposium on mathematical statistics and probability. University of California Press: 315-320.

UN 2014. World urbanization prospects: The 2014 revision, highlights [R]. Department of Economic and Social Affairs. Population Division, United Nations [R]. https://www.researchgate.net/publication/311558361_World_urbanization_prospects_the_2014_revision_highlights.

United Nations Department of Economic and Social Affairs, Population Division, 2014. Revision of the world urbanization prospects [R]. https://www.un.org/development/desa/publications/ 2014-revision-world-urbanization-prospects.html.

US EEA, 1997. Urbanization and streams: studies of hydrologic impacts [R]. United States Environmental Protection Agency [R]. http://water.epa.gov/polwaste/nps/urban/report.cfm.

USA: Regional Plan Association, 2014. Megaregions: America 2050 [R]. Retrieved October 1, https://

en.wikipedia.org/wiki/Mega- regions_of_the_United_States.

Venkatesan A K, Ahmad S, Johnson W, Batista J R, 2011. Systems dynamic model to forecast salinity load to the Colorado River due to urbanization within the Las Vegas Valley [J]. Sci Total Environ, 409: 2616-2625.

Wang S J, Ma H, Zhao Y B, 2014. Exploring the relationship between urbanization and the eco-environment —A case study of Beijing–Tianjin–Hebei region [J]. Ecological Indicators, 45 (5), 171-183.

Vennix J A M, 1996. Group model building: Facilitating team learning using system dynamics [M]. New York: Wiley.

Wagner D F, 1997. Cellular automata and geographic information systems [J]. Environment and Planning B: Planning and Design, 24 (2): 219-234.

Walker B, Carpenter S, Anderies J, Abel N, Cumming G, Janssen M, et al., 2002. Resilience management in social-ecological systems: A working hypothesis for a participatory approach [J]. Conservation Ecology, 6: 14.

Walker B, Salt D, Reid W., 2006. Resilience thinking: Sustaining ecosystems and people in a changing world [M]. Bibliovault OAI Repository, the University of Chicago Press.

Wang J, Chen Y, Shao X, et al., 2012. Land-use changes and policy dimension driving forces in China: Present, trend and future [J]. Land Use Policy, 29 (4): 737-749.

Wang Q F, 1994. System Dynamics (in Chinese) [M]. Beijing: Tsinghua University Press.

Wang K, Wei Y M, 2014. China's regional industrial energy efficiency and carbon emissions abatement costs [J]. Applied Energy, 130: 617-631.

Wang W, Niu S, Qi J, Ding Y, Li N, 2014. The correlation and spatial differences between residential energy consumption and income in China [J]. Resources Science, 36 (7): 1434-1441.

Ward B A, Friedrichs M M, Anderson T R, et al., 2010. Parameter optimisation techniques and the problem of under determination in marine biogeochemical models [J]. Journal of Marine Systems, 81 (1): 34-43.

Wardekker J A, Jong A D, Knoop J M, et al., 2010. Operationalising a resilience approach to adapting an urban delta to uncertain climate changes [J]. Technological Forecasting and Social Change, 77 (6): 987-998.

Watt K E F, Craig P P, 2015. System stability principles [J]. Systems Research & Behavioral Science, 3 (4): 191-201.

Wei T, Lou I, Yang Z, et al., 2016. A system dynamics urban water management model for Macau, China [J]. Journal of Environmental Sciences, 50 (12): 117-126.

Wei Y D, Ye X, 2014. Urbanization, urban land expansion and environmental change in china [J]. Stochastic Environmental Research & Risk Assessment, 28 (4): 757-765.

Wei Z, Hong M, 2009. Systems dynamics of future urbanization and energy-related CO_2 emissions in China [J]. World Scientific and Engineering Academy and Society Transactions on System, 8: 1145-1154.

Weick K E, Sutcliffe K M, 2011. Managing the unexpected: Resilient performance in an age of uncertainty [M]. New Jersey: John Wiley & Sons.

Weidou N, Johansson T B, 2004. Energy for sustainable development in China [J]. Energy Policy, 32 (10): 1225-1229.

White R, Engelen G, Uljee I, 1997. The use of constrained cellular automata for high-resolution modelling of urban land- use dynamics [J]. Environment and Planning B: Planning and Design, 24 (3): 323-343.

White R, Engelen G, 1993. Cellular automata and fractal urban form: A cellular modelling approach to the evolution of urban land- use patterns [J]. Environment and Planning A, 25 (8): 1175-1199.

White R, Engelen G, 2000. High-resolution integrated model- ling of the spatial dynamics of urban and regional systems [J]. Computers, Environment and Urban Systems, 24 (5): 383-400.

Wilbanks T J, Sathaye J, 2007. Integrating mitigation and adaptation as responses to climate change: a synthesis [J]. Mitigation & Adaptation Strategies for Global Change, 12 (5): 957-962.

Wilbanks T J, 2008. Enhancing the resilience of communities to natural and other hazards: What we know and what we can do [J]. Natural Hazards Observer, 32: 10-11.

Wildavsky A B, 1988. Searching for safety [M]. New Jersey: Transaction Publishers.

Wilkinson C, 2012. Social-ecological resilience: Insights and issues for planning theory [J] . Planning Theory, 11 (2): 148-169.

Williams N, Vorley T, Ketikidis P, 2013. Economic resilience and entrepreneurship: A case study of the Thessaloniki City Region [J] . Local Economy, 3: 17.

Wilson A G, 1974. Urban and regional models in geography and planning [M] . London: John Wiley & Sons.

Wilson A G, 1969. Research for regional planning [J] . Regional Studies, 3 (1): 3-14.

Wilson A G, Wilson A G, 1974. Urban and regional models in geography and planning [M] . London: John Wiley & Sons.

Winz I, Brierley G, Trowsdale S, 2009. The use of system dynamics simulation in water resources management [J] . Water Resources Management, 23 (7): 1301-1323.

Wolstenholme E F, 1983. Modelling national development programmes: An exercise in system description and qualitative analysis using system dynamics [J] . Journal of the Operational Research Society, 34 (12): 1133-1148.

Wooldridge M, Jennings N R, 1995. Intelligent agents: Theory and practice [J] . The Knowledge Engineering Review, 10 (2): 115-152.

World Bank, 2018. Policy options for China's aged care services: Building an efficient and sustainable Chinese aged care system [R] . http: //wemedia. ifeng.com/93455628/wemedia.shtml.

World Bank, 2019. Population estimates and projections [R] . https: //databank.worldbank.org/source/population-estimates-and- projections, 2019-01-05.

Wu F L, Webster C J, 1998. Simulation of land development through the integration of cellular automata and multicriteria evaluation [J] . Environment and Planning B: Planning and Design, 25 (1): 103-126.

Wu F L, 1998. SimLand: A prototype to simulate land conversion through the integrated GIS and CA with AHP-derived transition rules [J] . International Journal of Geographical Information Science, 12 (1): 63-82.

Wu F L, 2002. Calibration of stochastic cellular automata: The application to rural-urban land conversions [J] . International Journal of Geographical Information Science, 16 (8): 795-818.

Wu Y, Zhang X, Shen L, 2011. The impact of urbanization policy on land use change: A scenario analysis [J] . Cities, 28 (2): 147-159.

Wu J, 2014. Urban ecology and sustainability: the state-of-the-science and future directions [J] . Landscape & Urban Planning, 125 (2): 209-221.

Xia B, Hu J M, Zhang Z, Yao Y D, 2002. Visualized simulation of urban traffic guidance system based on PARAMICS (in Chinese) [J] . Systems Engineering, 20: 72-78.

Xiao L, 2014. Regional park in Germany: A resilient regional governance tool [J] . Planners, 30: 120-126.

Xiao H H, 2012. Regional economy resilience research review and prospects [J] . Foreign Economics & Management, 34: 64-72.

Xie L, Yan H, Zhang S, Wei C, 2019. Does urbanization increase residential energy use？ Evidence from the Chinese residential energy consumption survey 2012 [J] . China Economic Review, 161: 225-236.

Xing L, Xue M, Hu M, 2019. Dynamic simulation and assessment of the coupling coordination degree of the economy-resource-environment system: Case of Wuhan City in China [J] . Journal of Environmental Management, 230: 474-487.

Xin H, 2017. Economic watch: China mulls timetable to ban fossil fuel vehicles [N] . http: //www. xinhuanet.com/english/2017-09/11/c_136601024.htm.

Xiu Q F, Pei H Y, 2008. Review on the three key concepts of resilience, vulnerability and adaptation in the research of global environment change [J] . Progress in Geography, 26: 11-22.

Xu K D, 2013. Study on the development strategy of new urbanization with Chinese characteristics (comprehensive volume) [M] . Beijing: China Building Industry Press.

Xu X, Du Z, Zhang H, 2016. Integrating the system dynamic and cellular automata models to predict land use and land cover change [J] . International Journal of Applied Earth Observation and Geoinformation, 52: 568-579.

Xu Y, Sun C Z, 2008. Simulation of water resources carrying capacity based on a system dynamic model in Dalian［J］. J Saf Environ, 8: 71-74.

Xu Z, Coors V, 2012. Combining system dynamics model, GIS and 3D visualization in sustainability assessment of urban residential development［J］. Build Environ, 47: 272-287.

Xue B, Song X S, Yan D H, 2011. Simulation and prediction of water resources carrying capacity based on a system dynamic model in Tianjin［J］. South-to-North Water Diversion Water Sci Technol, 9 (6): 43-47.

Xue L, Yang K Z, 2002. Sciences of complexity and studies of evolution simulation of regional spatial structure［J］. Geogr Res, 21: 79-88.

Yan T, 2009. The characteristics and trend of development of German metropolitan area structure［J］. Urban Problems, 2: 88-94.

Yan W, Chuang L F, Qiang Z, 2013. Progress and prospect of urban vulnerability［J］. Progress in Geography, 32: 755-768.

Yan Z, Wei, Q, Jiu C W, Zhi Z, 2012. Transformation of the economic development mode and regional resilience construction［J］. Forun on Science and Technology in China (2012): 81-88.

Yang S, Shi L, 2017. Prediction of long-term energy consumption trends under the new national urbanization plan in China［J］. Journal of Cleaner Production, 166: 1144-1153.

Yang R, Liu Y, Long H, 2015. The study on non-agricultural transformation coevolution characteristics of "population-land-industry": A case study of the Bohai rim in China［J］. Geographical Research, 49 (9): 972-975.

Yang X J, Hu H, Tan T, Li J, 2016. China's renewable energy goals by 2050［J］. Environmental Development, 20: 83-90.

Ye Y, 2015. Theoretical framework and mechanism innovation of the inclusive urban village reconstruction in Chinese megacities: Study and reflections on Beijing and Guangzhou［J］. City Plan Rev, 39: 9-23.

Ying Q, Shi X L, Shi C H, 2015. A system dynamics model for simulating the logistics demand dynamics of metropolitans: A case study of Beijing, China［J］. J Ind Eng Manage, 8: 783-803.

Yu C, Xiao Y, Ni S, 2017. Changing patterns of urban-rural nutrient flows in China: Driving forces and options［J］. Sci Bull, 62: 83-91.

Yu S, Zheng S, Zhang X, Gong C, Cheng J, 2018. Realizing China's goals on energy saving and pollution reduction: Industrial structure multi-objective optimization approach［J］. Energy policy, 122: 300-312.

Yuan J X, Wang R Q, Yin C X, Qiu Z F, 1987. Application of systems theory in regional planning［M］. Beijing: Social Sciences Academic Press.

Yuan J, Xu Y, Hu Z, et al., 2014. Peak energy consumption and CO_2 emissions in China［J］. Energy Policy, 68: 508-523.

Zeleny M, 1980. Autopoiesis, dissipative structures and spontaneous social orders［M］. Boulder: Westview Press.

Zeng W H, Wu B, Chai Y, 2016. Dynamic simulation of urban water metabolism under water environmental carrying capacity restrictions［J］. Frontiers of Environmental Science & Engineering, 10 (1): 114-128.

Zhang S, Chen L, Su L, et al., 2015. A data assimilation-based method for optimizing parameterization schemes in a land surface process model［J］. Science China-Earth Sciences, 58 (12): 2220-2235.

Zhang W, Wen Z, 2016. Research on China's urbanization pattern constrained by resource limitation and environmental pollution［J］. China Population, Resources and Environment 26 (5): 385-388.

Zhang X H, Zhang H W, Zhang B A, 2008. Application of system dynamics approach to urban water demand forecasting and water resources planning［J］. China Water Waste Water, 24: 42-46.

Zhang Z, Lu W X., Zhao Y, et al., 2014. Development tendency analysis and evaluation of the water ecological carrying capacity in the Siping area of Jilin province in China based on system dynamics and analytic hierarchy process［J］. Ecological Modelling, 275: 9-21.

Zhang M, Li H, Zhou M, Mu H, 2011. Decomposition analysis of energy consumption in Chinese transportation sector［J］. Applied Energy, 88 (6): 2279-2285.

Zhang X P, Cheng X M, 2009. Energy consumption, carbon emissions, and economic growth in China［J］. Ecological Economics, 68 (10): 2706-2712.

Zhang Y, Yang Z, Yu X, 2006. Measurement and evaluation of interactions in complex urban ecosystem［J］, Ecological Modelling, 196 (1): 77-89.

Zhou L, Dickinson R E, Tian Y, et al., 2004. Evidence for a significant urbanization effect on climate in China ［J］. Proc Natl Acad Sci USA, 101: 9540-9544.

Zhou T Y, 1994. Labor and economic growth［M］. Shanghai: Sanlian Press.

Zhou W, Mi H, 2009. Systems dynamics of future urbanization and energy- related CO_2 emissions in China［J］. WSEAS Transactions on Systems, 8 (10): 1145-1154.

Zhou N, Price L, Yande D, Creyts J, Khanna N, Fridley D, Tian Z, 2019. A roadmap for China to peak carbon dioxide emissions and achieve a 20% share of non-fossil fuels in primary energy by 2030［J］. Applied Energy, 239: 793-819.

Zhu Y, Wang Z, Pang L, 2009. Forecast of China's energy consumption and carbon emission peak based on economic simulation［J］. Acta Geographica Sinica, 64 (8): 935-944.

Zhuang J Z, Vandenberg P, Huang Y P, 2012. Growing beyond the low-cost advantage: How the People's Republic of China can avoid the middle-income trap?［R］ Mandaluyong City, Philippines: Asian Development Bank.

Zomorodian M, Lai S H, Homayounfar M, et al., 2017. Development and application of coupled system dynamics and game theory: A dynamic water conflict resolution method［J］. Plos One, 12 (12) : e188489.

白先春, 李炳俊, 2006. 基于新陈代谢 GM (1, 1) 模型的我国人口城镇化水平分析［J］. 统计与决策, 2006 (3): 40-41.

别朝红, 林雁翎, 邱爱慈, 2015. 弹性电网及其恢复力的基本概念与研究展望［J］. 电力系统自动化, 39 (22): 1-9.

蔡建明, 郭华, 汪德根, 2012. 国外弹性城市研究述评［J］. 地理科学进展, 31 (10): 1245-1255.

蔡林, 高速进, 2009. 环境与经济综合核算的系统动力学模型［J］. 环境工程学报, 3 (5): 941-946.

蔡林, 2008. 系统动力学在可持续发展研究中的应用［M］. 北京: 中国环境科学出版社.

蔡万通, 刘文颖, 王方雨, 等, 2018. 基于临界慢化理论的电力系统自组织临界影响因素阈值计算方法［J］. 电工技术学报, 34 (5): 182-191.

曹飞, 2012. 中国人口城镇化 Logistic 模型及其应用: 基于结构突变的理论分析［J］. 西北人口, 33 (6): 18-22.

曹飞, 2014. 基于灰色 Verhulst 模型的陕西省人口城镇化率预测［J］. 西安石油大学学报 (社会科学版), 23 (3): 21-24.

曹桂发, 1992. 地理分析方法库及其应用研究［J］. 地理科学, 12 (2): 21-25.

曹祺文, 鲍超, 顾朝林, 等, 2019. 基于水资源约束的中国城镇化 SD 模型与模拟［J］. 地理研究. 38 (1): 167-180.

曾现来, 李金惠, 2018. 城市矿山开发及其资源调控: 特征、可持续性和开发机理［J］. 中国科学: 地球科学, 48 (3): 288-298.

陈百明, 周小萍, 2005. 中国粮食自给率与耕地资源安全底线的探讨［J］. 经济地理, 25 (2): 145-148.

陈夫凯, 夏乐天, 2014. 运用 ARIMA 模型的我国城镇化水平预测［J］. 重庆理工大学学报: 自然科学, 28 (4): 133-137.

陈昆亭, 周炎, 龚六堂, 2004. 中国经济周期波动特征分析: 滤波方法的应用［J］. 世界经济, (10): 47-56.

陈梦远, 2017. 国际区域经济弹性研究进展——基于演化论的理论分析框架介绍［J］. 地理科学进展, 2017 (11): 1435-1444.

陈明星, 陆大道, 张华, 2009. 中国城镇化水平的综合测度及其动力因子分析［J］. 地理学报, 64 (4): 387-398.

陈明星, 叶超, 周义, 2011. 城镇化速度曲线及其政策启示: 对诺瑟姆曲线的讨论与发展［J］. 地理研究,

30（8）：1499-1507.

陈彦光，周一星，2000.细胞自动机与城市系统的空间复杂性模拟：历史、现状与前景［J］.经济地理，20（3）：35-39.

陈彦光，周一星，2005.城镇化 Logistic 过程的阶段划分及其空间解释：对 Northam 曲线的修正与发展［J］.经济地理，25（6）：817-822.

陈彦光，2003.自组织与自组织城市［J］.城市规划，27（10）：17-22.

陈彦光，2011.城镇化与经济发展水平关系的三种模型及其动力学分析［J］.地理科学，31（1）：1-6.

陈燕申，1995.我国城市规划领域中计算机应用的历史回归与发展［J］.城市规划，1995（3）：21-25.

程承坪，2018.高质量发展的根本要求如何落实［J］.前沿观察，2018（1）：29-33.

仇保兴，2018.基于复杂适应系统理论的弹性城市设计方法及原则［J］.城市发展研究，25（10）：1-3.

崔学刚，方创琳，李君，等，2019.城镇化与生态环境耦合动态模拟模型研究进展［J］.地理科学进展，01：111-125.

戴伯芬，2006.评价欧门汀葛尔的规划理论［J］.台湾大学建筑与城乡研究学报（2006）：107-116.

戴伟，孙一民，韩·迈尔，等，2017.气候变化下的三角洲城市弹性规划研究［J］.城市规划，41（12）：26-34.

邓郁松，邵挺，2018.2020—2050：中国城镇住房市场发展趋势与目标［J］.重庆理工大学学报（社会科学），32（8）：1-6.

丁刚，2008.城镇化水平预测方法新探：以神经网络模型的应用为例［J］.哈尔滨工业大学学报（社会科学版），10（3）：128-133.

杜宁睿，邓冰，2001.细胞自动机及其在模拟城市时空演化过程中的应用［J］.武汉大学学报（工学版），34（6）：8-11.

方创琳，刘晓丽，蔺雪芹，2008.中国城镇化发展阶段的修正及规律性分析［J］.干旱区地理，31（4）：512-523.

方创琳，王岩，2015.中国新型城镇化转型发展战略与转型发展模式［J］.中国城市研究（0）：3-17.

方创琳，杨玉梅，2006.城镇化与生态环境交互耦合系统的基本定律［J］.干旱区地理，29（1）：1-8.

方创琳，2009.中国城镇化进程及资源环境保障报告［M］.北京：科学出版社.

方美琪，张树人，2005.复杂系统建模与仿真［M］.北京：中国人民大学出版社.

冯维江，2015.日本"高质量基础设施"何解［J］.当代金融家（10）：110-111.

高春亮，魏后凯，2013.中国城镇化趋势预测研究［J］.当代经济科学，35（4）：85-90.

高珺，赵娜，高齐圣，2014.中国水资源供需模型及预测［J］.统计与决策，2014（18）：85-87.

高晓路，陈田，樊杰，2010.汶川地震灾后重建地区的人口容量分析［J］.地理学报，65（2）：164-176.

顾朝林，曹根榕，2019.韧性城市的规划研究：澳门的思考［J］.澳门研究，2019（1）：53-62.

顾朝林，于涛方，李王鸣，等，2008.中国城镇化：格局·过程·机理［J］.北京：科学出版社.

顾朝林，管卫华，刘合林，2017.中国城镇化2050：SD 模型与过程模拟［J］.中国科学：地球科学，47（7）：818-832.

顾朝林，1992.中国城镇体系：历史·现状·展望［M］.北京：商务印书馆.

顾朝林，等，2012.北京首都圈发展规划研究——建设世界城市的新视角［M］.北京：科学出版社.

桂寿平，朱强，陆丽芳，等，2003.区域物流系统动力学模型及其算法分析［J］.华南理工大学学报（自然科学版），31（10）：36-40.

郭春丽，王蕴，易信，等，2018.正确认识和有效推动高质量发展［J］.宏观经济管理，2018（4）：18-25.

国家人口发展战略研究课题组，2007 国家人口发展战略研究报告［J］.人口研究，31（3）：4-9.

国土交通省関東地方整備局，利根川水系貯水量等の詳細は下記サイトをご参照ください，利根川水系のリアルタイム貯水量情報（1時間ごと）［EB/OL］.http://www.waterworks.metro.tokyo.jp/water/suigen.html.

黄子恒，2018.加快推进基础设施投融资模式改革　服务新时代高质量发展［EB/OL］.http://cdrf.org.cn/xmcg/4697.jhtml.

何春阳，陈晋，史培军，等，2002.基于 CA 的城市空间动态模型研究［J］.地球科学进展，17（2）：188-195.

何春阳，史培军，陈晋，等，2005.基于系统动力学模型和元胞自动机模型的土地利用情景模型研究［J］.

中国科学：地球科学，35（5）：464-473.

何立峰，2018.大力推动高质量发展，积极建设现代化经济体系［J］.宏观经济管理，2018（8）：4-6.

胡宗楠，李鑫，楼淑瑜，等，2017.基于系统动力学模型的扬州市土地利用结构多情景模拟与实现［J］.水土保持通报，37（4）：211-218.

黄庆旭，史培军，何春阳，等，2006.中国北方未来干旱化情景下的土地利用变化模拟［J］.地理学报，61（12）：1299-1310.

黄晓军，黄馨，2015.弹性城市及其规划框架初探［J］.城市规划，2015（2）：50-56.

黄新飞，舒元，2010.基于HP滤波分析的中国牺牲率的长期影响研究［J］.数量经济技术经济研究，2010（3）：119-132.

黄长军，曹元志，胡丽敏，等.2012.基于新陈代谢GM（1，1）模型的益阳城镇化水平分析［J］.地理空间信息，10（3）：124-126.

黄少琴，2014.河北省钢铁产业现状及发展趋势研究［J］.绿色科技，2014（8）：297-300.

贾仁安，丁荣华，2002.系统动力学：反馈动态性复杂分析［M］.北京：高等教育出版社.

简新华，黄锟，2010.中国城镇化水平和速度的实证分析与前景预测［J］.经济研究，2010（3）：28-39.

解伟，李宁，胡爱军，等，2012.基于CGE模型的环境灾害经济影响评估：以湖南雪灾为例［J］.中国人口·资源与环境，22（11）：26-31.

金碚，2018.关于"高质量发展"的经济学研究［J］.中国工业经济，2018（4）：5-18.

金乐琴，2018.高质量绿色发展的新理念与实现路径——兼论改革开放40年绿色发展历程［J］.河北经贸大学学报，39（06）：28-36.

靳永爱，2014.低生育率陷阱：理论、事实与启示［J］.人口研究，38（1）：3-17.

景天奕，黄春晓，2016.西方弹性城市指标体系的研究及对我国的启示［J］.现代城市研究，（4）：53-59.

罗国三，2019.扎实推动基础设施高质量发展［J］.中国经贸导刊，2019（18）.

黎夏，叶嘉安，1999.约束性单元自动演化CA模型及可持续城市发展形态的模拟［J］.地理学报，54（4）：289-298.

黎夏，叶嘉安，2001.主成分分析与cellular automata在空间决策与城市模拟中的应用［J］.中国科学：地球科学，31（8）：683-690.

黎夏，叶嘉安，2002.基于神经网络的单元自动机CA及真实和优化的城市模拟［J］.地理学报，57（2）：159-166.

连飞，2008.中国经济与生态环境协调发展预警系统研究——基于因子分析和BP神经网络模型［J］.经济与管理，22（12）：8-11.

李存斌，李庆良，王庆林，等，2016.基于多重分形去趋势波动分析的电力负荷风险预警阈值［J］.电网技术，40（5）：1437-1441.

李海燕，陈晓红，2014.基于SD的城镇化与生态环境耦合发展研究：以黑龙江省东部煤电化基地为例［J］.生态经济，30（12）：109-115.

李纪宏，2019.推动北京基础设施高质量发展的策略建议［J］.中国工程咨询，2019（6）：64-66.

李娜，石敏俊，袁永娜，2010.低碳经济政策对区域发展格局演进的影响：基于动态多区域CGE模型的模拟分析［J］.地理学报，65（12）：1569-1580.

李强，顾朝林，2015.城市公共安全应急响应动态地理模拟研究［J］.中国科学（地球科学），45（3）：290-304.

李彤玥，牛品一，顾朝林，2014.弹性城市研究框架综述［J］.城市规划学刊，2014（5）：23-31.

李彤玥，2017.弹性城市研究新进展［J］.国际城市规划，32（5）：15-25.

李彤玥，2017.基于弹性理念的城市总体规划研究初探［J］.现代城市研究，2017（9）：8-17.

李文溥，陈永杰，2002.中国的城镇化：水平与结构偏差［M］//陈甬军，陈爱民.中国城镇化：实证分析与对策研究.厦门：厦门大学出版社.

李亚，翟国方，顾福妹，2016.城市基础设施弹性的定量评估方法研究综述［J］.城市发展研究，23（6）：113-122.

李月臣，何春阳，2008.中国北方土地利用/覆盖变化的情景模拟与预测［J］.科学通报，53（6）：713-723.

李强，顾朝林，2015.城市公共安全应急响应动态地理模拟研究［J］.中国科学：地球科学，45（3）：

290-304.

梁友嘉，徐中民，钟方雷，2011.基于SD和CLUE-S模型的张掖市甘州区土地利用情景分析［J］.地理研究，30（3）：564-576.

梁育填，李文涛，柳林，2013.基于智能体的企业迁移模拟：以广东省产业转移为例［J］.经济地理，33（7）：96-101.

廖桂贤，林贺佳，汪洋，2015.城市弹性承洪理论——另一种规划实践的基础［J］.国际城市规划，30（2）：36-47.

刘昌明，陈志恺，2001.中国水资源现状评价和供需发展趋势分析［M］.北京：中国水利水电出版社.

刘丹，华晨，2014.弹性概念的演化及对城市规划创新的启示［J］.城市发展研究，21（11）：111-117.

刘桂梅，孙松，王辉，2003.海洋生态系统动力学模型及其研究进展［J］.地球科学进展，18（3）：427-432.

刘培林，2012.世界城市化和城市发展的若干新趋势新理念［J］.理论学刊，2012（12）：56-59.

刘青，杨桂元，2013.安徽省城镇化水平预测：基于IOWHA算子的组合预测［J］.重庆工商大学学报：自然科学版，30（8）：38-44.

刘世定，邱泽奇，2004."内卷化"概念辨析［J］.社会学研究，2004（5）：96-110.

刘小金，毛汉英，陈为民，等，1991.系统动力学在区域发展规划中的应用——以山东省莱州市为例［J］.地理学报，（2）：233-241.

龙瀛，吴康，2016.中国城市化的几个现实问题：空间扩张、人口收缩、低密度人类活动与城市范围界定［J］.城市规划学刊，2016（2）：72-77.

刘迎秋，2018.中小民营企业及其高质量发展的路径选择［J］.光彩，293（12）：23-25.

刘志彪,2018.为高质量发展而竞争:地方政府竞争问题的新解析[J].河海大学学报(哲学社会科学版),20（2）：1-6.

卢良恕，2004.新时期的中国食物安全［J］.中国农村科技，2004（1）：4-5.

陆旸，蔡昉，2016.从人口红利到改革红利：基于中国潜在增长率的模拟［J］.世界经济，39（1）：3-23.

罗伯特·D.亚罗，2010.危机挑战区域发展［M］.北京：商务印书馆.

马晓河，2011.中国城镇化实践与未来战略构想［M］.北京：中国计划出版社.

楠玉，袁富华，张平，2018.中国经济增长跨越与迈向中高端［J］.经济学家（3）：35-43.

欧阳虹彬，叶强，2016.弹性城市理论演化述评：概念、脉络与趋势［J］.城市规划，2016（3）：34-42.

彭翀，郭祖源，彭仲仁，2017.国外社区弹性的理论与实践进展［J］.国际城市规划，32（4）：60-66.

彭翀，林樱子，顾朝林，2018.长江中游城市网络结构弹性评估及其优化策略［J］.地理研究，2018（6）：1193-1207.

彭翀，袁敏航，顾朝林，等，2015.区域弹性的理论与实践研究进展［J］.城市规划学刊，2015（1）：84-92.

彭兆祺，孙超，2011.基于HP滤波分析方法的我国经济增长研究［J］.山西财经大学学报，33（1）：15-17.

钱少华，徐国强，沈阳，等，2017.关于上海建设弹性城市的路径探索［J］.城市规划学刊（1）：109-118.

屈晓杰，王理平，2005.我国城镇化进程的模型分析［J］.安徽农业科学，33（10）：1938-1940.

饶会林，1999.城市经济学［M］.大连：东北财经大学出版社.

任保平，李梦欣，2018.新时代中国特色社会主义绿色生产力研究［J］.上海经济研究，2018（3）：5-13.

任泽平，熊柴，白学松，2019.中国住房存量报告［R］.https://mp.weixin.qq.com/s/8eF_ysYdiqXpMAIuC2rIqw.

三浦展，2014.第四消费时代［M］.北京：东方出版社.

邵亦文，徐江，2015.城市弹性：基于国际文献综述的概念解析［J］.国际城市规划，30（2）：48-54.

沈体雁，2006.CGE与GIS集成的中国城市增长情景模拟框架研究［J］.地球科学进展，21（11）：1153-1163.

盛来运，郑鑫，2017.实现第二个"一百年"目标需要多高增速？［J］.管理世界（10）：1-7.

师博，张冰瑶，2018.新时代、新动能、新经济——当前中国经济高质量发展解析［J］.上海经济研究，2018（5）：25-33.

石留杰，李艳军，臧雨亭，等，2010.基于GM（1，1）-Markov模型的我国人口城镇化水平预测［J］.四川理工学院学报（自然科学版），23（6）：648-650.

水利部水利水电规划设计总院，2014.中国水资源及其开发利用调查评价［M］.北京：中国水利水电出版社.

宋丽敏，2007.中国人口城镇化水平预测分析［J］.辽宁大学学报（哲学社会科学版），35（3）：115-119.

宋学锋，刘耀彬，2006.基于SD的江苏省城镇化与生态环境耦合发展情景分析［J］.系统工程理论与实践，26（3）：124-130.

孙久文，孙翔宇，2017.区域经济弹性研究进展和在中国应用的探索［J］.经济地理，37（10）：1-9.

孙施文，2019.解析中国城市规划：规划范式与中国城市规划发展［J］.国际城市规划，2019（4）：1-7.

唐华俊，李哲敏，2012.基于中国居民平衡膳食模式的人均粮食需求量研究［J］.中国农业科学，45（11）：2315-2327.

唐华俊，2014.新形势下中国粮食自给战略［J］.农业经济问题，35（2）：4-10.

陶建格，何利，2016.环境经济系统动力学仿真与预警管理研究［M］.北京：中国环境出版社.

田贺，梁迅，黎夏，等，2017.基于SD模型的中国2010-2050年土地利用变化情景模拟［J］.热带地理，37（4）：547-561.

佟贺丰，曹燕，于洁，等.2010.基于系统动力学的城市可持续发展模型：以北京市为例［J］.未来与发展，2010（12）：10-17.

托马斯·J.坎帕内拉，罗震东，周洋岑，2015.城市弹性与新奥尔良的复兴［J］.国际城市规划，30（2）：30-35.

汪辉，徐蕴雪，卢思琪，等，2017.恢复力、弹性或韧性？——社会——生态系统及其相关研究领域中"Resilience"一词翻译之辨析［J］.国际城市规划，32（4）：29-39.

王春新，2018.中国经济转向高质量发展的内涵与目标［J］.金融博览，2018（5）：42-43.

王红，闾国年，陈干，2002.细胞自动机及在南京城市演化预测中的应用［J］.人文地理，17（1）：47-50.

王建军，吴志强，2009.城镇化发展阶段划分［J］.地理学报，64（2）：177-188.

王凯，陈明，2013.中国城镇化的速度与质量［M］.北京：中国建筑工业出版社.

王其藩，2004.系统动力学［M］.北京：清华大学出版社.

王其藩，1995.高级系统动力学［M］.北京：清华大学出版社.

王其藩，2009.系统动力学［M］.北京：上海财经大学出版社.

王少剑，方创琳，王洋，2015.京津冀地区城镇化与生态环境交互耦合关系定量测度［J］.生态学报，35（7）：2244-2254.

王祥荣，谢玉静，徐艺扬，等，2016.气候变化与弹性城市发展对策研究［J］.上海城市规划（1）：26-31.

王一鸣，2018.深化改革，推动经济高质量发展［J］.理论视野，225（11）：9-13.

武晓波，赵健，魏成阶，等.2002.细胞自动机模型用于城市发展模拟的方法初探：以海口市为例［J］.城市规划，26（8）：69-73.

西明·达武迪，曹康，王金金，等，2015.弹性规划：纽带概念抑或末路穷途［J］.国际城市规划，30（2）：8-12.

夏冰，胡坚明，张佐，等.2002.基于多智能体的城市交通诱导系统可视化模拟［J］.系统工程，20（5）：72-78.

项后军，周昌乐，2001.人工智能的前沿：智能体（Agent）理论及其哲理［J］.自然辩证法研究，17（10）：29-33.

肖琳，田光进，乔治，2014.基于Agent的城市扩张占用耕地动态模型及模拟［J］.自然资源学报，29（3）：516-527.

熊鹰，陈云，李静芝，等，2018.基于土地集约利用的长株潭城市群建设用地供需仿真模拟［J］.地理学报，73（3）：1-16.

徐匡迪，2013.中国特色新型城镇化发展战略研究（综合卷）［M］.北京：中国建筑工业出版社.

徐振强，王亚男，郭佳星，等，2014.我国推进弹性城市规划建设的战略思考［J］.城市发展研究，21（5）：79-84.

许联芳,张建新,陈坤,等,2014.基于SD模型的湖南省土地利用变化情景模拟[J].热带地理,34(6):859-867.

许学强,叶嘉安,1986.我国城镇化的省际差异[J].地理学报,41(1):8-22.

许月卿,李艳华,赵菲菲,2015.水资源约束下土地利用变化情景模拟研究——以河北省张北县为例[J].中国农业大学学报,20(4):214-223.

薛领,杨开忠,2003.城市演化的多主体(Multi-agent)模型研究[J].系统工程理论与实践(12):1-9.

杨丹辉,2018.绿色发展:提升区域发展质量的"胜负手"[J].区域经济评论,2018(1):9-11.

杨敏行,黄波,崔翀,等,2016.基于弹性城市理论的灾害防治研究回顾与展望[J].城市规划学刊,2016(1):48-55.

杨伟民,2018.贯彻中央经济工作会议精神,推动高质量发展[J].宏观经济管理,2018(2):13-17.

姚建文,徐子恺,王建生,1999.21世纪中叶中国需水展望[J].水科学进展,10(2):190-194.

叶龙浩,周丰,郭怀成,等,2013.基于水环境承载力的沁河流域系统优化调控[J].地理研究,32(6):1007-1016.

易丹辉,2011.时间序列分析:方法与应用[M].北京:中国人民大学出版社.

应申,李霖,高玉荣,2011.利用可视引导的Agent模拟城市人流运动[J].武汉大学学报(信息科学版),36(11):1367-1370.

翟国方,邹亮,马东辉,等,2018.城市如何弹性[J].城市规划,42(2):42-46.

翟振武,2019.科学研判人口形势,积极应对人口挑战[J].人口与社会,35(1):13-17.

张军扩,2018.加快形成推动高质量发展的制度环境[J].中国发展观察,2018(1):5-8.

张克锋,彭晋福,张定祥,等,2007.基于城镇化水平和GDP情景下中国未来30年土地利用变化模拟[J].中国土地科学,21(2):58-64.

张荣,梁保松,刘斌,等,2005.城市可持续发展系统动力学模型及实证研究[J].河南农业大学学报,39(2):229-234.

张士锋,孟秀敬,廖强,2012.北京市水资源与水量平衡研究[J].地理研究,31(11):1991-1997.

张伟,顾朝林,2000.城市与区域规划模型系统[M].南京:东南大学出版社.

张显峰,崔伟宏,2000.基于GIS和CA模型的时空建模方法研究[J].中国图像图形学报,5(12):1012-1018.

张颖,赵民,2003.论城镇化与经济发展的相关性:对钱纳里研究成果的辨析与延伸[J].城市规划汇刊,(4):10-18.

张云华,2018.关于粮食安全几个基本问题的辨析[J].农业经济问题(5):27-33.

赵昌文,2017.新兴产业发展应关注两大重点[J].中国工业评论,2017(4):12-17.

赵春富,刘耕源,陈彬,2015.能源预测预警理论与方法研究进展[J].生态学报,35(7):2399-2413.

赵建世,王忠静,秦韬,等,2008.海河流域水资源承载能力演变分析[J].水利学报,39(6):647-651.

赵晶,黄晓丽,倪红珍,等.2013.基于CGE模型的供水投资对经济影响研究:以黑龙江省为例[J].自然资源学报,28(4):696-704.

赵璟,党兴华,2008.系统动力学模型在城市群发展规划中的应用[J].系统管理学报,17(4):395-400,408.

郑艳,2013.推动城市适应规划,构建弹性城市——发达国家的案例与启示[J].世界环境,2013(6):50-53.

钟茂初,2018."人与自然和谐共生"的学理内涵与发展准则[J].学习与实践,2018(3):8-13.

钟琪,戚巍,2010.基于态势管理的区域弹性评估模型[J].经济管理.(8):32-37.

周成虎,孙战利,谢一春,1999.地理元胞自动机研究[M].北京:科学出版社.

周一星,1982.城镇化与国民生产总值关系的规律性探讨[J].人口与经济,1982(1):28-33.

祝秀芝,李宪文,贾克敬,等,2014.上海市土地综合承载力的系统动力学研究[J].中国土地科学,28(2):90-96.

左其亭,陈咯,2001.社会经济—生态环境耦合系统动力学模型[J].上海环境科学,20(12):592-594.

名词索引